高等院校计算机应用系列教材

Web 程序设计

——ASP.NET 网站开发

(第 2 版)

王亚丽　刘金金　主　编
文　坤　程凤娟　副主编

U0361127

清华大学出版社

北　京

内 容 简 介

本书由浅入深、循序渐进地介绍了使用 ASP.NET 和 Visual Studio 2019 开发环境进行 Web 网站开发所要掌握的各种技术、操作方法和使用技巧。全书共 13 章，分别介绍了 ASP.NET 基础知识、C#入门知识、ASP.NET 服务器控件、验证控制和用户控件、ASP.NET 常用对象、访问数据库、数据绑定、网站设计、LINQ 技术、Web 服务和 ASP.NET AJAX 技术等 Web 网站开发必须了解的各种知识。

本书内容丰富，结构清晰，语言简练，图文并茂，具有很强的实用性和可操作性，是一本适合高等院校 Web 程序设计课程的优秀教材，也可作为广大软件开发人员和系统架构分析人员自学 ASP.NET 的参考书。

图书在版编目(CIP)数据

Web 程序设计：ASP. NET 网站开发 / 王亚丽，刘金金主编. —2 版. —北京：清华大学出版社，2022.1（2023.10重印）

高等院校计算机应用系列教材

ISBN 978-7-302-59586-1

I. ①W… II. ①王… ②刘… III. ①网页制作工具－程序设计－高等学校－教材 IV. ①TP393.092

中国版本图书馆 CIP 数据核字(2021)第 238565 号

责任编辑：王　定
封面设计：高娟妮
版式设计：思创景点
责任校对：成凤进
责任印制：沈　露

出版发行：清华大学出版社
　　　　　网　　址：http://www.tup.com.cn，http://www.wqbook.com
　　　　　地　　址：北京清华大学学研大厦 A 座　　　　邮　　编：100084
　　　　　社 总 机：010–83470000　　　　　　　　　　邮　　购：010-62786544
　　　　　投稿与读者服务：010-62776969，c-service@tup.tsinghua.edu.cn
　　　　　质 量 反 馈：010-62772015，zhiliang@tup.tsinghua.edu.cn
印 装 者：三河市天利华印刷装订有限公司
经　　销：全国新华书店
开　　本：185mm×260mm　　　　印　　张：20　　　　字　　数：449 千字
版　　次：2012 年 2 月第 1 版　　2022 年 2 月第 2 版　　印　　次：2023 年 10 月第 2 次印刷
定　　价：59.80 元

产品编号：080152-01

前　言

随着网络技术的不断发展，如何快速而高效地开发出 Web 网站已经成为编程人员所共同关注的问题。为了适应广大编程者对网站开发的需要，Microsoft 公司推出的 ASP.NET 是 Web 应用程序开发平台和框架，实现了企业级 Web 应用程序的快速开发，通过提供简单、具可扩展性的方式，从而开发、部署和运行以任何浏览器或客户端设备作为目标的 Web 应用程序。同时，ASP.NET 支持更多框架和语言的开发，特别是对动态语言的支持，可以让编程人员创建功能更加丰富和界面更加友好的 Web 网站。

本书共分为 13 章，由浅入深、循序渐进地介绍了使用 ASP.NET 开发实用网站所需要掌握的技术，内容结构如下。

第 1 章，ASP.NET 概述。本章介绍了 ASP.NET 框架和网页基础知识、ASP.NET 开发环境 Visual Studio 2019 的安装和使用、ASP.NET 网址的配置，以及 IIS 的安装和配置。通过本章的学习，读者能够对 ASP.NET 有一个初步的认识。

第 2 章，C#入门。本章介绍了开发 ASP.NET 网站所使用的程序设计语言——C#。通过对 C#中关键的语法和面向对象编程知识的学习，读者可为开发 ASP.NET 网站打下良好的基础。

第 3 章，ASP.NET 服务器控件。本章介绍了 ASP.NET 中常用的服务器控件，包括输入控件、输出控件、执行控件和面板控件等常用控件的属性、方法和使用。熟练掌握这些控件的运用方法，读者就可以设计出丰富的网页布局。

第 4 章，验证控件和用户控件。本章内容主要包括验证数据的方法及分类、具体服务验证控件的使用，同时对用户控件的作用和基本开发进行了详细的描述。

第 5 章，ASP.NET 常用对象。本章系统介绍了 ASP.NET 的常用内置对象 Page、Response、Request、Server，以及状态管理对象 Session、Cookie 和 Application。通过使用这些对象的方法和属性，读者可以很方便地实现众多功能。

第 6 章，访问数据库。所有网站的开发离不开数据库，本章重点介绍了 ADO.NET 对 SQL Server 关系型数据库的访问和操作，详细地介绍了整个操作数据库的步骤，使读者能快速掌握访问数据库的方法。

第 7 章，数据绑定。要在网站页面呈现数据内容离不开数据绑定技术，本章首先由浅入深地介绍了数据源绑定技术，然后详细介绍了 SqlDataSource、GridView、ListView、DetailsView 等控件的使用。

第 8 章，网站设计。本章分别介绍了 3 种实现网站页面设计的必备技术，即网站导航、主题和母版页。母版页对整个网站的布局风格和界面的设计统一发挥着重要的作用，主题对于页面控件的样式控制提供了极佳的帮助，而网站导航则通过对 ASP.NET 中提供的网站地图和常用的 3 种导航控件实现良好的页面导航功能。

第 9 章，LINQ 技术。LINQ 集成查询技术代替了原有的 SQL 语句，可以提供更好的完全面向对象开发的查询。本章将带领读者学习 LINQ 基础知识，掌握 LINQ 的查询语法。读者通过学习 LINQ 中的 LINQ To SQL 技术，可掌握对数据库数据的便捷操作。

第 10 章，Web 服务。本章介绍了 Web 服务的基本原理、各种协议，以及在网站中如何创建、测试和调用引用 Web 服务，其中包括使用存在的 Web 服务和自定义的 Web 服务。

第 11 章，ASP.NET AJAX 技术。本章介绍了风靡一时的 ASP.NET AJAX 技术，内容主要包括 ASP.NET AJAX 的结构组成、核心控件的使用、AJAX Control Toolkit 的 ASP.NET AJAX 扩展控件包，引领读者快速地进入 ASP.NET AJAX 的殿堂。

第 12 章，文件操作。对文件的操作会贯穿整个开发过程，本章将告诉读者如何使用 ASP.NET 4.0 中的各种类来对磁盘、目录、文件、文本等进行操作和读写。

第 13 章，Web 开发应用——办公自动化系统。为更好地加深读者对 ASP.NET 的理解，本章首先从最基本的系统分析与设计开始，确定系统的需求分析和模块划分；然后根据需求分析进行数据库和数据表的结构设计，在此基础上创建出系统的实体类；最后对主要模块界面的设计和实现业务逻辑的代码进行系统的介绍。通过案例的学习，读者能够切实了解一个实际项目开发的流程和所使用的技术。

本书主要有以下特点。

- 理论与实际紧密结合：本书在介绍理论知识的同时，每一章都给出了针对性的案例讲解，力求让读者在掌握基础知识后能够快速上手并举一反三。在每章末尾都配有相应的习题，方便读者课后的实践练习。

- 提供配套的教学资源：为了方便读者自学和教师教学，本书配套有免费电子课件、实例源代码、习题参考答案等，读者可扫二维码获取。

电子课件　　　　　　　实例源代码　　　　　　习题参考答案

- 内容循序渐进，操作步骤详细：在具体介绍 Visual Studio 功能和操作时，本书提供了每一个功能的具体实现步骤，让读者能够快速了解整个功能的实现方法。案例中的每一个步骤都以通俗易懂的语言进行讲述，读者只需要按照步骤操作，就可以轻松完成知识点的学习。

本书既可以作为高等院校计算机及相关专业学生学习网站开发的技术教材，也可作为广大软件开发人员和系统架构分析设计人员自学 ASP.NET 的参考书。

本书由王亚丽、刘金金任主编，文坤、程凤娟任副主编。由于作者水平有限，书中不足之处在所难免，欢迎广大读者、同仁批评指正。

作　者

2021 年 9 月

目　　录

第1章
ASP.NET概述

ASP.NET(Active Server Page.NET)是微软公司推出的基于.NET 框架的新一代网络编程语言，也是目前最新的 Web 技术之一。ASP.NET 开创了公共语言运行库和动态语言运行库相结合的编程框架，可用于在服务器上生成功能强大的 Web 应用程序。本章将介绍 ASP.NET 的相关基础知识以及如何创建其开发环境，使读者对这一强大的 Web 编程工具有一个基本的认识。

☑ **本章重点**

- 了解 ASP.NET 的基本框架
- 掌握 IIS 服务器的安装和配置
- 熟悉 Visual Studio 2019 开发环境
- 了解 Web.config 文件的结构

1.1　ASP.NET 框架

.NET 框架是微软公司于 2002 年正式发布的新一代系统、服务和编程平台。它把原有的重点从连接到互联网的单一网站或设备转移到计算机、设备和服务群组上，从而将互联网本身作为新一代操作系统的基础。这样，用户就能够通过控制信息的传递方式、传递时间和传递内容来得到更多的服务。历时 8 年的发展，.NET 技术受到越来越多编程人员的认可。在经历.NET 3.5 的短暂过渡之后，.NET 4.0 正式版本问世了，它的出现代表着一系列可以用来帮助我们建立丰富应用程序的技术又向前发展了一步。

1.1.1　.NET 支持的语言

.NET 框架支持多种语言，包括 C#、VB、J#和 C++等，本书在后台使用的语言主要是 C#。C#是在.NET 1.0 中开始出现的一种新语言，在语法上，它与 Java 和 C++比较相似。实际上 C#是微软整合了 Java 和 C++的优点而开发出来的一种语言，也是微软对抗 Java 平台的一个有效工具。

在被执行之前，所有.NET 语言都会被编译成为一种低级别的语言，这种语言就是中间语言(Intermediate Language，IL)。CLR(Common Language Runtime，公共语言运行时)之所以支持很多种语言,是因为这些语言在运行之前被编译成了中间语言。因为所有的.NET 语言都建立在中间语言之上,所以 VB 和 C#具有相同的特性和行为。因此,一个使用 C#编写的 Web 页面也可以使用 VB 编写的组件,同样使用 VB 编写的 Web 页面也可以使用 C#编写的组件。

.NET 框架提供了一个公共语言规范(Common Language Specification,CLS)以保证这些语言之间的兼容性。只要遵循 CLS,任何利用某一种.NET 语言编写的组件都可以被其他语言所引用。CLS 的一个重要部分是公共类型系统(Common Type System,CTS),CTS 定义了诸如数字、字符串和数组等数据类型的规则,这样它们就能为所有的.NET 语言所共享。CLS 还定义了诸如类、方法、实践等对象成分。事实上,基于.NET 进行程序开发的程序员不需要考虑 CLS 是如何工作的,因为这一切都由.NET 4.0 平台自动完成。CLR 只执行中间语言代码,然后把它们进一步编译成为机器语言代码,以能够使当前平台所执行。

1.1.2　公共语言运行时

公共语言运行时是指.NET 语言编写的代码公共运行环境。它既是.NET 框架的基础,也是实现.NET 跨平台、跨语言、代码安全等核心特性的关键。公共语言运行时就像一个执行程序时管理代码的代理,以跨语言集成、自描述组件、简单配制和版本化及集成安全服务为特点,提供核心服务(如内存管理、线程管理和远程处理)。

公共语言运行时管理的.NET 中的代码,称为受托管代码。它们包含了有关代码的信息,例如代码中定义的类、方法和变量。受托管代码中所包含的信息称为元数据。公共语言运行时使用元数据来安全地执行代码程序。除了安全地执行程序以外,受托管代码的目的在于 CLR 服务。这些服务包括查找和加载类,以及与现有的动态链接库(Dynamic Link Library,DLL)代码和组件对象之间的相互操作。

公共语言运行时遵循公共语言架构的标准,可以使 C++、C#、Visual Basic 及 JScript 等多种语言深度集成。

1.1.3　动态语言运行时

从.NET 4 版本起,框架中增加了动态语言运行时(Dynamic Language Runtime,DLR)的新特性。就像公共语言运行时为静态型语言(如 C#和 Visual Basic)提供了通用平台一样,动态语言运行时为动态型语言(如 JavaScript、Ruby、Python)甚至 COM 组件等提供了通用平台,这代表.NET 4 框架在互操作性方面向前迈进了一大步。

动态语言运行时是一种运行时环境,它将一组适用于动态语言的服务添加到公共语言运行时。借助于动态语言运行时,开发人员可以更轻松地开发要在.NET 框架上运行的动态语言,而且向静态类型化语言添加动态功能也会变得更容易。

动态语言运行时的目的是允许动态语言系统在.NET 框架上运行,并为动态语言提供.NET 互操作性。在 Visual Studio 中,动态语言运行时将动态对象引入到 C#和 Visual Basic 中,以便这些语言能够支持动态行为,并且可以与动态语言进行互操作,同时动态语言运行时还可帮助用户创建支持动态操作的库。

与公共语言运行时类似,动态语言运行时是.NET 4 框架的一部分,并随.NET Framework 和 Visual Studio 安装包一起提供。

动态语言运行时通过在调用站点中使用联编程序，不仅可以与.NET Framework 通信，还可以与其他基础结构和服务(包括 Silverlight 和 COM)通信。联编程序将封装语言的语义，并指定如何使用表达式在调用站点中执行操作。这样，使用动态语言运行时的动态和静态类型化语言就能够共享类库，并获得对动态语言运行时支持的所有技术的访问权。

1.1.4 .NET 类库

.NET 框架的另一个主要组件是类库，它是一个综合性的面向对象的可重用类型集合，例如 ADO.NET、ASP.NET 等。.NET 基类库位于公共语言运行库的上层，与.NET Framework 紧密集成在一起，可被.NET 支持的任何语言所使用。这也是 ASP.NET 中可以使用 C#、VB.NET、VC.NET 等语言进行开发的原因。.NET 类库非常丰富，提供数据库访问、XML、网络通信、线程、图形图像、加密等多种功能服务。类库中的基类提供了标准的功能，如输入输出、字符串操作、安全管理、网络通信、线程管理、文本管理和用户界面设计功能。这些类库使得开发人员更容易建立应用程序和网络服务，从而提高开发效率。

1.2 网页基础知识

要开发一个网站，首先要了解组成网站的最基本的元素——网页。本节就来了解一下网页的基础知识，包括网页和服务器的交互过程、静态页面和动态网页以及脚本语言。

1.2.1 网页和服务器的交互

通过互联网浏览网页时，用户会自动与网页服务器建立连接。用户提交信息资源的过程称为向服务器发出请求。通过服务器解释信息资源来定位对应的页面，并传送回代码来创建页面，这个过程称为对浏览器的响应。浏览器接收来自网页服务器的代码，并将它编译成可视页面。在这样的交互过程中，浏览器称为"客户机"或者"客户端"，整个交互的过程则称为"客户机/服务器"的通信过程。

"客户机/服务器"通信过程概括了任务的分布来描述网页的工作方式。服务器(Web 服务器)存储、解释和分布数据，客户机(浏览器)访问服务器以得到这些数据。客户机和服务器使用 HTTP 协议通过 Internet 进行交互。HTTP 协议又叫作超文本传输协议，是一个客户机和服务器端请求和应答的标准。浏览网页时，浏览器通过 HTTP 协议与服务器交换信息。

1.2.2 静态页面

早期的网站发布的是静态网页，主要由 HTML 语言组成，没有其他可以执行的程序代码。静态页面一经制成，内容就不会再改变，不管何时何人访问，显示的都是一样的内容，如果要修改有关内容，就必须修改源代码，然后重新上传到服务器上。静态页面虽然包含文字和图片，但这些内容需要在服务器端以手工的方式来变换，因此很难把它们描述为 Web 程序。下面是使用 HTML 语言编写的一个简单静态网页代码。

代码说明：该程序包含一个标题和一行文字。其中，标题包含在标记<h1>和</h1>之间，文字包含在标记<p>和</p>之间。图 1-1 显示了该静态网页文件被浏览器解析后的结果。

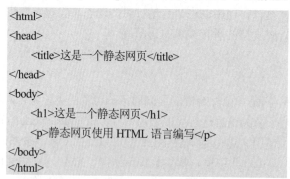

图 1-1　静态网页示例

HTML 是互联网的描述语言，基本的 HTML 语言包含由 HTML 标记格式化的文本和图像内容。文本是 HTML 要显示的内容，标记则告诉浏览器如何显示这些内容，它定义了不同层次的标题、段落、链接、格式等。HTML 文件的后缀可以是.htm，也可以是.html。

1.2.3　动态页面

动态页面不仅含有 HTML 标记，而且含有可以执行的程序代码。动态页面能够根据不同的输入和请求动态生成返回的页面，例如常见的 BBS、留言板、聊天室等就是用动态网页来实现的。动态网页的使用非常灵活，功能强大。

代码说明：该程序由 HTML 表单组成，包括一个标题、四个复选框和一个提交按钮，这些内容和标记均被包含在表单标记之间。该网页运行效果如图 1-2 所示。

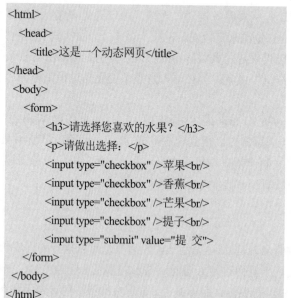

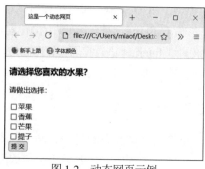

图 1-2　动态网页示例

网页是构成网站的基本元素，是承载各种网站应用的平台。网页的文件格式通常为 HTML 格式，可以以文件的形式存储在世界某个角落的某一台计算机中。

1.2.4　脚本语言

在网页的发展过程中出现了很多优秀的脚本语言，如 ASP、JSP、PHP 等。脚本语言确实简化了 Web 程序的开发，但其使用起来也有很大的缺点。首先，它的代码和 HTML 标记杂乱地堆砌在一起，显得很混乱，非常不方便开发和维护，所以当 ASP.NET 的代码和 HTML 标记分离后，使用以往一些脚本语言的 Web 开发人员都有一种耳目一新的感觉；其次，脚本语言的编程思想不符合当前流行的面向对象编程思想。基于以上原因，脚本语言必将会被其他更高级语言(如 ASP.NET 和 Java 等)所代替。

1.3　ASP.NET 应用程序

ASP.NET 应用程序是一系列资源和配置的组合，这些资源和配置只在同一个应用程序内共享，而其他应用程序则不能享用这些资源和配置，即使它们发布在同一台服务器上。就技术而言，每个 ASP.NET 应用程序都运行在一个单独的应用程序域。应用程序域是内存中的独立区域，这样可以确保在同一台服务器上的应用程序不会相互干扰，也可以避免因为其中一个应用程序发生错误就影响到其他应用程序的正常进行。同样，应用程序域限制一个应用程序中的 Web 页面访问其他的应用程序的存储信息。每个应用程序单独运行，具有自己的存储、应用和会话数据。

ASP.NET 应用程序的标准定义是：文件、页面、处理器、模块和可执行代码的组合，并且它们能够从服务器上一个虚拟目录中被引用。换句话说，虚拟目录是界定应用程序的基本组织结构。

1.3.1　ASP.NET 页面与服务器交互

ASP.NET 页面作为代码在服务器上运行。在用户单击按钮(或者当用户选中复选框或与页面中的其他控件交互)时，页面被提交到服务器。每次页面都会回发，以便它可以再次运行其服务器代码，然后向用户呈现其自身的新版本。传递 Web 页面的具体过程如下。

(1) 用户通过客户端浏览器请求页面。使用 HTTP GET 方法请求页面，页面第一次运行，执行初步处理。

(2) 页面将标记动态呈现到浏览器。

(3) 用户输入信息或从可用选项中进行选择，然后单击按钮。如果用户单击链接而不是按钮，页面可能仅仅定位到另一页，而第一页不会被进一步处理。

(4) 页面发送到 Web 服务器。浏览器执行 HTTP POST 方法，该方法在 ASP.NET 中称为"回发"。更明确地说，页面发送回其自身。例如，如果用户正在使用 Default.aspx 页面，则单击该页上的某个按钮可以将该页发送回服务器，发送的目标则是 Default.aspx。

(5) 在 Web 服务器上，该页再次运行，并且可在页面上使用用户输入或选择的信息。

(6) 页面执行通过编程所要实行的操作，服务器将执行操作后的页面以 HTML 标记的形式发送到客户端浏览器。

只要用户在该页面中工作，此循环就会继续。用户每次单击按钮时，页面中的信息会发送到 Web 服务器，然后该页面再次运行。每个循环称为一次"往返行程"。由于页面处理发生在

Web服务器上，因此页面可以执行的每个操作都需要一次到服务器的往返行程。

1.3.2 ASP.NET Web 窗体

在 ASP.NET 中，发送到客户端浏览器中的网页是经过.NET 框架中的基类动态生成的。这个基类就是 Web 页面框架中的 Page 类，而实例化的 Page 类就是一个 Web 窗体，也就是 Web Forms。因此，一个 ASP.NET 页面就是一个 Web 窗体。窗体对象也都具有其属性、方法和事件，可以作为容器容纳其他控件。

Web 窗体是一个后缀名为.aspx 的文本文件，可以使用任何文本编辑器打开和编写它。ASP.NET 是编译的运行机制，为了简化开发人员的工作，一个.aspx 页面不需要手工编译，而是在页面被调用时，由公共语言运行时自行决定是否要被编译。

Web 窗体可以使用一般的 HTML 窗体控件，但 ASP.NET 也提供了可以在服务器上运行的 Web 窗体控件。

1.3.3 后台隐藏代码页

早期脚本语言是将代码和 HTML 标记混合在一起编写，而后台隐藏代码页则与其不同。它是将业务逻辑的处理代码都存放在.cs 文件中，当 ASP.NET 网页运行时，ASP.NET 类生成时会先处理.cs 文件中的代码，再处理.aspx 页面中的代码，这种过程称为代码分离。

代码分离的优点是在.aspx 页面中，开发人员可以将页面直接作为样式来设计，即美工人员可以设计.aspx 页面，而.cs 文件由编程人员来完成业务逻辑的处理。同时，将 ASP.NET 中的页面样式代码和逻辑处理代码分离，能够让维护变得简单并且代码看上去整洁明了。

1.3.4 ASP.NET 新特性

与之前的技术相比较而言，在新版本的.NET 架构中，Microsoft 使得 ASP.NET 家族有了崭新的面貌。除了保留.NET Framework、ASP.NET 技术而外，Microsoft 引入了.NET Core 和应用于 Web 开发的 ASP.NET Core，下面主要对 ASP.NET Core 进行简要介绍。

1. ASP.NET Core 概述

ASP.NET Core 是一个跨平台的高性能开源框架，用于生成基于云且连接 Internet 的新式应用程序。使用 ASP.NET Core 可以完成以下工作。

- 创建 Web 应用和服务、IoT 应用和移动后端。
- 在 Windows、macOS 和 Linux 上使用喜爱的开发工具。
- 部署到云或本地。
- 在.NET Core 或.NET Framework 上运行。

2. ASP.NET Core 的优点

许多开发人员使用 ASP.NET 4.x 创建 Web 应用。而 ASP.NET Core 是对 ASP.NET 4.x 的重新设计，通过体系结构上的更改，产生了更精简、更模块化的框架。ASP.NET Core 具有如下优点。

(1) 生成 Web UI 和 Web API 的统一场景。
(2) 针对可测试性进行构建。

(3) Razor Pages 可以使基于页面的编码方式更简单高效。

(4) Blazor 允许开发人员在浏览器中使用 C#和 JavaScript，共享使用.NET 编写的服务器端和客户端应用逻辑。

(5) 能够在 Windows、macOS 和 Linux 上进行开发和运行。

(6) 开放源代码和以社区为中心。

(7) 集成新式客户端框架和开发工作流。

(8) 支持使用 gRPC 托管远程过程调用(RPC)。

(9) 提供基于环境的云就绪配置系统。

(10) 内置依赖项注入。

(11) 提供轻型的高性能模块化 HTTP 请求管道。

(12) 能够托管于以下各项：Kestrel、IIS、HTTP.sys、Nginx、Apache、Docker。

(13) 能够并行版本控制。

(14) 提供简化新式 Web 开发的工具。

3. ASP.NET Core MVC

使用 ASP.NET Core MVC 生成 Web API 和 Web UI。ASP.NET Core MVC 提供生成 Web API 和 Web 应用所需的功能。

(1) Model-View-Controller (MVC)模式使 Web API 和 Web 应用可测试。

(2) Razor Pages 是基于页面的编程模型，它让 Web UI 的生成更加简单高效。

(3) Razor 标记提供了适用于 Razor 页面和 MVC 视图的高效语法。

(4) 标记帮助程序使服务器端代码可以在 Razor 文件中参与创建和呈现 HTML 元素。

(5) 内置的多数据格式和内容协商支持使 Web API 可访问多种客户端，包括浏览器和移动设备。

(6) 模型绑定自动将 HTTP 请求中的数据映射到操作方法参数。

(7) 模型验证自动执行客户端和服务器端验证。

4. 面向.NET Framework 的 ASP.NET Core

ASP.NET Core 2.x 可以面向.NET Core 或.NET Framework。面向.NET Framework 的 ASP.NET Core 应用无法跨平台，它们仅在 Windows 上运行。通常，ASP.NET Core 2.x 由.NET Standard 库组成。使用.NET Standard 2.0 编写的库在实现.NET Standard 2.0 的任何.NET 平台上运行。

ASP.NET Core 2.x 在以下实现.NET Standard 2.0 的.NET Framework 版本上受支持：

- 强烈建议使用最新版本的.NET Framework。
- .NET Framework 4.6.1 及更高版本。

ASP.NET Core 3.0 以及更高版本只能在.NET Core 中运行，有关详细信息请参阅 *A first look at changes coming in ASP.NET Core 3.0*(《抢先了解 ASP.NET Core 3.0 即将推出的更改》)。

与.NET Framework 相比，.NET Core 有以下几个优势，并且这些优势会随着每次发布增加。

- 跨平台，可在 macOS、Linux 和 Windows 上运行。
- 性能更强。

- 并行版本控制。
- 新 API。
- 开源。

Microsoft 也正在努力缩小 API 在.NET Framework 与.NET Core 中的差距。Windows 兼容性包使数千个仅可在 Windows 运行的 API 可在.NET Core 中使用。这些 API 在.NET Core 1.x 中不可用。

5. 在 ASP.NET 4.x 和 ASP.NET Core 之间进行选择

与 ASP.NET Core 相比，ASP.NET 4.x 是一个成熟的框架，提供在 Windows 上生成基于服务器的企业级 Web 应用所需的服务。

表 1-1 将 ASP.NET Core 与 ASP.NET 4.x 进行了详细的比较。

表 1-1　ASP.NET Core 与 ASP.NET 4.x 应用特点对照表

ASP.NET Core	ASP.NET 4.x
针对 Windows、macOS 或 Linux 进行生成	针对 Windows 行生成
Razor 页面是在 ASP.NET Core 2.x 及更高版本中创建 Web UI 时建议使用的方法	使用 Web Forms、SignalR、MVC、Web API、WebHook 或网页
每个计算机多个版本	每个计算机有一个版本
使用 C#或 F#通过 Visual Studio、Visual Studio for Mac 或 Visual Studio Code 进行开发	使用 C#、VB 或 F#通过 Visual Studio 进行开发
比 ASP.NET 4.x 性能更高	良好的性能
使用.NET Core 运行时	使用.NET Framework 运行时

6. .NET Core 和.NET Framework 在服务器端应用程序开发上的差异

对服务器应用程序使用.NET Core 的情况如下：

- 跨平台需求。
- 面向微服务。
- 使用 Docker 容器。
- 高性能和可扩展的系统。
- 需按应用程序提供并行的.NET 版本。

对服务器应用程序使用.NET Framework 的情况如下：

- 应用当前使用.NET Framework(建议扩展而不是迁移)。
- 应用使用不可用于.NET Core 的第三方.NET 库或 NuGet 包。
- 应用使用不可用于.NET Core 的.NET 技术。
- 应用使用不支持.NET Core 的平台。Windows、macOS 和 Linux 支持.NET Core。

7. ASP.NET 2019 的改进

Visual Studio 2019 开发环境中的网页设计器已进行改进，提高了 CSS 的兼容性，增加了对 HTML 和 ASP.NET 标记代码段的支持，并提供了重新设计的 JScript 智能感知功能。

1.4 建立 ASP.NET 开发和运行环境

要使用.NET 4.0 框架来开发网站程序，需要先建立 ASP.NET 开发和运行的环境，这一过程包括安装和配置 IIS Web 服务器以及安装 Visual Studio 2019 开发环境。

1.4.1 安装和配置 IIS Web 服务器

IIS 是 Internet Information Server 的缩写，是微软公司主推的 Web 服务器。通过 IIS，开发人员可以方便地调试程序或发布网站。

在 Windows 10 中安装和配置 IIS 服务器的具体步骤如下。

(1) 在 Windows 系统中打开如图 1-3 所示的"程序和功能"中的"卸载或更改程序"窗口，该窗口显示当前已经安装的程序。

(2) 在窗口的左侧选择"启用或关闭 Windows 功能"图标，弹出如图 1-4 所示的"Windows 功能"对话框，找到 Internet Information Services 复选框，如果尚未安装，则其左侧的复选框不会被选中；如果复选框是不可选状态，说明 IIS 的组件没有全部安装。

图 1-3 "卸载或更改程序"窗口   图 1-4 "Windows 功能"对话框

(3) 如果复选框 Internet Information Services 没有被选中，则选中该复选框。也可进一步单击左边"+"号展开可选项，如图 1-5 所示。

(4) 选择要安装的选项后，单击"确定"按钮，完成 IIS 的安装。

(5) 选择"开始"|"控制面板"|"管理工具"|"IIS 管理器"命令，弹出如图 1-6 所示的"Internet Information Services(IIS)管理器"窗口，依次展开左侧的"根"节点(应用程序池)、"网站"节点(网站)、"默认网站"节点(Default Web Site)。

图 1-5 展开可选项   图 1-6 "Internet Information Services(IIS)管理器"窗口

(6) 右击"默认网站"节点 Default Web Site，弹出如图 1-7 所示的菜单。用户可以选择"管理网站"下的"停止"命令关闭 IIS 服务，也可以选择"重新启动"命令重启 IIS 服务。

说明：当用户通过 HTTP 浏览位于 Web 服务器上的一些 Web 页面时，Web 服务器需要确定与该页面对应的文件位于服务器硬盘上的位置。事实上，在由 URL 给出的信息与包含页面文件的物理位置(在 Web 服务器的文件系统中)之间有着重要的关系。这个关系是通过虚拟目录来实现。

虚拟目录相当于物理目录在 Web 服务器机器上的别名，它不仅使用户避免了冗长的 URL，也是一种很好的安全措施，因为虚拟目录对所有浏览者隐藏了物理目录结构。

(7) 在硬盘上创建一个物理目录，这里在 D 盘的根目录下创建一个目录，命名为 WebTest。

(8) 启动"Internet Information Services(IIS)管理器"窗口，右击"默认网站"节点 Default Web Site，选择"添加虚拟目录"命令，弹出如图 1-8 所示的"添加虚拟目录"对话框。

图 1-7　选择菜单

图 1-8　"添加虚拟目录"对话框

(9) 如图 1-9 所示填写虚拟目录别名，在"别名"文本框中输入虚拟目录的名字 WebTest，和它的物理目录的名字相同。选择刚才创建的物理目录 D:\WebTest，如图 1-10 所示。

图 1-9　填写虚拟目录别名

图 1-10　选择物理路径

(10) 单击"确定"按钮，完成虚拟目录的创建。此时，在"Internet Information Services(IIS)管理器"窗口的目录中将显示该 WebTest 虚拟目录，如图 1-11 所示。

(11) 选择"功能视图"选项卡，并双击"默认文档"图标，如图 1-12 所示，打开如图 1-13 所示的"默认文档"界面，用户可以在打开的选项区域管理默认文档。

图 1-11 显示虚拟目录　　　　　　　　图 1-12 "默认文档"设置

(12) 在图 1-12 所示的对话框中单击"身份验证"图标，打开如图 1-14 所示的"身份认证"界面，用户可以在打开的选项区域设置身份验证属性。

图 1-13 管理默认文档　　　　　　　　图 1-14 设置身份验证属性

1.4.2 Visual Studio 2019 开发环境

每一个正式版本的.NET 框架都有一个与之对应的高度集成的开发环境，微软称之为 Visual Studio，中文意思是可视化工作室。随同 ASP.NET 一起发布的开发工具是 Visual Studio 2019。它对基于 ASP.NET 的项目开发有很大帮助，使用 Visual Studio 2019 可以很方便地进行各种项目的创建、具体程序的设计、程序调试和跟踪以及项目发布等。

1. 安装 Visual Studio 2019 开发环境

Visual Studio 2019 目前有多个版本：Visual Studio Community 2019、Visual Studio Professional 2019 以及 Visual Studio Enterprise 2019。其中，第一种为免费供学生、开放源代码参与者和个人使用的社区版；第二种用于个人和小型开发团队，采用最新技术开发应用程序和实现有效的商务目标；第三种为需完成体系结构设计、应用开发、数据库开发以及应用程序测试等多任务的团队提供集成的工具集，在应用程序生命周期的每个步骤，团队成员都可以继续协作并利用一个完整的工具集与指南。

本书所用版本为 Visual Studio Community 2019，下面介绍 Visual Studio 2019 Community 的安装过程。

(1) 用户可以访问网址：

https://visualstudio.microsoft.com/zh-hans/thank-you-downloading-visual-studio /?sku=Community&rel=16

下载 Visual Studio 2019 社区版，也可以按照需要购买其他正版的安装程序。

(2) 打开安装程序后，首先进入"安装向导"界面。选择"安装 Microsoft Visual Studio 2019"，即可进入资源复制过程提示框。

(3) 单击"继续"按钮，经过一段时间的等待之后，进入如图 1-15 所示的安装路径的设定界面。

图 1-15　安装路径的设定界面

(4) 在图 1-15 所示界面中单击"安装"之后进入图 1-16 所示的安装功能显示界面，勾选需要的选项。其中 Python 开发与本书内容无关，可不选。

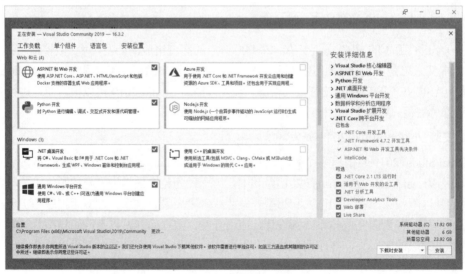

图 1-16　安装功能显示界面

(5) 单击"安装"按钮，开始安装并显示当前安装的组件。当所有组件安装成功后，进入

图 1-17 所示的界面，显示已经成功地安装 Visual Studio 2019，可以单击"启动"按钮，结束安装过程并打开 Visual Studio 2019。

图 1-17　安装完成界面

至此，Visual Studio 2019 成功地被安装到本地计算机上。

2. 创建 Web 项目

安装完成 Visual Studio 2019 开发环境之后，就要使用这一强大的工具来创建一个 ASP.NET 项目，让大家对 Visual Studio 2019 有一个初步的了解。

选择"开始"|"所有程序"| Microsoft Visual Studio 2019 | Microsoft Visual Studio 2019 命令，打开 Visual Studio 2019，进入如图 1-18 所示主界面。

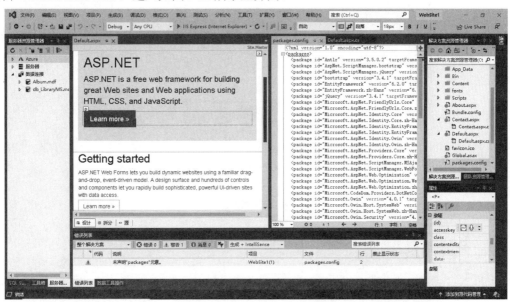

图 1-18　Visual Studio 2019 界面

Visual Studio 2019 主界面中主要组成部分如下。

(1) 菜单栏：位于主界面的顶部，包含了实现软件所有功能的选项。

(2) 工具栏：位于菜单栏的下方，包含了软件常用功能的快捷按钮。

(3) 状态栏：位于主界面的底部，用于显示软件的状态信息。

(4) 工作区：位于主界面中工具栏和状态栏之间的显示部分，占据了主界面的绝大部分位置。显示的内容包括当前项目的界面设计、代码编写、调试等窗口。

(5) 工具箱：位于主界面的左侧栏，提供了设计页面时常用的各种控件，只要简单地将控件拖动到设计页面即可方便地使用。

(6) 解决方案资源管理器：位于主界面的右侧边最上部，用于对解决方案和项目进行统一的管理，其主要组成是各种类型的文件目录。

(7) 团队资源管理器：位于解决方案资源管理器的下方，是一个简化的 Visual Studio Team System 2019 环境，专用于访问 Team Foundation Server 服务。

(8) 服务器资源管理器：位于主界面左侧栏，用于打开数据连接，登录服务器，浏览数据库和系统服务。

单击菜单上的"文件"|"新建项目"命令，打开如图 1-19 所示的"创建新项目"对话框，选择"ASP.NET Web 应用程序"，然后单击"下一步"按钮，弹出"配置新项目"对话框，如图 1-20 所示，在"项目名称"文本框中输入项目名称，并在"位置"文本框中输入相应的存储路径，在"解决方案名称"文本框中输入解决方案名称。最后单击"创建"按钮，即可创建一个新的 Web 项目。

图 1-19　"创建新项目"对话框

图 1-20　"创建新项目"对话框

3. Web 项目管理

当创建一个新的网站项目之后，用户可以利用解决方案资源管理器对网站项目进行管理。通过解决方案资源管理器，用户可以浏览当前项目所包含的所有资源(.aspx 文件、.cs 文件、图片等)，也可以向项目中添加新的资源，并且可以修改、复制和删除已经存在的资源。解决方案资源管理器如图 1-21 所示。下面主要介绍如何向项目中添加新资源。

在"解决方案资源管理器"中右击项目名称 WebApplication1，会弹出如图 1-22 所示的菜单。

图 1-21 解决方案资源管理器

图 1-22 右击弹出的快捷菜单

如图 1-23 所示，"添加"命令下有多个添加项，分别是"添加""添加引用""添加 Web 引用""添加服务引用"。其中，"添加引用"命令用来添加对类的引用，"添加 Web 引用"命令用来添加对存在于 Web 上的公开类的引用，"添加服务引用"命令用来添加对服务的引用。

选择"添加"命令，弹出下一级子菜单，包括 "新建项""现有项""新建文件夹"和"添加 ASP.NET 文件夹"4 个命令。其中，"新建项"命令用来添加 ASP.NET 支持的所有文件资源，"现有项"命令用来把已经存在的文件资源添加到当前项目中去，"新建文件夹"命令用来向网站项目中添加一个文件夹，"添加 ASP.NET 文件夹"命令用来向网站项目中添加一个 ASP.NET 独有的文件夹。

图 1-23 "添加"的子菜单

选择"新建项"命令，打开如图 1-24 所示的"添加新项"对话框，对话框左侧显示"已安装"模板的树状列表，中间显示与选定模板相对应的模板文件列表，右侧是对模板的描述。选择"已安装"模板下的 Web 模板，并在模板文件列表中选中"Web 窗体"，然后在"名称"文本框中输入该文件的名称，最后单击"添加"按钮即可向网站项目中添加一个新的文件。

图 1-24　"添加新项"对话框

4. 编辑 Web 页面

在添加一个 Web 页面后，用户可以使用 Visual Studio 对它进行编辑，在解决方案资源管理器中双击某个要编辑的 Web 页面文件，该页面文件就会在视图设计器窗口中打开，如图 1-25 所示。

图 1-25　视图设计器

用户可以通过视图设计器窗口底部的"设计""拆分"和"源"3 个按钮来进行 3 种视图的编辑。其中，设计视图用来显示设计的效果，并且可以从"工具箱"中直接把控件放置在设计视图中，"工具箱"是放置控件的容器，如图 1-26 所示；拆分视图同时显示设计视图和源视图；源视图显示设计源码，开发者可以在该视图中直接通过编写代码来设计页面。

5. 属性查看器

在 Web 页面的设计视图下，右击某一个控件或页面的任何地方，在弹出的菜单中选择"属性"命令或者在菜单栏中选择"视图"|"属性窗口"命令，会弹出如图 1-27 所示的控件"属性"窗口。在"属性"窗口中，可以编辑控件的属性。

图 1-26　工具箱

图 1-27　"属性"窗口

6. 编辑后台代码

在 Web 页面的设计视图下，双击页面的任何地方即可打开隐藏的后台代码文件，在此界面中，开发者可以编写与页面对应的后台逻辑代码。或者通过双击网站目录下的文件名，也可以进入后台代码文件，如图 1-28 所示。

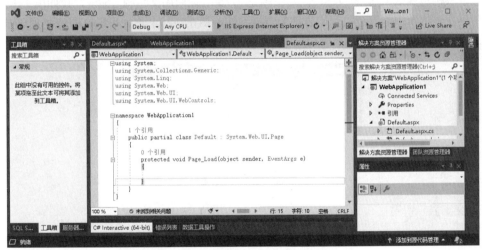

图 1-28　显示后台隐藏的代码文件

7. 编译和运行应用程序

选择"生成"|"生成网站"命令，如果生成成功，则屏幕下方的"输出"窗口中将显示相关信息，如图 1-29 所示。

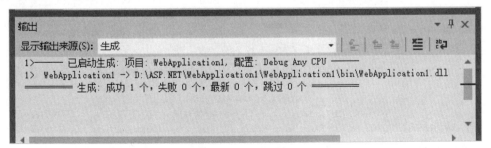

图 1-29　输出窗体

单击工具栏上的"启动调试"按钮▶运行程序，浏览器就会显示程序的运行效果。

1.4.3 Visual Studio 重要特性

Visual Studio 集成开发环境的重要特性有以下几种。

1. 窗口移动

文档窗口不再受限于集成开发环境(IDE)的编辑框架。开发人员可以将文档窗口停靠在 IDE 的边缘，或者将它们移动到桌面(包括辅助监视器)上的任意位置。如果打开并显示两个相关的文档窗口，则在一个窗口中所做的更改将立即反映在另一个窗口中。

工具窗口也可以进行自由移动，使它们停靠在 IDE 的边缘、浮动在 IDE 的外部或者填充部分或全部文档框架。这些窗口始终保持可停靠的状态。

2. 调用层次结构

调用层次结构可以帮助开发人员分析代码，并实现导航定位功能。在方法、属性、字段、索引器或者构造函数上右击，在弹出菜单中选择"查看调用层次结构"命令。在如图 1-30 所示的调用层次结构窗口能看到被调用方法的层次结构，双击方法名称，可以立即定位到该方法定义的地方。

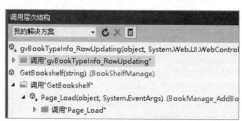

图 1-30　调用层次结构窗口

3. 突出显示引用

选中任何一个符号，如方法、属性、变量等，在如图 1-31 所示的代码编辑器中将自动突出显示此符号的所有实例。用户还可以通过快捷键"Ctrl+Shift+向上/向下键"从一个加亮的符号跳转到下一个加亮的符号。

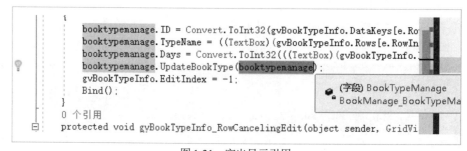

图 1-31　突出显示引用

4. 智能感知

在 Visual Studio 2019 中智能感知(IntelliSense)功能又进行了完善和加强，在输入一些关键字时，其搜索过滤功能并不只是将关键字作为查询项的开头，而是包含查询项所有位置。有时需要使用 switch、foreach、for 等类似语法结构，只需加入语法关键字，并按两下 Tab 键，Visual Studio 2019 就会自动完成相应的语法结构。这一功能大大提高了开发人员的编程效率。

1.5　配置 ASP.NET 应用程序

在 ASP.NET 应用程序中，用户可以在系统提供的配置文件 Web.config 中对该应用程序进行配置，可以配置的信息包括错误信息显示方式、会话存储方式和安全设置等。

Web.config 文件是一个 XML 文本文件，它用来储存 ASP.NET Web 应用程序的配置信息(如最常用的设置 ASP.NET Web 应用程序的身份验证方式等)，它可以出现在应用程序的每一个目录中。

通过 Visual Studio 新建一个 Web 应用程序后，默认情况下会在根目录自动创建一个默认的 Web.config 文件。由于 ASP.NET 的 Machine.config 文件自动注册所有的 ASP.NET 标识、处理器和模块，所以在 Visual Studio 中创建新的空白 ASP.NET 项目时，会发现默认的 Web.config 文件，此文件既干净又简洁，不像以前的版本有 100 多行代码。

如果要修改配置设置，可以在 Web.config 文件下的 Web.Release.config 文件中进行重新配置。它提供重写或修改 Web.config 文件中定义的设置。在运行时对 Web.config 文件的修改不需要重启服务就可以生效(注意<processModel>节例外)。此外，Web.config 文件是可以扩展的。用户可以自定义新配置参数，并编写配置节处理程序以对它们进行处理。

Web.config 配置文件的所有代码都应该位于<configuration><system.web>和</system.web></configuration>节之间。

1. <authentication>节

<authentication>节通常用来配置 ASP.NET 身份验证支持(参数可以是 Windows、Forms、PassPort、None 4 种)。该元素只能在计算机、站点或应用程序级别声明。<authentication>元素必须与<authorization>节配合使用。

例如，基于窗体的身份验证站点的配置代码如下。

```
1. <authentication mode="Forms" >
2. <forms loginUrl="Login.aspx" name=".ASPXAUTH"/>
3. </authentication>
```

代码说明：第 1 行和第 3 行定义<authentication>节，把 mode 属性设置为 Forms，表示这个站点将执行基于窗体的身份验证，第 2 行定义当没有登录身份的用户访问页面时自动跳转到的页面，其中元素 loginUrl 表示登录网页的名称，name 表示 Cookie 名称。

2. <authorization>节

<authorization>节通常用来控制对 URL 资源的客户端访问(如允许匿名读者访问)。此元素可以在任何级别(计算机、站点、应用程序、子目录或页)上声明。<authorization>元素必须与<authentication>节配合使用。可以使用 user.identity.name 来获取已经过验证的当前的用户名；

也可以使用 web.Security.FormsAuthentication.RedirectFromLoginPage 方法将已验证的用户重定向到刚才请求的页面。

例如，禁止匿名用户访问的站点的配置代码如下。

```
1. <authorization>
2. <deny users="?"/>
3. </authorization>
```

代码说明：第 1 行和第 3 行定义<authorization>节，第 2 行通过设置<deny users="?"/>来实现任何来访的用户都需要身份认证。

3. <compilation>节

<compilation>节通常用来配置 ASP.NET 使用的所有编译设置。debug 属性的默认值为 True。在程序编译完成交付使用之后应将其设为 True。

4. <customErrors>节

<customErrors>节通常用来为 ASP.NET 应用程序提供有关自定义错误信息。但它不适用于 XML Web services 中发生的错误。

例如，当发生错误时，将网页跳转到自定义的错误页面的配置代码如下。

```
1. <customErrors defaultRedirect="ErrorPage.aspx" mode="RemoteOnly">
2. </customErrors>
```

代码说明：第 1 行和第 2 行定义<customErrors>节，并通过属性 defaultRedirect 来定义发生错误时跳转的页面是 ErrorPage.aspx。

5. <httpRuntime>节

<httpRuntime>节通常用来配置 ASP.NET HTTP 运行库设置。该节可以在计算机、站点、应用程序和子目录级别声明。

例如，ASP.NET HTTP 运行库设置代码如下。

```
<httpRuntime maxRequestLength="1024" executionTimeout="150" appRequestQueueLimit= 50"/>
```

代码说明：这段代码的含义是控制用户上传文件最大为 1M，最长时间为 150 秒，最多请求数为 50。

6. <pages>节

<pages>节通常用来标识特定于页的配置设置(如是否启用会话状态、视图状态，是否检测用户的输入等)。<pages>节可以在计算机、站点、应用程序和子目录级别声明。

例如，检测用户在浏览器输入的内容中是否存在潜在的危险数据的代码如下。

```
<pages buffer="true" enableViewStateMac="true" validateRequest="false"/>
```

代码说明：buffer="true"定义了页面发送前先缓冲输出。enableViewStateMac="true"表示在从客户端回发页时将检查加密的视图状态，以验证视图状态是否已在客户端被篡改。validateRequest="false"表示 ASP.NET 检查从浏览器输入的所有数据，以找出潜在的危险数据。

1.6　综合练习

下面通过本书的第一个 Web 应用程序来介绍创建 ASP.NET 应用程序的过程。本练习将实现在运行程序后，在浏览器中显示"我创建的首个 ASP.NET 网页"。

(1) 启动 Visual Studio 2019，选择"文件"|"新建项目"命令，打开"创建新项目"对话框，然后选择"ASP.NET Web 应用程序"，单击"下一步"按钮，在弹出的对话框中的"项目名称"文本框中输入"综合练习"，并在"位置"文本框中输入相应的存储路径，在"解决方案名称"文本框中输入"综合练习"。最后，单击"创建"按钮，如图 1-32 所示。

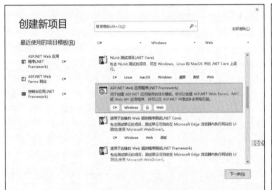

图 1-32　配置新建项目

(2) 在"解决方案管理器"中的网站根目录下会生成一个"综合练习"的 Web 项目。右击项目名称"综合练习"，在弹出的菜单中选择"添加"|"新建项"命令。

(3) 弹出"添加新项"对话框，选择"已安装"模板下的 Web 模板，并在模板文件列表中选中"Web 窗体"，然后在"名称"文本框输入该文件的名称 Default.aspx，最后单击"添加"按钮。

(4) 此时，"综合练习"目录下面会生成一个如图 1-33 所示的 Default.aspx 页面，它包括两个文件，一个是 Default.aspx.cs 文件，用于编写程序的后台代码；另一个是 Default.aspx.designer.cs 文件，存放一些页面控件中控件的配置信息。

(5) 双击网站的根目录下的 Default.aspx 文件，进入"视图设计器"窗口。从"工具箱"拖动一个"Label 控件"到如图 1-34 所示的"设计视图"中。

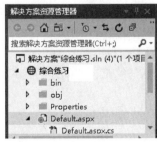

图 1-33　生成 Default.aspx 页面

图 1-34　设计视图

(6) 双击网站根目录下的 Default.aspx.cs 文件，编写代码如下：

```
1. protected void Page_Load(object sender, EventArgs e){
2.          Label1 .Text ="我创建的首个 ASP.NET4.0 网页！";
3. }
```

代码说明： 第1行处理页面 Page 的加载事件 Load。第2行设置 Label1 控件的文本显示"我创建的首个 ASP.NET4.0 网页！"。

(7) 按 Ctrl+F5 键运行程序，效果如图 1-35 所示。

图 1-35　网页效果

1.7　习题

一、填空题

1. ASP.NET 支持的编程语言有_____、_____等。

2. .NET 基类库位于_____的上层，与_____紧密集成在一起，可被.NET 支持的任何语言所使用。

3. ASP.NET 网站在编译时，首先将语言代码编译成_____。

4. ASP.NET 页面文件的后缀是_____。

5. 基于 C#的 ASP.NET 程序文件的后缀是_____。

二、选择题

1. ASP.NET 网页是完全面向对象的。在 ASP.NET 网页中，可以使用(　　)来处理 HTML 元素。

   A. 属性　　　　　　　　B. 方法　　　　　　　　C. 事件　　　　　　　　D. 过程

2. (　　)不属于 ASP.NET 开发和运行环境。

   A. 安装 IIS　　　　　　　　　　　　B. SQL Server 数据库

   C. 安装.NET Framework SDK　　　　　D. Visual Studio.NET

3. .NET Framework 旨在实现的目标包括(　　)。

   A. 提供一个一致的面向对象的编程环境，而无论对象代码是在本地存储和执行，还是在本地执行但在 Internet 上分布，或者是在远程执行的

   B. 提供一个将软件部署和版本控制冲突最小化的代码执行环境

   C. 提供一个可提高代码(包括由未知的或不完全受信任的第三方创建的代码)执行安全性的代码执行环境

   D. 提供一个可消除脚本环境或解释环境的性能问题的代码执行环境

4. HTTP 的常用请求方法包括(　　)。

   A. PUT　　　　　　　B. LINK　　　　　　　C. DELETE　　　　　　D. UNLINK

5. .NET Framework 具有的主要组件是(　　)。

　　A. 公共语言运行库　　　　　　　　　B. .NET Framework 类库

　　C. 动态语言运行时　　　　　　　　　D. 中间语言

三、上机题

1. 使用记事本编写一个 HTML 的静态网页，运行后在网页中显示"欢迎来到 ASP.NET 的世界"。

2. 在本地电脑中安装 IIS Web 服务器并进行相应的配置，然后创建一个名为 MyRoot 的虚拟目录。

3. 在本地电脑中安装 Visual Studio 2019 专业版开发环境，并熟悉开发主界面和菜单栏的选项。

4. 创建一个 Web 网站，运行后浏览器页面中显示 Welcome to My Website！。

第2章
C#入门

C#是一种源于 C 和 C++语言之上的、简单的、现代的、面向对象和类型安全的编程语言。作为一种优秀的编程语言，C#可以用来开发控制台应用程序、.NET Windows 应用程序、ASP.NET 应用程序以及 Web 服务等各种类型的应用程序。本章从 C#的基础入手，着重介绍了 C#的各种语法知识和用途，力求从整体上引导读者对该编程语言有一个总体的掌握。特别是对以前从没有接触过编程语言的读者，建议一定要认真阅读和学习本章内容，以便能够更容易地学习后面的章节。

☑ 本章重点

- 熟悉 C#中常用的数据类型
- 学会在应用程序中定义变量和常量
- 熟练使用 C#中的控制语句
- 重点掌握面向对象编程的知识，包括类的封装、继承和事件
- 能够在程序中应用异常处理

2.1 C#代码结构

C#和其他语言一样有其固有的代码结构，在编写 C#代码时必须遵循相关规则。

2.1.1 命名空间和类

.NET 框架提供了许多的类，以便让.NET 程序语言使用这些类的功能。这些类根据功能分为许多命名空间。.NET 框架有一个 System 命名空间，常用的类都在这个命名空间下，例如以下代码：

```
using System;
```

代码说明：通过使用关键字 using 来引用 System 命名空间，以便在下面的程序代码中能够直接使用各种类。

每个 C#程序都是由很多的类、结构和数据类型组成的集合。用户还可以使用 Namespace 关

键字来声明命名空间，声明命名空间的语法如下：

```
Namespace 命名空间名称{
    //命名空间的声明
}
```

使用 Class 关键字声明类，声明类的语法如下：

```
Class 类名{
    //类的声明
}
```

在 C#中，所有的应用程序都必须包装在一个类中，类中包含程序所需的变量与方法的定义。

2.1.2 Main()方法

每个应用程序都有一个且只有一个 Main()方法，该方法定义了这个类的行为或者该类的功能，它是程序的入口。Main()方法定义的语法如下：

```
public static void Main(){
    // Main()方法中的代码
}
```

代码说明：public 关键字表示所有的程序都可以访问 Main()方法。static 关键字代表 Main()方法为整个程序运行期间都有效的方法，而且在调用这个方法之前不必对该类进行实例化。Main()方法的返回值除了 void 之外也可以是 int 型。Main()方法也可以带参数,例如下面的代码：

```
public static void Main(String[] args){
    Console.WriteLine("小王");
}
```

以上代码中的 Main()方法唯一的区别就是带了字符串数组 String[]类型的参数 args。这里特别要强调 Main()方法的第一个字母 M 必须大写。

2.1.3 语句块

在 C#程序中，把使用符号"{"和"}"包含起来的程序称为语句块。语句块在条件和循环语句中经常会用到，主要是把重复使用的程序语句放在一起以方便使用，这样有助于程序的结构化。上面 Main()方法的代码就是一个语句块。以下代码是求 50 以内所有奇数的和，它的语句块结构代码如下：

```
1. int sum = 0;
2. for(int i = 1; i <= 50; i ++){
3.     if(i % 2 ! = 0){
4.         sum = sum + i;
5.     }
6. }
```

代码说明：第 2～6 行使用了两组"{"和"}"符号形成的不同语句块，也就是实现了语句块的嵌套。

2.1.4 语句终止符

C#程序的每一句代码都要以语句终止符来结束，C#的语句终止符是分号";"。例如下面的代码：

```
string number;
```

代码说明：使用语句终止符";"，结束 number 的定义。

在 C#程序中，可以在一行中写多个语句，但每个语句都要以";"结束，也可以在多行中写一个语句，但要在最后一行中以";"结束。例如如下代码：

```
1. int number; string name; float shuzi;
2. int number = 1,number1 = 2, number2= 3, number3 = 4,sum;
3. sum = number + number1 +
4. number2 + number3;
```

代码说明：第 1 行中包含有多个语句，语句之间使用终止符";"进行分割。第 3 行和第 4 行将一句代码写在多个行中。

2.1.5 注释

注释在一个开发语言中也是非常重要的。C#提供了以下两种注释类型。

(1) 单行注释，注释符号是"//"，例如如下代码：

```
int number;   //一个整型变量，存储整数
```

代码说明：使用了单行注释符号"//"，符号后面是注释的具体内容。

(2) 多行注释，注释符号是"/*"和"*/"，任何在符号"/*"和"*/"之间的内容都会被编译器忽略，例如如下代码：

```
1. /*一个整型变量
2. 存储整数*/
3. int number;
```

代码说明：第 1 行和第 2 行使用了多行注释"/*"和"*/"符号，符号之间是注释内容。

此外，XML 注释符号"///"也可以用来对 C#程序进行注释，例如如下代码：

```
1. ///一个整型变量
2. ///存储整数
3. int number;
```

代码说明：第 1 行和第 2 行使用了 XML 注释符号"///"，符号后面是具体的注释内容。

2.1.6　大小写的区别

C#是一种对大小写敏感的语言。在 C#程序中，同名的大写和小写代表不同的对象，因此在输入关键字、变量和函数时必须使用适当的字符。

此外，C#对小写比较偏好，它的关键字基本上都采用小写，例如 if、for、while 等。

在定义变量时，C#程序员一般都遵守这样的规范：对于私有变量的定义一般都以小写字母开头，而公共变量的定义则以大写字母开头，例如，以 number 来定义一个私有变量，而以 Number 来定义一个公共变量。

2.2　数据类型

C#中数据类型可以分为值类型和引用类型，值类型又包括数值类型、布尔类型、枚举类型和结构类型等；引用类型主要包括类类型、对象类型、字符串类型和数组类型等。

2.2.1　数值类型

数值类型主要包括整数、浮点数和小数，这些均属于简单类型。简单类型都是.NET Framework 中定义的标准类的别名，都隐式地从类 object 继承而来。所有类型都隐含地声明了一个公共的无参数的构造函数，称为默认构造函数。默认构造函数返回一个初始值为零的实例。

1. 整数类型

整数类型可以分为无符号型、有符号型和 char。有符号类型的数据可以是正数也可以是负数，但无符号类型数据只能是正数。char 在 C#中表示 16 位 Unicode 字符。整型数据如表 2-1 所示。

表 2-1　整数类型

类　　型	.NET 框架基类	说　　明	取 值 范 围
sbyte	System.SByte	有符号 8 位整数	−128～127
byte	System.Byte	无符号 8 位整数	0～255
short	System.Int16	有符号 16 位整数	−32 768～32 767
ushort	System.Uint16	无符号 16 位整数	0～65 535
int	System.Int32	有符号 32 位整数	−2 147 483 648～2 147 483 647
uint	System.Uint32	无符号 32 位整数	0～4 294 967 295
long	System.Int64	有符号 64 位整数	−9 223 372 036 854 775 808～9 223 372 036 854 775 807
ulong	System.Uint64	无符号 64 位整数	0～18 446 744 073 709 551 615
char	System.Char	一个单 Unicode 字符	

2. 浮点数类型

在 C#中有两种浮点类型：单精度浮点类型 float 和双精度浮点类型 double，如表 2-2 所示，二者的差别在于取值范围和精度。

表2-2　浮点数类

类　　型	.NET 框架基类	说　　明	取 值 范 围
float	System.Single	精度为7	$1.5×10^{-45}～3.4×10^{38}$
double	System.Double	精度为15～16	$5.0×10^{-324}～1.7×10^{308}$

对于 float 类型的数值，末尾需要使用 f 说明该数值为 float 类型；对于 double 类型的数值，末尾需要使用 d 说明该数值为 double 类型。如果没有这些说明，系统会把这些小数作为 double 类型处理。下面是浮点类型的使用示例。

```
1. float a = 8.0f;
2. double b = 8.0d;
3. double c = a + b;
```

代码说明： 第 1 行定义了一个 float 类型的变量 a，第 2 行定义了一个 double 类型的变量 b，第 3 行把 a 和 b 的值相加，把结果赋给 c，在进行加法运算时，a 自动转换为 double 类型。

3．小数类型

小数(decimal)类型在所有数值类型中精度是最高的，它有 128 位，一般做精度要求高的金融和货币的计算。decimal 类型对应于.NET Framework 中定义的 System.Decimal 类。取值范围为 $1.0×10^{-28}～7.9×10^{28}$，有 28～29 位的有效数字。decimal 类型的赋值和定义如下所示。

```
decimal d= 5.5m;
```

代码说明： 末尾 m 代表该数值为 decimal 类型，如果没有 m 将被编译器默认为 double 类型的 5.5。

2.2.2　布尔类型

布尔(bool)类型表示布尔逻辑量，对应于.NET Framework 中定义的 System.Boolean 类。布尔类型的值只有两个，即 true 和 false。其中 true 表示逻辑真，false 表示逻辑假。可以直接将 true 或 false 值赋给一个布尔变量，或将一个逻辑判断语句的结果赋给布尔类型的变量，如下面代码所示。

```
1. bool a = true;
2. bool b = 1000>500;
```

代码说明： 第 2 行的语句中，首先计算逻辑判断语句 1000>500 的值，其值为 true，然后再把该值赋值给变量 b。

布尔类型不能和其他类型进行转换，布尔数据不能用于使用整数类型的场合。反之亦然，这是因为零整数值或空指针不可以直接被转换为布尔数值 false，而非零整数值或非空指针也不可以直接转换为布尔数值 true。在 C#中，布尔类型的变量不能由其他类型的变量代替，但是可以通过一个转换变为布尔类型。

2.2.3　结构类型

结构类型通常是一组相关的信息组合成的单一实体,其中的每个信息称为它的一个成员。结构类型可以用来声明构造函数、常数、字段、方法、属性、索引、操作符和嵌套类型。结构类型通常用于表示较为简单或者较少的数据,其实际应用意义在于使用结构类型可以节省使用类的内存的占用,因为结构类型没有如同类对象所需的大量额外的引用。下面代码定义了一个学生的简单数据结构。

```
1. struct Student{
2.     public uint id;
3.     public string name;
4.     public string sex;
5.     public uint age;
6. }
```

代码说明:第 1 行使用关键字 struct 指明这里将要定义一个学生结构类型。对于一个记录学生信息的结构,学号、姓名、性别和年龄是必不可少的,在第 2~5 行定义了这些信息。在使用这个结构时,用户可以根据需要增加相关的信息。

2.2.4　枚举类型

枚举类型是由一组特定的常量构成一种数据结构,系统把相同类型、表达固定含义的一组数据作为一个集合放到一起形成新的数据类型。比如,一年分为四季,可以放到一起作为新的数据类型来描述季节,代码如下:

```
1. enum Season {
2.     Spring,      //春季
3.     Summer,      //夏季
4.     Autumn,      //秋季
5.     Winter       //冬季
6. };
```

代码说明:第 1 行中 enum 是定义枚举类型的关键字,Season 是枚举类型的名字,{}中是枚举元素,第 2~5 行定义了枚举元素,用逗号分隔。这样一年 4 个季度的集合就构成了一个枚举类型,它们都是枚举类型的组成元素。

枚举元素实际上都是整数类型,默认时第一个枚举元素值为 0,以后每个元素递增 1。开发者也可以自定义首元素的值,甚至每个元素的值,例如下面的代码就自定义了元素的值。

```
1. enum Season {
2.     Spring=1,
3.     Summer=2,
4.     Autumn=3,
5.     Winter=4
6. };
```

代码说明: 这段代码对 4 个季节分别进行了赋值,这样更符合中国人的文字习惯。

2.2.5 字符串

字符串实际上是 Unicode 字符的连续集合,通常用于表示文本,用 String 表示字符串的 System.Char 对象的连续集合。在 C#中提供了对字符串类型的强大支持,可以对字符串进行各种操作。String 类型对应于.NET Framework 中定义的 System.String 类,System.String 类是直接从 Object 派生的。

字符串值使用双引号表示,例如"中国! "," China! "等,而字符型使用单引号表示,这点需要注意区分。下面是几个关于字符串操作的代码。

```
1. string a= "I Love";
2. string b= "China! ";
3. string c=a+b;
4. char ch = c[3];
```

代码说明: 第 1 行和第 2 行直接把字符串赋值给字符串变量 a 和 b,第 3 行语句把两个字符串进行了合并,字符串变量 c 的值最后为" I Love China! "。第 4 行用于获得字符串中某个字符值,字符串中第 1 个字符的位置是 0,第 2 个字符的位置是 1,依此类推。这里 ch 的值是第 4 个字符"o",因为空格也算一个字符。

2.2.6 数组

数组是包含若干个相同类型数据的集合,数组的数据类型可以是任何类型。数组可以是一维的,也可以是多维的(常用的是二维和三维数组)。

1. 一维数组

数组的维数决定了相关数组元素的下标数,一维数组只有一个下标。一维数组通过声明方式如下:

```
数组类型[ ] 数组名;
```

其中,"数组类型"是数组的基本类型,一个数组只能有一个数据类型。数组的数据类型可以是任何类型,包括前面介绍的枚举和结构类型。[]是必不可少的,否则将成为定义变量了。"数组名"定义的是数组名字,相当于变量名。

数组声明以后,就可以对数组进行初始化了,数组必须在访问之前初始化。数组是引用类型,所以声明一个数组变量只是对此数组的引用设置了空间。数组实例的实际创建是通过数组初始化程序实现的,数组的初始化有两种方式:第一种是在声明数组时进行初始化;第二种是使用 new 关键字进行初始化。

使用第一种方法初始化是在声明数组时,提供一个用逗号分隔开的元素值列表,该列表放在{ }括号中,例如:

```
int[] array = {20, 30, 40, 50};
```

以上代码声明了一个整数类型的数组 array，其中有 4 个元素，每个元素都是整数值。

第二种是使用关键字 new 为数组申请一块内存空间，然后直接初始化数组的所有元素。例如：

```
int[] array = new int[4]{ 20, 30, 40, 50};
```

以上代码通过 new 关键字声明了一个整数类型的数组 array，其中有 4 个元素，每个元素都是整数值。

数组中的所有元素值都可以通过数组名和下标来访问，数组名后面的方括号中指定下标(指定要访问的第几个元素)，就可以访问该数组中的成员。数组第 1 个元素的下标是 0，第 2 个元素的下标是 1，依此类推。下面通过一个例子来做进一步的说明。

```
1. int[ ] array = {20, 30, 40, 50};
2. array [3] = 50;
```

上面的代码中，在第 1 行定义并初始化了一个有 4 个元素的数组 array，第 2 行使用 array 下标[3]访问该数组的第 4 个元素。

2. 多维数组

多维数组和一维数组有很多相似的地方，下面介绍多维数组的声明、初始化和访问方法。多维数组有多个下标，例如二维数组和三维数组声明的语法分别如下：

```
1. 数组类型[,] 数组名;
2. 数组类型[,,] 数组名;
```

在以上代码中第 1 行声明了一个二维数组，第 2 行声明了一个三维数组，区别在于[]中逗号的数量。

更多维数的数组声明则需要更多的逗号。多维数组的初始化方法也和一维数组相似，可以在声明时初始化，也可以使用 new 关键字进行初始化。下面的代码声明并初始化了一个 2×3 的二维数组，相当于一个 2 行 3 列的矩阵。

```
int[,] array = { {1, 2,3}, {4,5,6} };
```

以上代码初始化时数组的每一行值都使用{}括号包括起来，行与行间用逗号分隔。要访问多维数组中的元素，只需指定它们的下标，并用逗号分隔开，例如访问 array 数组第 1 行中的第 2 列数组元素(其值为 2)的代码如下：

```
array [0,1]
```

【例 2-1】通过控制台接收用户输入的字符串(不区分大小写)，要求统计输出该字符串中每个字母和其他字符出现的次数。

(1) 启动 Visual Studio 2019，选择"文件"｜"新建项目"命令，在弹出的"创建新项目"对话框中选择 Visual C#节点下的 Windows 模板，然后选择"控制台应用程序"，单击"下一步"按钮，弹出"配置新项目"对话框。在"项目名称"文本框和"解决方案名称"文本框中输入"例 2-1"，然后在"位置"文本框中输入文件路径，最后单击"确定"按钮。在"解决方案资源管理器"中生成名为"例 2-1"的项目。

(2) 双击网站目录下的 Program.cs 文件，打开文件后在 Main()函数中编写如下代码:

```csharp
1. static void Main(string[ ] args){
2.        int[ ] CharNum=new int[26];
3.        int Other;
4.        int i;
5.        char temp;
6.        string strTest;
7.        for (i=0;i<26;i++){
8.          CharNum[i]=0;
9.        }
10.         Other=0; Console.Write("请输入要统计的字符串: ");
11.        strTest=Console.ReadLine();
12.        strTest=strTest.ToUpper();
13.        Console.WriteLine("字符     出现次数");
14.        for (i=0;i<strTest.Length;i++){
15.          temp=strTest[i];
16.          if (temp>='A' && temp<='Z')
17.              CharNum[temp-'A']++;
18.          else
19.              Other++;
20.        }
21.        for (i=0;i<26;i++){
22.          if (CharNum[i]!=0)
23.          Console.WriteLine("    {0}      {1}",(char)(i+'a'),CharNum[i]);
24.          Console.WriteLine("Other      {0}",Other);
25.        }
26.
27. }
```

代码说明: 第 2 行声明了一个长度为 26 的数组 CharNum，用于 26 个字母的计数。第 3 行定义一个整型变量 Other，记录除字母之外的任意字符的个数。第 5 行定义一个临时的字符变量 temp。第 6 行定义一个字符串对象 strTest，用于放置要检测的字符串。第 7～9 行使用 for 循环将为数组 CharNum 赋值 0～25。第 13 行将用户输入的字母都转成大写字母。第 15～21 行使用 for 循环判断输入的字母出现的次数和其他字符的出现次数。第 22～26 行将统计的结果通过 for 循环输出到控制台显示。

图 2-1　程序运行效果

(3) 按 Ctrl+F5 键运行程序，效果如图 2-1 所示。

2.2.7　装箱和拆箱

装箱和拆箱实现了值类型和引用类型的相互转化。装箱是把值类型转化为对象类型，或者说是创建一个对象并对其赋值，这样可将值类型存储于垃圾回收堆中。拆箱是将对象类型转换为值类型，也就是把值从对象实例中复制出来。下面的代码分别演示了装箱和拆箱操作。

```
1. int a = 80;
2. object b = (object) a;
3. b = 80;
4. a = (int) b;
```

代码说明： 第 1 行定义了一个整型变量，第 2 行把该变量打包到 Object 引用类型的一个实例中，也就是进行装箱操作。第 4 行进行拆箱操作。

相对于简单的赋值而言，装箱和拆箱过程需要进行大量的计算。对值类型进行装箱时，必须分配并构造一个全新的对象。另外，拆箱所需的强制转换也需要进行大量的计算。因此，在进行装箱和拆箱操作时应该考虑到这两种操作对性能的影响。

2.3　变量和常量

在进行程序设计时，经常需要保存程序运行的信息，因此在 C# 中引入了"变量"的概念。而在程序中某些值是不能被改变的，这就是所谓的"常量"。

2.3.1　变量

所谓变量，就是在程序的运行过程中其值可以被改变的量，变量类型可以是任何一种 C# 的数据类型。所有值类型的变量具有实际存在于内存中的值，也就是说当将一个值赋给变量执行的是值复制操作。变量的定义格式如下：

变量数据类型　变量名(标识符);

或者

变量数据类型　变量名(标识符)＝变量值;

上面第一个定义只是声明了一个变量，并没有对变量进行赋值，此时变量使用默认值。第二个定义声明变量的同时对变量进行了初始化，变量值应该和变量数据类型一致。下面代码是几个对变量的使用。

```
1. int a = 80;
2. double b, c;
3. int d=20, e=50;
4. double f = a + b + c + d + e;
```

代码说明： 第 1 行代码声明了一个整数类型的变量 a 并对其赋值为 80。第 2 行代码定义了两个 double 类型的变量，当定义多个同类型的变量时，可以在一行声明，各个变量间使用逗号分隔。第 3 行代码定义了两个整数类型的变量并对变量进行了赋值。当定义并初始化多个同类型的变量时，也可以在一行进行，使用逗号分隔。第 4 行把前面定义的变量相加，然后赋给一个 double 类型的变量，在进行求和计算时，int 类型的变量会自动转换为 double 类型的变量。

2.3.2　常量

所谓常量，就是在程序的运行过程中其值不能被改变的量。常量的类型也可以是任何一种C#的数据类型。常量的定义格式如下：

```
const 常量数据类型 常量名(标识符)=常量值;
```

上面的 const 关键字表示声明一个常量，"常量名"就是标识符，用于唯一地标识该常量。常量名要有代表意义，不能过于简练或者复杂。常量和变量的声明都要使用标识符，其命名规则如下：

- 标识符必须以字母开头或者@符号开始。
- 标识符只能由字母、数字、下画线组成，不能包括空格、标点符号、运算符等特殊符号。
- 标识符不能与 C#中的关键字同名。
- 标识符不能与 C#中的库函数名相同。

"常量值"的类型要和常量数据类型一致，如果定义的是字符串型，"常量值"就应该是字符串类型，否则会发生错误。例如以下代码：

```
1. const double yuanzhoulu = 3.1415926;
2. const string word = "Visual Studio 2019";
```

第 1 行定义了一个 double 类型的常量，第 2 行定义了一个字符串型的常量。一旦用户在后面的代码中试图改变这两个常量的值，则编译器会发现这个错误导致代码无法编译通过。

2.3.3　隐式局部变量

C#是强类型，在声明变量时必须指明变量的类型。而 JavaScript、VB 等语言则是弱类型，也就是在声明变量时不必指明变量类型，而是通过初始化这个变量的表达式来推导这个变量的类型，这就是隐式局部变量。这种声明变量的方式比较自由，方便了程序开发。从.NET 3.5 开始引入了关键字 var，使得在 C#中也可以在声明变量时不必声明变量的类型。下面代码演示了使用 var 声明局部变量的各种方式。

```
1. var a = 5;
2. var b = "name";
3. var c= new[] { 1, 2, 3};
4. var d = new { Name = "John", Age = 18 };
5. var ArrayList = new ArrayList<string>();
```

第 1 行定义了变量 a 被当作一个整数。第 2 行定义了变量 b 被当作字符串。第 3 行定义了一个变量 c，因为它右边是一个数组，所以该变量为数组变量。第 4 行定义了一个匿名变量。第 5 行定义了一个 ArrayList 类型的变量，ArrayList 类型为.NET Framework 所包含的类型。

在 C# 2.0 及其以前版本中，如果定义一个可以向其赋任何值的变量，那么需要先以 Object 类型来定义该变量，这种方式对值类型的操作方式是装箱和拆箱的过程，这种过程要耗费很多资源，而使用关键字 var 来声明变量可以很轻易实现该功能。

C# 3.5 通过本地类型推断功能，根据表达式对变量的赋值来判断变量的类型，这样可以保护类型安全，而且也可以实现更为自由的编码。依据这个本地类型推断功能，使用关键字 var 定义的变量在编译期间就推断出变量的类型，而在编译后的 IL(Intermediate Language，.NET 框架中中间语言)代码中就会包含推断出的类型，这样可以保证类型安全。

使用隐式类型的变量声明时，需要注意以下限制。

(1) 只有在同一语句中声明和初始化局部变量时，才能使用 var；不能将该变量初始化为 null。

(2) 不能将 var 用于类范围的域。

(3) 由 var 声明的变量不能用在初始化表达式中。例如 var v = v++；会产生编译时错误。

(4) 不能在同一语句中初始化多个隐式类型的变量。

(5) 如果一个名为 var 的类型位于范围中，则当开发者用 var 关键字初始化局部变量时，将收到编译时错误。

2.4　运算符和表达式

前面介绍了 C#中的基本数据类型，本节将介绍如何通过运算符操作变量和常量，例如前面多次用到的赋值运算符 "="。运算符是表示各种不同运算的符号，C#中的运算符非常多，从操作数上划分大致分为 3 类。

(1) 一元运算符：处理一个操作数，只有少数几个一元运算符。

(2) 二元运算符：处理两个操作数，大多数运算符都是二元运算符。

(3) 三元运算符：处理三个操作数，只有一个三元运算符。

从功能上划分，运算符主要分为算术运算符、赋值运算符、关系运算符、逻辑运算符、条件运算符和位运算符，下面分别进行介绍。

2.4.1　算术运算符

算术运算符主要用于数学计算，主要有+、－、*、/、%、++和－－这 7 种，如表 2-3 所示。

表 2-3　算术运算符

运 算 符	类 别	举 例	结 果
+	二元	var1= var2+ var3	var1 的值是 var2 和 var3 的和
－	二元	var1= var2－var3	var1 的值是 var2 和 var3 的差
*	二元	var1= var2* var3	var1 的值是 var2 和 var3 的积
/	二元	var1= var2/ var3	var1 的值是 var2 除以 var3 所得的值
%	二元	var1= var2% var3	var1 的值是 var2 除以 var3 所得的余数
++	一元	var1++	使 var1 的值自动增加 1
－－	一元	var1－－	使 var1 的值自动减去 1

加法运算符、减法运算符、乘法运算符、除法运算符以及模运算符又称为基本的算术运算符，算术运算符通常用于整数类型和浮点类型的计算。

```
1. int A = 6;
2. int B = 6.06;
3. int C = A + B;
```

第 1 行定义了一个值为 6 的整型变量 A。第 2 行定义了一个整型变量 B，然后把一个小数 6.06 赋给 B，因为 B 的类型为整数，赋值操作会对小数 6.06 进行自动转换，舍去小数部分。第 3 行把 A 和 B 的值相加，然后赋给整型变量 C。

当一个或两个操作数为 string 类型时，二元 "+" 运算符进行字符串连接运算。如果字符串连接的一个操作数为 null，则用一个空字符串代替。另外，通过调用从基类型 object 继承来的虚方法 ToString()，任何非字符串参数将被转换成字符串表示法。如果 ToString()返回 null，则用一个空字符串代替。字符串连接运算符的结果是一个字符串，由左操作数的字符后面连接右操作数的字符组成。字符串连接运算符不返回 null 值。如果没有足够的内存分配给结果字符串，将可能产生 OutOfMemoryException 异常。

2.4.2 赋值运算符

赋值运算符用于将一个数据赋予一个变量、属性或者引用，数据可以是常量，也可以是表达式。常用的赋值运算符有 6 种，如表 2-4 所示。

表 2-4 赋值运算符

运 算 符	类 别	举 例	结 果
=	二元	var1= var2	var1 被赋予 var2 的值
+=	二元	var1+= var2	var1 被赋予 var1 与 var2 的和
-=	二元	var1-= var2	var1 被赋予 var1 与 var2 的差
*=	二元	var1*= var2	var1 被赋予 var1 与 var2 的积
/=	二元	var1/= var2	var1 被赋予 var1 与 var2 相除的结果
%=	二元	var1%= var2	var1 被赋予 var1 与 var2 相除的余数

2.4.3 关系运算符

关系运算符表示了对操作数的比较运算，有关系运算符组成的表达式就是关系表达式。关系表达式的结果只可能有两种，即 true 或 false。常用的关系运算符有 6 种，如表 2-5 所示。

表 2-5 关系运算符

运 算 符	类 别	举 例	描 述
>	二元	var1= var2>var3	如果 var2 大于 var3，则 var1 的值是 true，否则为 false
<	二元	var1= var2<var3	如果 var2 小于 var3，则 var1 的值是 true，否则为 false
==	二元	var1= var2==var3	如果 var2 等于 var3，则 var1 的值是 true，否则为 false
>=	二元	var1= var2>=var3	如果 var2 不小于 var3，则 var1 的值是 true，否则为 false
<=	二元	var1= var2<=var3	如果 var2 不大于 var3，则 var1 的值是 true，否则为 false
!=	二元	var1= var2!=var3	如果 var2 不等于 var3，则 var1 的值是 true，否则为 false

当比较的两个值中有一个是空(null)时，除了"!="比较，其他的返回值全都是 false。

2.4.4　逻辑运算符

逻辑运算符主要用于逻辑判断，包括逻辑与、逻辑或和逻辑非。由逻辑运算符组成的表达式是逻辑表达式，其值只可能有两种，即 true 或 false。表 2-6 是关于逻辑运算符的说明。

表 2-6　逻辑运算符

运　算　符	类　　别	举　　例	描　　述
&&	二元	var1=var2&&var3	如果 var2 和 var3 都是 true，var1 的值就是 true，否则为 false
‖	二元	var1= var2 ‖ var3	如果 var2 或 var3 是 true(或二者都是 true)，var1 的值就是 true，否则为 false
!	一元	!var1	如果 var1 为 true，则!var1 为 false；如果 var1 为 false，则!var1 为 true

以下通过一个实例来说明如何使用逻辑运算符，代码如下：

```
1. int a= 6;
2. int b = 60;
3. bool c = (a>0) && (b>0);
4. bool d = (a>6) && (b>6);
5. bool e= (a <0) ‖ (b<0);
6. bool f = a <=6) ‖ (b<6);
7. bool g= !(60>0);
```

代码说明：第 3 行定义的 bool 类型变量 c 的值为 true，因为 a>0 的值为 true 并且 b>0 的值也为 true。第 4 行定义的 bool 变量 d 的值为 false，因为 a>6 的值为 false，只要有一个值为 false，最后的结果也就是 false。第 5 行定义的 bool 变量 e 的值为 false，因为 a <0 的值为 false 并且 b<0 的值也为 false。第 6 行定义的 bool 变量 f 的值为 true，因为 a<=6 的值为 true，只要有一个值为 true，最后的结果也就是 true。第 7 行定义的 bool 变量 g 的值为 false，因为 60>0 为 true，对它取反后得到的值为 false。

2.4.5　条件运算符

C#中唯一的一个三元操作符就是条件运算符(?:)，由条件运算符组成的表达式就是条件表达式，条件表达式的一般格式为：

```
操作数 1?操作数 2:操作数 3;
```

其中，"操作数 1"的值必须为逻辑值，否则将出现编译错误。进行条件运算时，首先判断问号前面的"操作数 1"的逻辑值是真还是假，如果逻辑值为真，则条件运算表达式的值等于"操作数 2"的执行结果值；如果逻辑值为假，则条件运算表达式的值等于"操作数 3"的执

行结果值。例如如下代码:

```
1. int a =6;
2. int b =16;
3. int c = a > b?60:-6;
```

代码说明: 第 1 行和第 2 行分别定义了两个整型变量。第 3 行的变量 c 的值为－6,因为 a >b 的值为 false。

条件表达式的类型由"操作数 2"和"操作数 3"控制,如果"操作数 2"和"操作数 3"是同一类型,那么这一类型就是条件表达式的类型。否则,如果存在"操作数 2"到"操作数 3"(而不是"操作数 3"到"操作数 2")的隐式转换,那么"操作数 3"的类型就是条件表达式的类型。反之,"操作数 2"的类型就是条件表达式的类型。

2.4.6 位运算符

位运算符是以二进制的方式操作数据,并且操作数和结果都是整数类型的数据。位运算符主要包括按位与、按位或、按位异或、按位取反、左移和右移操作。在这些运算符中,除按位取反运算符是一元运算符外,其他的都是二元运算符。位运算符的详细信息和使用方法,如表 2-7 所示。

表 2-7　位运算符

运　算　符	名　　称	描　　述
&	按位与	把两个操作数对应的二进制进行"与"操作
|	按位或	把两个操作数对应的二进制进行"或"操作
^	按位异或	把两个操作数对应的二进制进行"异或"操作
~	按位取反	是一元运算符,它对二进制数进行按位取反
<<	左移	是二元运算符,它将一个数的二进制进行左移动操作,高位被舍弃
>>	右移	是二元运算符,它将一个数的二进制进行右移动操作,低位被舍弃

2.4.7 转义字符

在 C#中,通常用字符"\"加上另外一种字符组成的字符组合来表示一种含义,这种方式称为转义,因此把字符"\"称为转义字符。例如:\"表示双引号,在 C#中,字符串以双引号来封闭的,因此在字符串里需要包含双引号时,就需要利用这种转义的形式。\n 表示换行,\t 表示制表符。\\表示单斜杠"\",由于字符"\"被定义为转义字符,所以需要用"\\"表示单斜杠"\"。

C#中有很多转义字符,这里不再一一解说,读者可以参考 MSDN 相关资料,此处不再详细介绍。

【例 2-2】 接收用户输入的年份,判断输入的年份是否是闰年。所谓的闰年是指可以被 4、100和 400 整除的年份。

(1) 启动 Visual Studio 2019,创建一个控制台应用程序,在"解决方案资源管理器"中生成名为"例 2-2"的项目。

(2) 双击网站目录下的 Program.cs 文件，打开文件后在 Main()函数中编写如下代码：

```
1. static void Main(string[] args){
2.          Console.WriteLine("请输入一个数字表示年份：");
3.          string year = Console.ReadLine();
4.            int number = Convert.ToInt32(year);
5.            bool a = 0 == number % 4;
6.            bool b = 0 == number % 100;
7.            bool c = 0 == number % 400;
8.            bool d = b? c :a;
9.            string str = d ? "您输入的是闰年" : "您输入的不是闰年";
10.         Console.WriteLine(str);
11.         Console.ReadLine();
12.       }
```

代码说明： 第 2 行在控制台上打印输出信息。第 3 行从控制台读取一行字符。第 4 行把得到的字符串转换为 int 类型。第 5~7 行判断用户输入的数字是否可以被 4、100、400 整除。第 8 行通过条件运算符判断用户输入的数字是否为闰年。第 9 行根据上一行的结果赋予 string 变量 str 不同的值，然后在第 10 行输出判断的结果。第 11 行使用户在按 Enter 键后才退出程序，否则程序运行完成后会立刻关闭控制台。

(3) 按 Ctrl+F5 键运行程序，效果如图 2-2 所示。

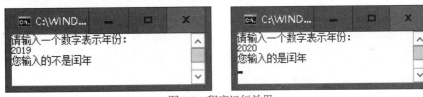

图 2-2　程序运行效果

2.5　流程控制

一般来说，程序代码按照顺序执行。因此，对于复杂的工作，为了达到预期的执行结果，需要使用"流程控制结构"来控制程序的执行。

流程控制语句是使用条件表达式来进行判断，以便执行不同的程序代码段，或是重复执行指定的程序代码段。

2.5.1　选择语句

选择语句就是分支控制语句，决定哪个流程分支被执行。要跳转到的代码分支由某个条件语句来控制，条件语句使用布尔逻辑。C#中选择语句主要有 if 语句和 switch 语句，条件运算符(?:)也有分支的功能。条件运算符前面已经介绍过，下面主要介绍 if 语句和 switch 语句。

1. if 语句

if 语句是最常用的分支语句，使用该语句可以有条件地执行其他语句。if 语句最基本的使用格式如下：

```
1. if(布尔表达式)
2. 布尔表达式为 true 时的代码或者代码块
```

程序执行时首先检测布尔表达式的值，如果布尔表达式的值是 true，就执行 if 语句中的代码，代码执行完毕后，将继续执行 if 语句下面的代码。如果布尔表达式的值是 false，则直接跳转到 if 语句后面的代码执行。如果 if 语句中为代码块(即有多于 1 行代码)，则需要使用大括号{}把代码包括起来。当只有一行代码时可以省略大括号。

if 语句可以和 else 关键字合并执行，使用格式如下：

```
if(布尔表达式)
    语句 1
else
    语句 2
```

如果布尔表达式的值为真，首先执行"语句 1"的内容，然后再执行 if 语句后的代码。当布尔表达式的值为假时，将首先执行"语句 2"，然后再执行 if 语句后的代码。同样，如果 if 语句中为代码块(即有多于 1 行代码)，则需要使用大括号{}把代码包括起来。

如果有多个条件需要判断，也可以通过添加 else if 语句。if 语句允许使用嵌套来实现复杂的选择流程。

【例 2-3】 考试成绩按优秀、良好、中等、及格和不及格分为五个等级，分别对应的分数段为 90~100、80~89、70~79、60~69、0~59。要求根据用户输入的考试分数确定考试成绩属于哪一个等级。

(1) 启动 Visual Studio 2019，创建一个控制台应用程序，在"解决方案资源管理器"中生成名为"例 2-3"的项目。

(2) 双击网站目录下的 Program.cs 文件，打开文件后在 Main()函数中编写如下代码：

```
1. static void Main(string[ ] args){
2.         string y="";
3.         Console.WriteLine("请输入考试分数：");
4.         int x = Convert.ToInt32(Console.ReadLine());
5.         if(x >= 70){
6.             if(x >= 80){
7.                 if(x >= 90){
8.                 y = "优秀";
9.                 }
10.            else{
11.            y = "良好";
12.            }
13.            }
```

```
14.          else{
15.              y = "中等";
16.          }
17.      }
18.      else{
19.              if(x >= 60){
20.                  y = "及格";
21.              }
22.              else{
23.                  y ="不及格";
24.              }
25.      }
26.      Console.WriteLine("考试成绩的等级为：{0}",y);
27. }
```

代码说明： 第 4 行定义了一个整型变量 x 接收用户输入的考试分数。第 5~25 行通过了 3
个嵌套的 if...else...语句判断考试分数属于的等级，其中，第
7~12 行判断考试成绩是属于优秀还是良好；第 7~16 行判
断考试成绩属于优秀、良好还是中等；第 18~23 行判断成绩
是属于及格还是不及格；第 26 行将判断的结果输出。

图 2-3　程序运行效果

(3) 按 Ctrl+F5 键运行程序，效果如图 2-3 所示。

2. switch 语句

switch 语句非常类似于 if 语句，它也是根据测试的值来有条件地执行代码，实际上 switch
语句完全可以使用 if 语句代替。一般情况下，如果只有简单的几个分支可使用 if 语句，否则建
议使用 switch 语句。与 if 语句不同的是，switch 语句可以一次将测试变量与多个值进行比较，而
不是仅仅测试一个条件，这样可以使代码的执行效率比较高。switch 语句的基本语法格式如下：

```
switch (控制表达式){
    case 测试值 1:
        当控制表达式的值等于测试值 1 时要执行的代码
        break;
    case 测试值 2:
        当控制表达式的值等于测试值 2 时要执行的代码
        break;
    ...
    default:
        当控制表达式的值不等于以上各个测试值时要执行的代码
        break;
}
```

在 switch 语句的开始首先计算控制表达式的值，如果该值符合某个 case 语句中定义的"测
试值"就跳转到该 case 语句执行，当控制表达式的值没有任何匹配的"测试值"时就执行 default

块中的代码。执行完代码块后退出 switch 语句，继续执行下面的代码。其中，测试值只能是整数类型或者是字符类型，并且各个测试值要互不相同。default 语句是可选成分，没有 default 语句时，如果控制表达式的值没有任何匹配的"测试值"，程序将会退出 switch 语句转而执行后面的代码。

【例 2-4】使用 switch…case…语句完成一个简单的计算器程序，用户输入运算数和四则运算符，输出计算结果。

(1) 启动 Visual Studio 2019，创建一个控制台应用程序，在"解决方案资源管理器"中生成名为"例 2-4"的项目。

(2) 双击网站目录下的 Program.cs 文件，打开文件后在 Main()函数中编写如下代码：

```
1. static void Main(string[] args){
2.      Console.WriteLine("请输入第 1 个数");
3.       var a = Convert.ToInt32(Console.ReadLine());
4.      Console.WriteLine("请输入计算符号");
5.       var b = char.Parse (Console.ReadLine());
6.      Console.WriteLine("请输入第 2 个数");
7.       var c = Convert.ToInt32(Console.ReadLine());
8.      switch (b){
9.          case '+': Console.WriteLine("计算结果为:{0}", a+c);
10.              break ;
11.          case '-': Console.WriteLine("计算结果为:{0}", a-c);
12.              break;
13.          case '*':Console.WriteLine("计算结果为:{0}", a*c);
14.              break;
15.          case '/': Console.WriteLine("计算结果为:{0}", a/c);
16.              break;
17.          default: Console.WriteLine("计算符号输入错误");
18.               break;
19.          }
20. }
```

代码说明：第 1 行定义一个 Main()函数。第 2～7 行接收用户输入的数字和运算符。第 8～19 行使用 switch…case…语句，判断用户输入的运算符号，根据不同的运算符号，在控制台显示相应的四则运算结果。其中，第 17 行判断如果运算符号输入有误，输出提示信息。

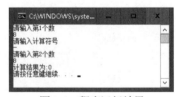

图 2-4 程序运行效果

(3) 按 Ctrl+F5 键运行程序，效果如图 2-4 所示。

2.5.2 循环语句

当需要反复执行某些相似的语句时，就可以使用循环语句，这对于大量的重复操作(上千次，甚至百万次)尤其有意义。C#中的循环语句有 4 种，即 do…while 循环、while 循环、for 循环和 foreach 循环，下面分别进行介绍。

1. do…while 语句

do…while 语句根据其布尔表达式的值有条件地执行它的循环语句一次或者多次,其语法格式如下:

```
do
    循环代码
while (布尔表达式);
```

do…while 语句以下述方式执行:程序首先执行一次循环代码,然后判断布尔表达式的值,如果值为 true 就从 do 语句位置开始重新执行循环代码,一直到布尔表达式的值为 false。所以,无论布尔表达式的值是 true 还是 false,循环代码至少执行一次。当循环代码要执行多条语句时,要用大括号{}把所要执行的语句括起来。

2. while 语句

while 语句非常类似于 do…while 语句,其语法格式如下:

```
while (布尔表达式)
    循环代码
```

while 语句和 do…while 语句有一个重要的区别:while 循环中的布尔测试是在循环开始时进行,而 do…while 循环是在最后检测。在 while 语句中,如果测试布尔表达式的结果为 false 就不会执行循环代码,程序直接跳转到 while 循环后面的代码执行,而 do…while 语句则会至少执行一次循环代码。当循环代码要执行多条语句时,要用大括号{}把所要执行的语句括起来。

3. for 语句

for 循环是最常用的一种循环语句,这类循环可以执行指定的次数,并维护它自己的计数器。for 语句首先计算一系列初始表达式的值,接下来当条件成立时,执行其循环语句,之后计算重复表达式的值并根据其值决定下一步的操作。for 循环的语法格式如下:

```
for (循环变量初始化; 循环条件; 循环操作) {
    循环代码
}
```

循环变量初始化可以存在也可以不存在,如果该部分存在,则可能为一个局部变量声明和初始化的语句(循环计数变量),或者是一系列用逗号分隔的表达式。此局部变量的有效区间从它被声明开始到循环语句结束为止。有效区间包括 for 语句执行条件部分和 for 语句重复条件部分。

循环条件部分可以存在也可以不存在,如果没有循环停止条件则循环可能为死循环(除非 for 循环语句中有其他的跳出语句)。循环条件部分用于检测循环的执行条件,如果符合条件就执行循环代码,否则就执行 for 循环后面的代码。

循环操作部分也是可以存在或者不存在的。在每一个循环结束或执行循环操作部分,通常会修改循环计数器的值,使之最终逼近循环结束的条件。当然这并不是必需的,我们也完全可以在循环代码中修改循环计数器的值。

下面的代码是通过 for 循环在标准输出设备上打印输出 1～100。

```
1. for (int i = 1; i <= 100; i++){
```

```
2.          Console.WriteLine("{0}", i);
3. }
```

代码说明： 第 1 行代码中，程序首先执行 int i=1，声明并初始化了循环计数器。然后执行 i <= 100，判断 i 的值是否小于等于 100。这里 i 的值为 1，满足循环条件，因此会执行循环代码在标准输出设备上打印输出 1。最后执行 i++语句，使得循环计数器的值变为 2。

第一个循环完毕后开始执行第二个循环，首先检测 i 的值是否符合循环条件，如果满足就继续执行循环代码，并在最后更新 i 的值。这样循环直到 i 的值变为 101 后，循环条件不再满足，此时跳转到 for 循环的下一条语句执行。

4. foreach 语句

foreach 语句列举出一个集合(collection)中的所有元素，并执行关于集合中每个元素的嵌套语句。foreach 语句的语法格式如下：

```
foreach (类型 标识符 in 表达式)
    循环代码
```

foreach 语句括号中的类型和标识符用来声明该语句的循环变量，标识符即循环变量的名称。循环变量相当于一个只读的局部变量，它的有效区间为整个循环语句内。在 foreach 语句执行过程中，重复变量代表着当前操作针对的集合中相关元素。

并非所有的类型都可以用 foreach 来遍历，可以遍历的类型必须包含公有非静态方法 GetEnumerator()，并且由 GetEnumerator()返回的结构、类、接口等必须包含一个 MoveNext()的方法，返回值为布尔型。

【例 2-5】 分别使用 foreach、for、while 和 do…while 这 4 种不同的循环语句，将整型数组中的奇数输出到控制台显示。通过此例观察这些循环语句的异同。

(1) 启动 Visual Studio 2019，创建一个控制台应用程序，在"解决方案资源管理器"中生成名为"例 2-5"的项目。

(2) 双击网站目录下的 Program.cs 文件，打开文件后在 Main()函数中编写如下代码：

```
1. static void Main(string[] args){
2.          int[ ] arr= new int[11] {3,4,6,8,9,11,13,14,15,16,18};
3.          Console.WriteLine("数组中值有：");
4.          foreach (int temp in arr){
5.          Console.Write(temp + " ");
6.          }
7.          Console.WriteLine();
8.          Console.WriteLine("使用 while 结构打印奇数的结果为：");
9.          int i=0;
10.          while(i<11){
11.            if (arr[i] % 2 != 0) {
12.               Console.Write(arr[i]);
13.               Console.Write(" ");
14.            }
15.          i++;
```

```
16.            }
17.            Console.WriteLine();
18.            Console.WriteLine("使用 do-while 结构打印奇数的结果为：");
19.            int j = 0;
20.            do{
21.                if (arr[j] % 2 != 0)
22.                {
23.                    Console.Write(arr[j]);
24.                    Console.Write(" ");
25.                }
26.                j++;
27.            }while(j<11);
28.            Console.WriteLine();
29.            Console.WriteLine("使用 for 结构打印奇数的结果为：");
30.            for(int k = 0;k<11;k++){
31.                if (arr[k] % 2 != 0){
32.                    Console.Write(arr[k]);
33.                    Console.Write(" ");
34.                }
35.            }
36.            Console.WriteLine();
37.            Console.WriteLine("使用 foreach 结构打印奇数的结果为：");
38.            foreach (int s in arr){
39.                if (s % 2 != 0){
40.                    Console.Write(s);
41.                    Console.Write(" ");
42.                }
43.            }
44. }
```

代码说明：第 2 行定义一个长度为 11 的整型数组并赋值。第 3～6 行打印上面定义的数组元素值。第 10～16 行使用 while 语句打印数组中的奇数值，其中，第 11 行判断每个数组中元素的值是否是奇数，如果是奇数则执行第 12 行就元素值打印出来。第 13 行在每个打印出的值之间显示一个空格。第 20～27 行使用 do…while 语句打印数组中的奇数值。第 30～35 行使用 for 语句打印数组中的奇数值。第 38～43 行使用 foreach 语句实现同样的功能。

(3) 按 Ctrl+F5 键运行程序，效果如图 2-5 所示。

图 2-5　程序运行效果

2.5.3　异常处理

程序“异常”(Exception)是指程序运行中的一种“例外”情况，也就是正常情况以外的一种状态。异常对程序可能碰到的错误进行了概括，是错误的集合。如果对异常置之不理，程序会因为它而崩溃。往往一个微小的异常错误也会使终止代码的继续执行。

在程序出现异常时，开发人员能够通过有针对性地编写代码来加以处理，在一定的程度上限制异常产生的影响，使程序输出异常信息的同时能得以继续运行。

在 C#中，使用异常和异常处理程序可以很容易地将程序主逻辑的代码与错误处理代码区分。所有的异常都是从 System.Exception 继承而来，此类是所有异常的基类。当发生错误时，系统或当前正在执行的应用程序通过引发包含关于该错误的信息的异常来报告错误。异常发生后，将由该程序或默认异常处理程序处理。

当在一个函数或方法中遇到异常处理时，就会创建一个异常处理的对象并在函数中被抛出 (throw)。当然，也可以在此函数中处理该异常。为了在函数中实现监视和处理异常的代码，C# 提供了 3 个关键字：try、catch 和 finally。try 关键字后面的代码块称为一个 try 块，那么 catch 后的代码块称为 catch 块，finally 则形成一个 finally 块。标准的异常处理语法格式如下：

```
try{
    程序代码块;
}
catch(Exception e){
    异常处理代码块;
}
catch(Exception e1){
    异常处理代码块;
}
finally{
    无论是否发生异常，均要执行的代码块;
}
```

以上代码处理异常的过程如下：

(1) 代码要放在一个 try 块中。当代码运行时，它会尝试执行 try 块中所有语句。如果没有任何语句产生一个异常，那么所有语句都会运行。这些语句将一个接一个运行，直到全部完成。然而，一旦出现异常，就会跳出 try 块，进入一个 catch 块处理程序中执行。

(2) 在 try 块之后紧接着写一个或多个 catch 处理程序，用它们处理可能发生的错误。在 try 块中抛出的所有的异常对象与下面的每个catch块进行比较，判断其中的catch块是否可以捕捉此异常。

(3) 如果没有找到匹配的 catch 块，catch 块就不会被执行。非捕获的异常对象由 CLR 的默认异常处理器处理，在此情况下，程序会突然终止。

(4) finally 块中的代码总是被执行。

【例 2-6】通过使用 try、catch、finally 语句块捕捉程序中的异常，使程序不致中断而执行到结束。

(1) 启动 Visual Studio 2019，创建一个控制台应用程序，在解决方案资源管理器中生成名为 "例 2-6" 的项目。

(2) 双击网站目录下的 Program.cs 文件，打开文件后在 Main 函数中编写如下代码：

```
1. static void Main(string[] args){
2.    try {
3.        int a = 20 / int.Parse("0");
```

```
4.        Console.WriteLine("计算结果为： ", a);
5.    }
6.    catch (ArithmeticException e){
7.        Console.WriteLine(e);
8.    }
9.    catch (Exception e1){
10.        Console.WriteLine(e1);
11.    }
12.    finally {
13.        Console.WriteLine("程序结束! ");
14.    }
15. }
```

代码说明： 第 2～5 行使用 try 块将可能发生异常的代码写在其中。如果发生异常会将此异常抛出，中止以下代码继续执行。在第 6～11 行的两个 catch 块中捕获可能产生的异常，两项判断如果是同一类型的异常后，第 7 行或第 10 行显示异常的各种详细信息和提示语句。接着执行 finally 语句块中第 13 行程序结束的语句。

(3) 按 Ctrl+F5 键运行程序，效果如图 2-6 所示。可以在运行结果中看到，通过异常处理捕获到了尝试除零的异常，并顺利地显示了 finally 中的代码。

图 2-6　程序运行效果

2.6　面向对象编程

面向对象的程序设计(Object-Oriented Programming，OOP)是一种基于结构分析的、以数据为中心的程序设计方法。与传统的面向过程的设计方法相比，采用面向对象的设计方法设计的程序可维护性较好，源程序易于阅读理解和修改，降低了复杂度。

面向对象的程序设计的主要思想是将数据及处理这些数据的操作都封装(Encapsulation)到一个称为类(Class)的数据结构中，使用这个类时，只需要定义一个类的变量即可，这个变量叫作对象(Object)。

2.6.1　类

在 C#中，类是一种功能强大的数据类型，也是面向对象的基础。类定义属性和行为，我们可以声明类的实例，从而可以利用这些属性和行为。类中包含数据成员(常数、域和事件)、功能成员(方法、属性、索引、操作符、构造函数和析构函数)和嵌套类型。类支持继承，派生的类可以对基类进行扩展和特殊化，使得程序代码可以复用，子类中可以继承祖先类中的部分代码。由于类封装了数据和操作，从类外面看，只能看到公开的数据和操作，而这些操作都在类设计时进行安全性考虑，因而外界操作不会对类造成破坏。

C#中提供了很多标准的类，用户在开发过程中可以使用这些类，这样大大节省了程序的开发时间。C#中也可以自己定义类，类的定义方法为：

```
[类修饰符] class 类名[:父类名]{
    [成员修饰符] 类的成员变量或者成员函数;
};
```

上面代码中，"类名"是自定义类的名字，该名字要符合标识符的要求。"父类名"表示从哪个类继承。":父类名"可以省略，如果没有父类名，则默认从 Object 类继承而来。Object 类是每个类的祖先类，C#中所有的类都是从 Object 类派生出来的。"类修饰符"用于对类进行修饰，说明类的特性。

类的常用修饰符如表 2-8 所示。

表 2-8　类修饰符的含义和说明

类 修 饰 符	含　　义	说　　明
public	公有的类	外界可以不受限制地访问
protected	受保护的类	表示可以访问该类或从该类派生的类
internal	内部类	对整个应用程序是公有的，其他应用程序不可以访问该类
private	私有类	表明只有包含该类的类型才能访问它
abstract	抽象类	说明该类是一个不完整的类，只有声明而没有具体的实现。一般只能用来做其他类的基类，而不能单独使用
sealed	密封类	说明该类不能做其他类的基类，不能再派生新的类

成员修饰符有 8 种：abstract 定义抽象函数，const 定义常量，event 定义事件，extern 告诉编译器将在外部实现，override 定义重载，readonly 定义只读属性，static 声明静态成员，virtual 修饰虚函数。

2.6.2　类的成员

在 C#中，按照类的成员是否为函数将其分为两大类，即成员变量和成员函数。

1. 成员变量

成员变量不以函数形式体现，主要有以下几个类型。

(1) 常量：代表与类相关的常量值。

(2) 变量：类中的变量。

(3) 事件：由类产生的通知，用于说明发生了什么事情。

(4) 类型：属于类的局部类型。

2. 成员函数

成员函数以函数形式体现，一般包含可执行代码，执行时完成一定的操作，主要有以下几个类型。

(1) 方法：完成类中各种计算或功能的操作，不能和类同名，也不能在前面加波浪线(～)符号。方法名不能和类中其他成员同名，既包括其他非方法成员，又包括其他方法成员。

(2) 属性：定义类的值，并对它们提供读、写操作。

(3) 索引指示器：允许编程人员在访问数组时，通过索引指示器访问类的多个实例，又称下标指示器。

(4) 运算符：定义类对象能使用的操作符。

(5) 构造函数：在类被实例化时首先执行的函数，主要是完成对象初始化操作。构造函数必须和类名相同。

(6) 析构函数：在类被删除之前最后执行的函数，主要是完成对象结束时的收尾操作。构造函数必须和类名相同，并且前加一个波浪线(～)符号。

2.6.3 构造函数

当创建一个对象时，系统首先给对象分配合适的内存空间，随后系统就自动调用对象的构造函数。因此构造函数是对象执行的入口函数，非常重要。在定义类时，可以给出构造函数，也可以不定义构造函数。如果类中没有构造函数，系统会默认执行 System.Object 提供的构造函数。如果要定义构造函数，那么构造函数的函数名必须和类名一样。构造函数的类型修饰符总是公有类型 public，如果是私有类型 private，表示这个类不能被实例化，这通常用于只含有静态成员的类中。构造函数由于不需要显式调用，因而不用声明返回类型。构造函数可以带参数，也可以不带参数。具体实例化时，对于带参数的构造函数，需要实例化的对象也带参数，并且参数个数要相等，类型要一一对应。如果是不带参数的构造函数，在实例化时对象不具有参数。下面定义一个动物类并创建实例的代码。

```
1. class Animals{
2.      private string _name;
3.      private int _age;
4. }
5. public Animals (string name,int age){
6.      string _name=name;
7.      int _age=age;
8. }
9. public Animals (){
10.     string _name="Sheep";
11.     int _age=5;
12.}
```

代码说明：第 1～4 行定义了一个动物类 Animals，它有两个成员变量 _name 和 _age 分别表示动物的名称和年龄。第 5～8 行是动物类带两个参数的构造函数，通过参数给两个成员变量赋值。第 9～12 行是动物类不带参数的构造函数，在函数中直接给两个成员变量赋值，这种在函数或方法中定义的参数称为"形式参数"，简称为"形参"。

上面例子中定义了两个不同的构造函数，像这样在一个类中如果有两个函数(包括构造函数)的函数名称相同，但参数个数或者参数的类型不同，称之为"方法的重载"。实现该函数时，系统会自动选择合适的类型与调用的函数相匹配。

在使用定义的类时，可以使用任何一个构造函数创建实例化对象。对象是类的实例化，只有对象才能包含数据、执行行为、触发事件，而类像int一样只是数据类型，只有实例化才能真正发挥作用。对象具有以下特点。

(1) C#中使用的全都是对象。

(2) 对象是实例化的，对象是从类和结构所定义的模板中创建的。

(3) 对象使用属性获取和更改它们所包含的信息。

(4) 对象通常具有允许它们执行操作的方法和事件。

(5) 所有C#对象都继承自Object。

(6) 对象具有多态性，对象可以实现派生类和基类的数据与行为。

对象的声明就是类的实例化，类实例化的方式很简单，通过使用new来实现，例如：

```
1. Animals a1 = new Animals ();
2. Animals a2 = new Animals ("Sheep",5);
```

代码说明： 第1行使用前面定义的动物类Animals默认构造函数实例化对象a1。第2行使用前面定义的动物类带两个参数的构造函数实例化对象a2，这种在调用函数或方法时提供的参数值称为"实际参数"，简称为"实参"。

2.6.4　继承和多态

为了提高代码复用性，C#支持从父类中派生子类，也就是类可以继承。同时，为了区分父类和子类的同名操作，C#引入了"多态"的概念。

1. 继承

继承性是面向对象的一个重要特性，它允许在已有类的基础上创建新类，新类从已有类中继承成员，而且可以重新定义或加入新的成员。一般称被继承的类为基类或父类，而称继承后产生的类为派生类或子类。C#中支持类的单继承，即只能从一个类继承。继承是传递的，如果C继承了B，并且B继承了A，那么C在继承B中公开的或受保护成员的同时也继承A中公开的或受保护成员。继承性使得软件模块可以最大限度地复用，并且编程人员可以对前人或自己以前编写的模块进行扩充，而不需要修改原来的源代码，大大提高了软件的开发效率。

在定义类时可以指定要继承的类，语法如下：

```
[类修饰符] class 类名[:父类名]{
    [成员修饰符] 类的成员变量或者成员函数;
};
```

例如类B从类A中继承，类A被称为基类，类B被称为派生类：

```
1. public class A {
2.     public A() { }
3. }
```

```
4. public class B : A{
5.        public B() { }
6. }
```

代码说明： 第 1 行定义了一个类 A，第 4 行定义了继承自类 A 的类 B。

派生类是对基类的扩展，派生类可以增加自己新的成员，但不能对已继承的成员进行删除，只能不予使用。基类可以定义自身成员的访问方式，从而决定派生类的访问权限。基类也可以通过定义虚方法、虚属性，使它的派生类可以重载这些成员，从而实现类的多态性。

一个派生类自动包含来自基类的所有字段。创建一个对象时，这些字段需要初始化。因此，有时需要通过调用基类的构造函数来对基类的字段进行初始化。在定义了构造函数的基础上，可以使用 base 关键字来调用基类的构造函数。

```
1. class Animals {
2.        private string _name;
3.        private int _age;
4. }
5. public Animals (string name,int age){
6.        string _name=name;
7.        int _age=age;
8. }
9. class Sheep: Animals {
10.        public Sheep(string str,int time):base(str, time)
11. }
```

代码说明： 第 9～11 行定义了一个继承自动物类 Animals 的派生类 Sheep，其中，第 10 行使用 base 关键字调用了 Animals 类的带参构造函数。

2. 多态

类的另一个特性是多态性，所谓多态性是指同一操作作用于不同类的实例，这些类进行不同的解释，从而产生不同的执行结果。比如马戏团的杂技师进行动物训练，对于不同的动物有不同的训练方式。以下代码定义了两个不同的训练动物的方法。

```
1. public void train(Dog dog){
2.        //训练小狗站立、排队、做算术的代码
3. }
4. Public void train(Monkey monkey){
5.        //训练小猴敬礼、翻跟头、骑自行车的代码
6. }
```

显然当调用代码中不同的对象小狗和小猴实例时，会产生不同的结果。

在 C#中有两种多态性，一种是编译时的多态性，这种多态性是通过函数的重载实现的。由于重载函数的参数不同，或者是数量不同、类型不同，所以编译系统在编译期间就可以确定用户所调用的函数是哪一个重载函数。另一种是运行时的多态性，这种多态性是通过虚成员方式实现的。运行时的多态性是指系统在编译时不确定选用哪个重载函数，而是直到系统运行时，

才根据实际情况决定采用哪个重载函数。

在定义类成员时,可以使用 virtual 关键字,virtual 关键字用于修改方法或属性的声明。被 virtual 关键字修饰的方法或属性被称作虚拟成员,虚拟成员的实现可由派生类中的重写成员更改。

不能将 virtual 修饰符与 static、abstract、override 等修饰符一起使用,此外在静态属性上使用 virtual 修饰符是错误的。通过使用 override 修饰符的属性声明,可以在派生类中重写虚拟继承属性,这种重写的方法称为重写基方法。

下面是一个子类重写基类中 train()方法的代码。

```
1. class Animal{
2. public virtual void train(){
3.     //训练站立、排队、做算术的代码
4. }
5. class Dog:Animal{
6. public override void train(){
7.     //训练敬礼、翻跟头、骑自行车的代码
8. }
```

代码说明: 第 2 行在 Animal 类中使用关键字 virtual 声明 train()方法可以被派生类所重写。第 6 行在 Animal 类的派生类 Dog 类中使用关键字 override 重写父类的 train()方法。

2.6.5　事件

事件是类在发生其关注的事情时用来提供通知的一种方式。例如,封装用户界面控件的类可以定义一个在用户单击该控件时发生的事件。控件类不关心单击按钮时发生了什么,但它需要告知派生类单击事件已发生。然后,派生类可选择如何响应。

事件具有以下特点。

(1) 事件是类用来通知对象需要执行某种操作的方式。

(2) 尽管事件在其他时候(如信号状态更改)也很有用,但通常还是运用在图形用户界面中。

(2) 事件通常使用委托事件处理程序进行声明。

2.7　综合练习

下面通过一个完整的实例来演示面向对象编程的过程,包括类的定义、对象的声明、继承等知识点。要求设计一个账户类,再通过派生得到一个信用卡账户类,并在派生类中定义静态域年利率和授信额度。同时,增加以下两个方法。

- 计算月利息的方法,公式为:授信额度×年利率/12。
- 更改授信额度的方法,重新设定授信额度,即对授信额度重新赋值。

最后,实例化一个信用卡账户类对象,再调用上面的两个方法,通过传递不同的刷卡金额在控制台上显示信用卡账户当前的信息。

(1) 启动 Visual Studio 2019,创建一个控制台应用程序,在"解决方案资源管理器"中生成名为"综合练习"的项目。

(2) 双击网站目录下的 Program.cs 文件，打开文件后在 Program 类中编写如下代码：

```
1. class Account{
2.      protected decimal money;
3.      public Account(){
4.          money = 10000;
5.      }
6. }
7.  class CreditAcount : Account{
8.      private static double interestRate = 0.0234;
9.      public CreditAcount(){}
10.     public void Total(decimal number){
11.         if (number > money)
12.             Console.WriteLine("超过授信额度！  ");
13.         else
14.             Console.WriteLine("月利息为: " + (number * Convert. ToDecimalinterestRate)/ 12);
15.     }
16.     public void Change(decimal m)
17.     {
18.         money = m;
19.         Console.WriteLine("授信额度调整至: " + money);
20.     }
21. }
22. static void Main(string[] args){
23.     CreditAcount ca = new CreditAcount();
24.     ca.Total(8000);
25.     ca.Total(15000);
26.     ca.Change(40000);
27.     ca.Total(40000);
28. }
```

代码说明： 第 1 行定义一个账户类 Accout。第 2 行声明一个受保护类型的小数变量 money，表示账户的授信额度。第 3～5 行创建账户类的构造函数并为授信额度赋值。第 7 行定义一个继承于账户类的派生类信用卡账户 CreditAcount。第 8 行声明一个私有的静态双精度浮点类变量 interestRate 并赋值，表示年利率。第 9 行创建信用卡账户类的默认构造函数。第 10～15 行定义 Total 方法，用来显示信用卡账户当前的状态，如果刷卡额度超过授信额度会显示提示。否则，会显示月利息金额。第 16～20 行定义调整授信额度的方法 Change，重新给授信额度 money 变量赋值，同时显示调整后的额度。

第 22 行定义 Main()函数。第 23 行实例化一个信用卡账户对象 ca。第 24～25 行调用 Total() 方法进行测试。第 26 行调用 Change()方法调整授信额度。第 27 行在调整授信额度后，再次进行 Total()方法测试信用卡账户类当前的状态。

(3) 按下 Ctrl+F5 键运行程序，效果如图 2-7 所示。

图2-7　程序运行效果

2.8　习题

一、填空题

1. _____类是所有其他类型的基类，可以赋予任何类型的值。

2. 在C#中，程序的执行总是从_____方法开始的。

3. 数据类型转换可以分为_____和_____两种。

4. C#语言是一种面向对象的程序设计语言，这种语言的三大特点是_____、_____和_____。

5. C#中提供的逻辑运算符有_____、_____和_____。

二、选择题

1. 下列类型属于引用类型的有(　　)。

   A. 类类型　　　　B. 结构体　　　　C. 数组　　　　D. 枚举

2. 下列关键词中，(　　)不能用于循环。

   A. for　　　　　B. foreach　　　　C. while　　　　D. object

3. 下列选项中，(　　)没有分支功能。

   A. if　　　　　B. switch　　　　C. ?：　　　　D. class

4. 下列说法中，不正确的是(　　)。

   A. C#中以";"作为一条语句的结束

   B. C#中注释是不参与编译的

   C. C#有3种不同的注释类型

   D. switch语句中case标签结束可以有跳转语句，也可以没有

5. 下列关于变量的说法中，正确的是(　　)。

   A. C#中变量可划分为值类型和引用类型

   B. 在同一行中可以申请多个变量

   C. 可以在定义变量的同时为其赋值

   D. 变量是用来存放数据值的

三、上机题

1. 创建并调试本章所有的实例。

2. 通过控制台接收输入的数字，放入一维数组并实现数组进行反转数据处理，然后将反转后的结果显示在控制台。

3. 通过控制台接收输入的长方形的两条边长，求出长方形的面积并将结果显示在控制台屏

幕上。

4. 定义一个雇员类 Employee，其中包括一个静态域 TotalSalary，实现该类的静态构造函数及实例构造函数，实现输出全部雇员薪水的功能。

5. 编写一个控制台程序，该程序包括 3 个类，其中 Animal 是父类，Dog 和 Cat 是派生于 Animal 的子类，定义显示各种动物类的叫声。然后，创建这 3 个类的对象，依次显示这 3 个对象的类型和叫声。

第3章
ASP.NET服务器控件

ASP.NET 中的服务器控件是运行在服务器端的控件。在初始化时，服务器控件会根据用户浏览器的版本生成适合浏览器的 HTML 代码，参与页面的执行过程，并在客户端生成自己的标记呈现内容。虽然这些控件类似于常见的 HTML 元素，但是它包括了一些相对复杂的行为。在平时创建 ASP.NET 页面时会大量使用到这些控件，所以掌握 Web 服务器控件的内容对 ASP.NET 的网站开发非常重要。

☑ **本章重点**

● 掌握服务器控件的基本属性
● 学会应用各种按钮服务器控件
● 掌握列表控件的常用属性和事件
● 熟练应用图像服务器控件

3.1 服务器控件类

HTML 控件在过去的页面开发中基本可以满足用户的需求，但是并没有办法利用程序直接来控制它们的属性、方法和事件。而在交互性要求比较高的动态页面中需要使用到 ASP.NET 4.0 提供的 Web 服务器控件，这些 Web 控件提供了丰富的功能。在熟悉了这些控件后，开发人员就可以将主要精力放在程序的逻辑业务开发上。

大多数的 Web 服务器控件类都派生于 System.Web.UI.WebControl，而 WebControl 类又从 System.Web.UI.Control 类派生，都包含在 System.Web.UI.WebControls 命名空间中。

System.Web.UI.WebControls 下的服务器控件按用途可分为 4 种。

(1) 执行控件：用于通过激发某个动作来完成一系列的操作，比如用户提交表单时，单击"提交"按钮就是一个执行的动作。常用的执行控件有按钮、超链接按钮、图片按钮和超链接文本等。

(2) 输入控件：用于在页面中通过这些控件来进行信息的输入。这种控件包括最常用的文本框控件、列表框控件、复选框控件、单选框控件等。

(3) 输出控件：用于在页面中向用户显示各种信息，包括文字、图片、视频等。常用的输出控件有标签控件、图像控件和表格控件等。

(4) 面板控件：又称为容器控件，用于通过对页面中其他控件进行分组来进行页面布局。常用的面板控件有面板和占位符控件等。

要使用 Web 服务器控件，首先要把控件添加到“设计视图”，添加的方法非常简单，只需在工具箱中单击要使用的控件，再将其直接拖到设计视图要放置的位置即可。这样就可以在程序中使用该控件了。

3.1.1 服务器控件的基本属性

服务器控件的基类 WebControl 定义了一些可以应用于几乎所有服务器控件的基本属性，涵盖了控件的外观、行为、布局和可访问性等方面。最常用的基本属性如表 3-1 所示。

表 3-1 服务器控件的基本属性

属　性	说　明
Attributes	获取与控件的属性不对应的任意特性的集合
BackColor	获取或设置 Web 服务器控件的背景色
BorderColor	获取或设置 Web 服务器控件的边框颜色
BorderStyle	获取或设置 Web 服务器控件的边框样式
ClientID	获取由 ASP.NET 生成的服务器控件标识符
Controls	获取 ControlCollection 对象，该对象表示 UI 层次结构中指定服务器控件的子控件
CssClass	获取或设置由 Web 服务器控件在客户端呈现的级联样式表(CSS)类
Enabled	获取或设置一个值，该值指示是否启用 Web 服务器控件
Font	获取与 Web 服务器控件关联的字体属性
ForeColor	获取或设置 Web 服务器控件的前景色(通常是文本颜色)
Height	获取或设置 Web 服务器控件的高度
ID	获取或设置分配给服务器控件的编程标识符
ToolTip	获取或设置当鼠标指针悬停在 Web 服务器控件上时显示的文本
Visible	获取或设置一个值，该值指示服务器控件是否作为 UI 呈现在页面上
Width	获取或设置 Web 服务器控件的宽度

设置 Web 服务器控件属性的常用方法有两种：一种是通过控件的“属性”窗口进行可视化操作，只要在窗口中找到要设置的属性，然后在属性值栏中输入属性值或从内置的属性值选项中进行选择即可。另一种是通过在源视图中编写代码的方式设置属性。这两种方式在本书的众多实例中都有演示。

3.1.2 服务器控件的事件

在 ASP.NET 页面中，用户与服务器的交互是通过 Web 控件的事件来完成的，例如，当单击一个按钮控件时，就会触发该按钮的单击事件，如果开发人员在该按钮的单击事件处理函数中编写相应的代码，服务器就会按照这些代码来对用户的单击行为做出响应。

1. 服务器控件的事件模型

Web 控件的事件工作方式与传统的 HTML 标记的客户端事件工作方式有所不同,这是因为 HTML 标记的客户端事件是在客户端引发和处理的,而 ASP.NET 页面中的 Web 控件的事件是在客户端引发,在服务器端处理。

Web 控件的事件模型是:客户端捕捉到事件信息,然后通过 HTTP POST 将事件信息传输到服务器,而且页框架必须解释该 POST 以确定所发生的事件,然后在要处理该事件的服务器上调用代码中的相应方法。

基于以上事件模型,Web 控件事件可能会影响到页面的性能,因此,Web 控件仅仅提供有限的一组事件,如表 3-2 所示。

表 3-2　Web 控件事件

事　　件	支持的控件	功　　能
Click	Button、ImageButton	单击事件
TextChanged	TextBox	输入焦点变化
SelectedIndexChanged	DropDownList、ListBox、CheckBoxList、RadioButtonList	选择项变化

Web 控件通常不支持经常发生的事件,如 onmouseover 事件等,因为这些事件如果在服务器端处理的话,就会浪费大量的资源。但 Web 控件仍然可以为这些事件调用客户端处理程序。此外,控件和页面本身在每个处理步骤都会引发生命周期事件,如 Init、Load 和 PreRender 事件,在应用程序中可以利用这些生命周期事件。

所有的 Web 事件处理函数都包括两个参数:第 1 个参数表示引发事件的对象,第 2 个参数表示包含该事件特定信息的事件对象,通常是 EventArgs 类型或 EventArgs 类型的继承类型。例如按钮的单击事件处理函数代码如下:

```
//单击事件处理程序
1. public void Button1_Click(Object Sender, EventArgs e) {
2. //在此处添加处理程序
3. }
```

代码说明: 第 1 行定义的函数包含两个参数:第 1 个参数 Sender 为引发事件的对象,这里引发该事件的对象就是一个 Button 对象;第 2 个参数 e 为 EventArgs 类型,该类型继承它表示该事件本身。

2. 服务器控件事件的绑定

在处理 Web 控件时,需要把事件绑定到事件处理程序。事件绑定到事件处理程序的方法有两种。

(1) 在 ASP.NET 页面中声明控件时指定该控件的事件对应的事件处理程序,例如如下代码:

```
<asp:button id="Button1"runat="server"text="按钮"onclick="ButtonClick"/>
```

以上代码把一个 Button 控件的 Click 事件绑定到名为 ButtonClick 的方法。

(2) 如果控件是被动态创建的，则需要使用代码动态地绑定事件到方法，例如如下代码：

```
1. Button btn= new Button;
2. btn.Text = "提交";
3. btn.Click += new System.EventHandler(ButtonClick);
```

代码说明： 第 1 行定义了一个按钮控件 btn，第 3 行为该控件添加了一个名为 ButtonClick 的单击事件处理程序。

3.2　执行控件

用户在访问网页时常常需要在特定的时候激发某个动作来完成一系列的操作，这类控件称为执行控件。在服务器控件中主要的执行控件包括 Button、LinkButton、ImageButton 和 HyperLink 控件。

3.2.1　普通按钮控件 Button

Button 控件是一种常见的单击按钮传递信息的方式，能够把页面信息返回到服务器。Button 控件声明的语法定义有两种，代码如下：

```
1. <asp:Button ID= "Button1" runat="server" Text= "按钮"></asp:Button>
2. <asp:Button ID= "Button1" runat="server" Text= "按钮"/>
```

Button 控件除了基本属性之外，还有以下两个重要的属性和事件。

(1) Text 属性：设置或获取在 Button 控件上显示的文本内容，用来提示用户进行何种操作。

(2) OnClick 事件：当用户单击按钮时要执行的事件处理方法。

3.2.2　超链接按钮控件 LinkButton

LinkButton 控件是一个超链接按钮控件，它是一种特殊的按钮，其功能和普通按钮控件 Button 类似，不同的是，该控件以超链接的形式显示。LinkButton 控件外观和 HyperLink 相似，但功能却和 Button 相同。LinkButton 控件声明的语法定义有两种，代码如下：

```
1. <asp: LinkButton ID= "LinkButton1" runat="server" Text= "按钮"></asp: LinkButton>
2. <asp: LinkButton ID= "LinkButton1" runat="server" Text= "按钮"/>
```

LinkButton 控件也有 Text 属性和 OnClick 事件。其中，Text 属性用于设置控件上的文字按钮；OnClick 事件是当用户单击按钮时要执行的事件处理方法。

3.2.3　图片按钮控件 ImageButton

ImageButton 控件是一个显示图片的按钮，其功能和普通按钮 Button 类似，不同的是，ImageButton 控件以图片形式显示，其外观与下面要介绍的 Image 控件相似，但功能与 Button 相同。ImageButton 控件声明的语法定义有两种，代码如下：

```
1. <asp: ImageButton ID= "ImageButton1" runat="server" Text= "按钮"></asp: ImageButton>
2. <asp: ImageButton ID= "ImageButton1" runat="server" Text= "按钮"/>
```

ImageButton 控件除了基本的属性之外，其他重要的常用方法和事件如下。

(1) ImageUrl 方法：用于设置和获取在 ImageButton 控件中显示的图片位置。

(2) OnClick 事件：用户单击某按钮时要执行的事件处理方法。

【例 3-1】在购物网站中每个商品都会有图片显示，这个图片一般会用 ImageButton 控件，当用户单击图片后就可进入该商品信息介绍的页面。

(1) 启动 Visual Studio 2019，选择"文件"|"新建项目"命令，打开"创建新项目"对话框。在对话框中展开 Viusal C#类型节点，选择 Web 子节点，然后选择"ASP.NET Web 应用程序"，单击"下一步"按钮，打开"配置新项目"对话框。在对话框中，在"项目名称"文本框中输入"例 3-1"，然后在"位置"文本框中输入相应的存储路径，最后单击"确定"按钮。

(2) 在网站根目录下添加一张商品的图片文件 iPAD2.jpg。

(3) 在"解决方案资源管理器"的项目名称上右击，在弹出的快捷菜单中选择"添加"|"新建项"命令，打开"添加新项"对话框。在该对话框中选择"已安装"模板下的 Web 模板，并在模板文件列表中选中"Web 窗体"，然后在"名称"文本框输入该文件的名称 Default.aspx，最后单击"添加"按钮。

(4) 双击网站目录下的 Default.aspx 文件，进入"视图"编辑界面，打开"设计视图"，从工具箱中拖动一个 ImageButton 到编辑区中。然后切换到"源视图"，在编辑区中的<form></form>标记之间编写如下代码：

```
1. <table    align="left" border ="1"    style="background-color:Gray">
2.     <tr><td class="style1">
3.         <strong>商品图片</strong></td>
4.     </tr>
5.     <tr><td class="style4">
6.         <asp:ImageButton ID="ImageButton1" runat="server"
7.         ImageUrl="～/iPAD2.jpg"    onclick="ImageButton1_Click" Height="79px"/> </td>
8.     </tr>
9. </table>
```

代码说明：第 1～9 行设计了一个 2 行 1 列的表格。其中，第 2～4 行在表格的第 1 行中显示标题文字；第 5～8 行在表格的第 2 行添加了一个图片按钮控件，设置其 ImageUrl 属性获取图片路径和触发单击的事件 Click。

(5) 双击网站目录下的 Default.aspx.cs 文件，编写关键代码如下：

```
1. protected void ImageButton1_Click(object sender, ImageClickEventArgs e){
2.     Response.Redirect("Information.aspx");
3. }
```

代码说明：第 1 行定义处理 ImageButton 单击事件 Click 的方法。第 2 行使用 Response 对象的 Redirect 方法，跳转到显示商品信息页面 Information.aspx。

(6) 在网站根目录下创建一个显示商品信息的页面 Information.aspx。

（7）双击 Information.aspx 文件，进入"视图"编辑界面，打开"源视图"，在编辑区中
<form></form>标记之间编写如下代码：

```
1. <strong><span class="style1">商品信息</span></strong><br/><br/>
2. <strong>商品编号： 00001<br/><br/>
3.    商品名称： iPad2<br /><br/>
4.    商品类别：平板电脑<br /><br/>
5.    商品价格：3888 元</strong><br/>
```

代码说明： 以上代码的功能是显示商品的主要信息，包括商品编号、名称、类别和价格信息。

（8）按下 Ctrl+F5 键运行程序，效果如图 3-1 所示，单击商品图片可以进入商品信息的页面。

图 3-1　程序运行效果

3.2.4　超链接文本控件 HyperLink

HyperLink 控件用于创建超链接，相当于 HTML 元素的<a>标记。HyperLink 控件声明的语法定义有两种，代码如下：

```
1. <asp:HyperLink ID="HyperLink1" runat="server">HyperLink</asp:HyperLink>
2. <asp:HyperLink ID="HyperLink1" runat="server"/>
```

HyperLink 控件除了基本属性之外，还有以下几个重要的属性。

（1）Text 属性：用于设置或获取 HyperLink 控件的文本内容。

（2）NavigateUrl 属性：用于设置或获取单击 HyperLink 控件时链接到的 URL。

（3）Target 属性：用于设置或获取目标链接要显示的位置，有如下值可选：_blank 表示在新窗口中显示目标链接的页面，_ parent 表示将目标链接的页面显示在上一个框架集父级中，_self 表示将目标链接的页面显示在当前的框架中，_top 表示将内容显示在没有框架的全窗口中，页面可是自定义的 HTML 框架的名称。

（4）ImageUrl 属性：用于设置或获取显示为超链接图像的 URL。

【例 3-2】 在浏览网站首页时会发现很多网页底部有一个显示友情链接的区域，这些网站链接就是使用 HyperLink 控件来实现的。用户单击该网址链接即可进入相应网站浏览。

（1）启动 Visual Studio 2019，创建一个 ASP.NET Web 应用程序，命名为"例 3-2"。

（2）在网站根目录下创建一个 Default.aspx 的窗体文件。

（3）双击 Default.aspx 文件，进入"视图"编辑界面，打开"设计视图"，从工具箱中拖动 6 个 HyperLink 控件到编辑区中。然后切换到"源视图"，在编辑区中<form></form>标记之间编

写如下代码:

```
1. <table >
2.      <tr><td class="style1" ><strong>友情链接:<br /><br /></strong></td>
3.      </tr>
4.      <tr><td class="style4" ><asp:HyperLink ID="HyperLink1"
            runat="server" NavigateUrl="http://www.sina.com.cn/">新浪网
          </asp:HyperLink></td>
5.        <td class="style4" ><asp:HyperLink ID="HyperLink2"
            runat="server" NavigateUrl="http://cn.yahoo.com/">雅虎网
          </asp:HyperLink>
6.      </td>
7.        <td class="style4" ><asp:HyperLink ID="HyperLink3"
            runat="server" NavigateUrl="http://www.qq.com/">腾讯网
          </asp:HyperLink>
8.      </td>
9.        <td class="style4" ><asp:HyperLink ID="HyperLink4"
            runat="server" NavigateUrl="http://www.taobao.com/">淘宝网
          </asp:HyperLink>
10.     </td>
11.       <td class="style4" ><asp:HyperLink ID="HyperLink5"
            runat="server" NavigateUrl="http://www.sohu.com/">搜狐网
          </asp:HyperLink>
12.     </td>
13.       <td class="style4" ><asp:HyperLink ID="HyperLink6"
            runat="server" NavigateUrl="http://www.ifeng.com/">凤凰网
          </asp:HyperLink>
14.     </td>
15.     </tr>
16. </table>
```

代码说明: 第1~16行设置了一个2行6列的表格。其中,第2~3行显示友情链接的标题; 第4行在表格的第2行第1列中添加一个超链接文本控件 HyperLink1 并设置其链接的路径和显示的文本两个属性; 第5~14行分别添加其余的5个 HyperLink 控件并设置相同属性。

(4) 按 Ctrl+F5 键运行程序,效果如图 3-2 所示。

(5) 单击其中一个网站的链接,如腾讯网,将进入如图 3-3 所示的腾讯网首页。

图 3-2   程序运行效果

图 3-3   进入链接页面

3.3　输出控件

网页上用来显示给用户浏览的内容称为输出内容，而组成输出内容的服务器控件就称为输出控件。在服务器控件中主要的输出控件有 Label 控件和 Image 控件。

3.3.1　标签控件 Label

Label 控件为开发人员提供了一种以编程方式设置 Web 窗体文本的方法。通常当希望在运行时更改页面中的文本时，开发人员可以使用 Label 控件。当希望显示的内容不可以被用户编辑时，也可以使用 Label 控件。如果只是希望显示静态文本，并且文本内容不需要改变，建议使用 HTML 显示。

Label 控件最常用的 Text 属性用于设置要显示的文本内容，声明 Label 控件的语法定义如下：

```
1.<asp:Label id="Label1" Text="要显示的文本内容" runat="server"/>
2. <asp:Label id="Label1" Text="要显示的文本内容" runat="server"/></asp:Label>
```

代码说明： 以上代码是定义 Label 标记的两种方式，属性 id 定义该控件的标识为 Label，属性 Text 表示控件要显示的文本，属性 runat 表示该控件是一个服务器控件。

3.3.2　图像控件 Image

Image 控件用于显示图像，相当于 HTML 标记语言中的<img>标记。Image 控件的声明方法有两种，代码如下：

```
1. <asp: Image ID= "Image1" runat="server"></asp: Image>
2. <asp: Image ID= "Image1" runat="server"/>
```

Image 控件除了一些基本的属性外，还有如下几个重要属性。

(1) ImageUrl 属性：用于设置和获取在 Image 控件中显示图片的路径。

(2) AlternateText 属性：用于获取和设置当图像不可用时，在 Image 控件中显示替换的文本。

(3) ImageAlign 属性：用于获取和设置 Image 控件相对于网页中其他元素的对齐方式。

【例 3-3】 在开发网站时，随机显示广告图片是经常要用到的技术，它不仅可以美化网站，还可以增强网页的动态效果。本实例通过使用 Label 控件和 Image 控件来实现随机广告的浏览与显示功能。

(1) 启动 Visual Studio 2019，创建一个 ASP.NET Web 应用程序，命名为"例 3-3"。

(2) 在网站名称上右击，在弹出的快捷菜单中选择"新建文件夹"命令。此时在网站根目录下会自动生成一个文件夹，将文件夹取名为 Images。

(3) 在 Images 文件中添加 6 张广告图片文件。

(4) 在网站根目录下创建一个 Default.aspx 的窗体文件。

(5) 双击 Default.aspx 文件，进入"视图"编辑界面，打开"设计视图"，从工具箱中拖动 1 个 Image 控件和 1 个 Label 控件到编辑区中。然后切换到"源视图"，在编辑区中<form></form>

标记之间编写如下代码:

```
1. <table style="width: 487px">
2.     <tr>
3.         <td >
4.             <asp:Label ID="Label1" runat="server" Text="显示随机图像"
                    style="font-weight: 700"></asp:Label><br /><br />
5.         </td>
6.     </tr>
7.     <tr>
8.         <td colspan="3">
9.             <asp:Image ID="Image1" runat="server" Height="108px"Width="500px" />
10.        </td>
11.    </tr>
12. </table>
```

代码说明: 第 1～12 行设置一个 2 行 1 列的表格。其中,第 2～6 行在表格的第 1 行第 1 列添加一个标签控件 Label1 显示标题文本; 第 7～11 行在表格的第 2 行第 1 列添加了一个图像控件 Image1。

(6) 双击网站目录下的 Default.aspx.cs 文件,编写关键代码如下:

```
1. protected void Page_Load(object sender, EventArgs e){
2.         Random ran = new Random();
3.         int i = ran.Next(1, 6);
4.         this.Image1.ImageUrl = "Images/md_" + i + ".jpg";
5. }
```

代码说明: 第 1 行定义 Page 页面的加载事件 Page_Load。第 2 行实例化一个 Random 类对象,以便能够生成随机数。第 3 行利用 Random 类对象的 Next()方法生成小于 7 的随机数,并赋值给整型变量 i。第 4 行设置图像控件 Image1 要显示的图片路径,这里要注意路径和图片在网站的目录路径与图片的名称一一匹配。

(7) 按 Ctrl+F5 键运行程序,页面会出现如图 3-4 所示的广告图片。当不断刷新页面时,会发现广告图片也会随之产生随机的变化。

图 3-4   程序运行效果

3.4 输入控件

交互型的网站页面必须做到可以让用户输入各种信息，要实现这些功能就离不开各种输入控件。输入控件是服务器控件中种类最多的一种控件，本节对其中常用的几种控件进行介绍。

3.4.1 文本框控件 TextBox

TextBox 控件为用户提供了一种向 Web 窗体页面中输入信息的方法，包括文本、数字和日期。TextBox 控件声明的语法定义有两种，代码如下：

```
1. <asp: TextBox id=" TextBox1" runat="server"/>
2. <asp: TextBox id=" TextBox1" runat="server"/></asp:TextBox>
```

TextBox 控件除了基本属性之外，还有以下几个重要的属性。

(1) AutoPostBack 属性：用于设置在文本修改后，是否自动回传到服务器。它有两个选项，True 表示回传，False 表示不回传。默认值为 False。

(2) MaxLength 属性：用于获取或设置文本框中最多允许的字符数。

(3) ReadOnly 属性：用于获取或设置一个值，用于指示是否可以更改 TextBox 控件的内容。它有两个选项，True 表示只读，不能修改；False 表示可以修改。

(4) TextMode 属性：用于设置文本的显示模式，有 3 个选项。SingleLine 表示创建只包含一行的文本框。Password 创建用于输入密码的文本框，用户输入的密码被其他字符替换。MultiLine 创建包含多个行的文本框。

(5) Text 属性：用于设置和读取 TextBox 中的文字。

(6) Row 属性：用于获取或设置多行文本框中显示的行数，默认值为 0，表示单行文本框。该属性当 TextMode 属性为 MultiLine(多行文本框模式下)时才有效。

TextBox 控件有一个常用 TextChanged 事件，当文本框的内容在向服务器发送时，如果内容和上次发送的不同，就会触发该事件。

3.4.2 复选框控件 CheckBox 和复选框列表控件 CheckBoxList

1. 复选框控件 CheckBox

CheckBox 控件用于在 Web 窗体中创建复选框，该复选框允许用户在 True 和 False 之间切换，提供用户从选项中进行多项选择的功能。CheckBox 控件声明方法有两种，代码如下：

```
1. <asp: CheckBox ID= "CheckBox1" runat="server" ></asp: CheckBox>
2. <asp: CheckBox ID= "CheckBox1" runat="server"/>
```

CheckBox 控件除了一些基本的属性外，其他常用的属性和事件如下。

(1) AutoPostBack 属性：用于设置或获取一个值布尔，该值表示在单击 CheckBox 控件时状态是否回传到服务器。默认值是 False。

(2) Checked 属性：用于获取或设置一个值，该值指示是否已选中 CheckBox 控件。该值只能是 True(选中)或 False(取消选中)。

(3) Text 属性: 用于获取或设置与 CheckBox 关联的文本标签。

(4) CheckedChanged 事件: 当 Checked 属性的值在向服务器进行发送期间更改时发生, 即当从选择状态变为取消选择或从未选中状态到选中状态时发生。

2. 复选框列表控件 CheckBoxList

CheckBoxList 控件用于在 Web 窗体中创建复选框组, 它是一个 CheckBox 控件的集合。CheckBoxList 控件声明方法有两种, 代码如下:

```
1. <asp: CheckBoxList ID= "CheckBoxList1" runat="server" ></asp: CheckBoxList>
2. <asp: CheckBoxList ID= "CheckBoxList1" runat="server"/>
```

设置 CheckBoxList 控件中的 CheckBox 成员的方法如下。

(1) 将光标移到 CheckBoxList 控件上, 其上方会出现一个向右的黑色小三角, 单击该三角, 弹出 "CheckBoxList 任务" 列表, 选择 "编辑项" 命令, 如图 3-5 所示。

(2) 打开如图 3-6 所示的 "ListItem 集合编辑器" 对话框, 单击 "添加" 按钮向 "成员" 列表中添加选项, 并在 "属性" 列表中设置选项的 Text 属性, 然后单击 "确定" 按钮。如果要将选项设置为选中的状态, 可以将 Selected 属性设置为 True。

图 3-5 "CheckBoxList 任务" 列表

图 3-6 "ListItem 集合编辑器" 对话框

CheckBoxList 控件除了一些基本的属性外, 其他常用的属性和事件如下。

(1) AutoPostBack 属性: 用于获取或设置一个值, 该值指示当用户更改列表中的选定内容时是否自动产生向服务器的回发。

(2) DataSource 属性: 用于获取或设置对象, 数据绑定控件从该对象中检索其数据项列表。

(3) DataTextField 属性: 用于获取或设置为列表项提供文本内容的数据源字段。

(4) DataValueField 属性: 用于获取或设置为各列表项提供值的数据源字段。

(5) Items 属性: 用于获取列表控件项的集合。

(6) SelectedIndex 属性: 用于获取或设置列表中选定项的最低序号索引。

(7) SelectedItem 属性: 用于获取列表控件中索引最小的选定项。

(8) SelectedValue 事件: 用于获取列表控件中选定项的值, 或选择列表控件中包含指定值的项。

【例 3-4】分别使用 CheckBox 控件和 CheckBoxList 控件列出多选项, 当用户进行多项选择后将选中项显示在页面。在实现功能的过程中，观察和比较两个控件的区别。

(1) 启动 Visual Studio 2019，创建一个 ASP.NET Web 应用程序，命名为"例 3-4"。

(2) 在网站根目录下创建一个 Default.aspx 的窗体文件。

(3) 双击 Default.aspx 文件，进入"视图"编辑界面，打开"设计视图"，从工具箱中拖动 3 个 CheckBox 控件、1 个 CheckBoxList 控件、2 个 Label 控件和 1 个 Button 控件到编辑区中。切换到"源视图"，在编辑区中<form></form>标记之间编写如下代码：

```
1. 请选择您喜欢的手机(CheckBoxList):<br />
2  <asp:CheckBoxList ID="CheckBoxList1" runat="server"
3.       RepeatDirection="Horizontal">
4.          <asp:ListItem Value="0">HTC</asp:ListItem>
5.          <asp:ListItem Value="1">IPHONE</asp:ListItem>
6.          <asp:ListItem Value="2">黑莓</asp:ListItem>
7.  </asp:CheckBoxList>
8. 您喜欢的手机是: <asp:Label ID="Label2" runat="server" Text=""></asp:Label>
9.  <br /><br />
10. 请选择您喜欢的歌手(CheckBox):<br />
11.  <asp:CheckBox ID="CheckBox1" runat="server" Text="刘欢" /><br />
12.  <asp:CheckBox ID="CheckBox2" runat="server" Text ="许巍" /><br />
13.  <asp:CheckBox ID="CheckBox3" runat="server" Text ="韩红" /><br />
14. 您喜欢的歌手是: <asp:Label ID="Label1" runat="server" Text=""></asp:Label>
15. <br />
16. <asp:Button ID="Button1" runat="server" Text="提交" onclick="Button1_Click" />
17. <br />
```

代码说明：第 1～7 行添加一个复选框列表控件 CheckBoxList1。其中，第 3 行设置选项布局方向属性为水平；第 4～6 行分别设置 3 个复选项显示的文本。第 8 行添加一个标签控件 Label1，用于显示用户选择的结果。第 11～13 行添加了 3 个复选框控件并设置其文本显示属性 Text。第 14 行添加第 2 个标签控件 Label2，用于显示用户选择的结果。第 16 行添加一个按钮控件 Button1，并设置其触发的单击事件 Click 以及显示文本的属性 Text。

(4) 双击网站目录下的 Default.aspx.cs 文件，编写关键代码如下：

```
1.   protected void Button1_Click(object sender, EventArgs e){
2.        if (CheckBox1.Checked)
3.            Label1.Text += CheckBox1.Text + " ";
4.        if (CheckBox2.Checked)
5.            Label1.Text += CheckBox2.Text + " ";
6.        if (CheckBox3.Checked)
7.            Label1.Text += CheckBox3.Text + " ";
8.        for (int i = 0; i < CheckBoxList1.Items.Count; i++){
9.            if (CheckBoxList1.Items[i].Selected)
10.               Label2.Text += CheckBoxList1.Items[i].Text + " ";
```

```
11.        }
12. }
```

代码说明： 第 1 行定义处理提交按钮 Button1 单击事件的 Click()方法。第 2～7 行判断如果
3 个复选框控件被选中，则将控件文本作为标签控件 Label1
文本属性 Text 的值显示在页面。第 8～11 行通过 for 循环语
句，依次判断如果复选框列表控件 CheckBoxList1 中的选项
被选中时，则将控件文本作为标签控件 Label2 文本属性 Text
的值显示在页面。

图 3-7　程序运行效果

（5）按 Ctrl+F5 键运行程序，选择两种类型的复选框后，
单击"提交"按钮，两种选择结果会同时显示在如图 3-7 所
示页面上。

3.4.3　单选按钮控件 RadioButton 和单选按钮列表控件 RadioButtonList

1. 单选按钮控件 RadioButton

有时需要提供一组互相排斥的选项，例如性别。服务器控件提供了 RadioButton 控件用于
在 Web 窗体中创建一个单选按钮，可以将多个单选按钮分为一组以提供互相排斥的选项，用户
一次只能选中一个。RadioButton 控件声明方法有两种，代码如下：

```
1. <asp: RadioButton ID= "RadioButton1" runat="server" ></asp: RadioButton>
2. <asp: RadioButton ID= "RadioButton1 "runat="server" />
```

RadioButton 控件除了一些基本的属性外，其他常用的属性和事件如下。

（1）AutoPostBack 属性：获取或设置一个值，该值指示在单击 RadioButton 控件时状态是否
自动回发到服务器。

（2）Checked 属性：获取或设置一个值，该值指示是否已单击 RadioButton 控件。该值只能
是 True(选中)或 False(取消选中)。

（3）GroupName 属性：获取或设置单选按钮所属的组名。

（4）Text 属性：获取或设置与 RadioButton 控件关联的文本标签。

（5）CheckedChanged 事件：当 Checked 属性的值在向服务器进行发送期间更改时发生。

2. 单选按钮列表控件 RadioButtonlist

RadioButtonList 控件是一个单选按钮列表框控件，也就是一个 RadioButton 控件的集合。该
控件与 CheckBoxList 控件类似，只是该控件用于单项选择，而 CheckBoxList 控件用于多项选
择。RadioButtonList 控件可以直接添加选项或者通过绑定数据来添加选项。当希望单独设置单
选项的布局和外观时，可以使用 RadioButton 控件。但要使用多个单选项时，建议使用
RadioButtonList 控件。RadioButtonList 控件声明方法有两种，代码如下：

```
1. <asp: RadioButtonList ID= "RadioButtonList1" runat="server" ></asp: RadioButtonList>
2. <asp: RadioButtonList ID= "RadioButtonList1" runat="server" />
```

向 RadioButtonList 控件中添加 RadioButton 成员的操作和 CheckBoxList 控件类似，这里不

再重复。RadioButtonList 控件的常用属性和方法如下。

(1) RepeatDirection 属性：用于获取或设置一个值，该值指示 RadioButtonList 控件是垂直显示还是水平显示。

(2) RepeatLayout 属性：用于获取或设置组内单选按钮的布局。

(3) SelectedIndex 属性：用于获取或设置列表中选定项的最低序号索引。

(4) SelectedItem 属性：用于获取列表控件中索引最小的选定项。

(5) SelectedValue 属性：用于获取列表控件中选定项的值，或选择列表控件中包含指定值的项。

(6) SelectedIndexChanged 事件：用于当列表控件的选定项在信息发往服务器之间变化时发生。

(7) DataBinding 事件：用于当服务器控件绑定到数据源时发生。

【例 3-5】本例使用 RadioButton 控件为用户提供一组互相排斥的选项，模拟软件安装时要用户选择安装类型的功能。当用户选择后，单击"下一步"按钮，在 Label 控件将用户选择的安装类型显示在页面。

(1) 启动 Visual Studio 2019，创建一个 ASP.NET Web 应用程序，命名为"例 3-5"。

(2) 在网站根目录下创建一个 Default.aspx 的窗体文件。

(3) 双击 Default.aspx 文件，进入"视图"编辑界面，打开"设计视图"，从工具箱中拖动 3 个 RadioButton 控件、2 个 Button 控件和 1 个 Label 控件到编辑区中。然后切换到"源视图"，在编辑区中<form></form>标记之间编写如下代码：

```
1. 请选择安装类型<br /><br />
2. <asp:RadioButton ID="RadioButton1" runat="server" Text="典型" /><br />
3. 这个选项将安装最常用的组件，需要 1.2MB 的磁盘空间<br /><br />
4. <asp:RadioButton ID="RadioButton2" runat="server" Text="自定义" /><br />
5. 这个选项将根据您选择的组件进行安装，需要 360KB 的磁盘空间<br /><br />
6. <asp:RadioButton ID="RadioButton3" runat="server" Text="完全" /><br />
7. 这个选项将安装所有的组件，需要 4.5MB 的磁盘空间<br /><br />
8. <asp:Button ID="Button1" runat="server" Text="上一步" />
9. <asp:Button ID="Button2" runat="server" Text="下一步" onclick="Button2_Click" />
10. <asp:Label ID="Label1" runat="server" Text=""></asp:Label>
```

代码说明：第 2 行、第 4 行和第 6 行分别添加了 3 个 RadioButton 控件并设置其文本显示属性。第 8 行添加一个按钮控件 Button1 并设置显示文本的属性 Text。第 9 行添加第 2 个按钮控件 Button2 并设置显示文本的属性 Text 以及触发的单击事件 Click。第 10 行添加一个标签控件 Label1 用于显示用户选择安装类型的结果。

(4) 双击网站目录下的 Default.aspx.cs 文件，编写代码如下：

```
1. protected void Button2_Click(object sender, EventArgs e){
2.         if (RadioButton1.Checked)
3.              Label1.Text = "您选择的是：  "+RadioButton1.Text + "安装";
4.         if (RadioButton2.Checked)
5.              Label1.Text = "您选择的是：  " + RadioButton2.Text + "安装";
```

```
6.          if(RadioButton3.Checked)
7.              Label1.Text = "您选择的是：   " + RadioButton3.Text + "安装";
8. }
```

代码说明：第 1 行定义处理提交按钮 Button2 单击事件的 Click()方法。第 2～7 行判断如果某一个单选框控件被选中，则将控件文本作为标签控件 Label1 文本属性 Text 的值显示在页面。

(5) 按 Ctrl+F5 键运行程序，效果如图 3-8 所示。用户选择某个安装类型，页面显示所选择的安装类型。

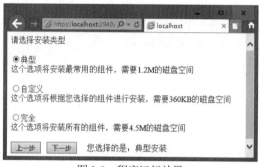

图 3-8   程序运行效果

3.4.4   列表框控件 ListBox

ListBox 控件是一个静态的列表框，用户可以在该控件中添加一组内容列表，以访问网页的用户选择其中的一项或多项。ListBox 控件声明方法有两种，代码如下：

```
1. <asp: ListBox ID= "ListBox1" runat="server" ></asp: ListBox>
2. <asp: ListBox ID= "ListBox1" runat="server"/>
```

ListBox 控件中的可选项目是通过 ListItem 元素定义的，该控件支持数据绑定。该控件添加到页面后，设置列表项的方法和 CheckBoxList 控件相同。

ListBox 控件除了基本属性之外，还有以下几个重要的属性和事件。

(1) AutoPostBack 属性：用于获取或设置一个值，该值指示当用户更改列表中的选定内容时是否自动产生向服务器的回发。

(2) DataSource 属性：用于获取或设置对象，数据绑定控件从该对象中检索其数据项列表。

(3) DataTextField 属性：用于获取或设置为列表项提供文本内容的数据源字段。

(4) DataValueField 属性：用于获取或设置为各列表项提供值的数据源字段。

(5) Items 属性：用于获取列表控件项的集合，每一个项的类型都是 ListItem。

(6) Rows 属性：用于获取或设置 ListBox 控件中显示的行数。

(7) SelectionMode 事件：使用 SelectionMode 属性指定 ListBox 控件的模式行为。

3.4.5   下拉列表框控件 DropDownList

DropDownList 控件是一个下拉列表框控件，该控件与 ListBox 控件类似，也可以选择一项或多项内容，只是它们的外观不同。DropDownList 控件有一个下拉列表框，而 ListBox 控件是在静态列表中显示内容。

DropDownList 控件可以直接设置选项，也可以通过绑定数据来设置选项，其设置选项绑定数据的方法与 ListBox 控件相似。DropDownList 控件声明方法有两种，代码如下：

```
1. <asp: DropDownList ID= "DropDownList1" runat="server" ></asp: DropDownList>
2. <asp: DropDownList ID= "DropDownList1" runat="server"/>
```

DropDownList 控件除了基本属性之外，其他属性和 ListBox 的属性十分类似。

【例 3-6】在一些网站的登录和注册页面，用户需要从两个相互关联的下拉列表框中选择用户所在的城市和城区，如果改变了第 1 个下拉列表框的当前选项，那么第 2 个下拉列表框的选项也将随之改变。本例使用 2 个 DropDownList 控件，实现用户所在城市和城区的联动选择功能。

(1) 启动 Visual Studio 2019，创建一个 ASP.NET Web 应用程序，命名为"例 3-6"。

(2) 在网站根目录下创建一个 Default.aspx 的窗体文件。

(3) 双击 Default.aspx 文件，进入"视图"编辑界面，打开"设计视图"，从工具箱中拖动 2 个 DropDownList 控件、1 个 Button 控件和 1 个 Label 控件到编辑区中。然后切换到"源视图"，在编辑区中<form></form>标记之间编写如下代码：

```
1. 请选择城市：<asp:DropDownList ID="DropDownList1" runat="server" AutoPostBack="True"
2. onselectedindexchanged="DropDownList1_SelectedIndexChanged">
3. <asp:ListItem Selected="True" Value="0">上海市</asp:ListItem>
4. <asp:ListItem Value="1">十堰市</asp:ListItem>
5. </asp:DropDownList>
6. 请选择城区：<asp:DropDownList ID="DropDownList2" runat="server">
       </asp:DropDownList><br /><br />
7. <asp:Button ID="Button1" runat="server" Text="确定" onclick="Button1_Click" /><br /> <br />
8. <asp:Label ID="Label1" runat="server" Text=""></asp:Label>
```

代码说明：第 1～5 行添加一个下拉列表框控件 DropDownList1。其中，第 1 行设置了其自动回传属性启用。第 2 行设置 DropDownList1 控件的当选择项改变的事件方法 SelectedIndexChanged。第 3 行和第 4 行设置 DropDownList1 控件的 2 个选择项。第 6 行添加另一个下拉列表框控件 DropDownList2。第 7 行添加一个按钮控件 Button1 并设置显示文本的属性 Text 以及触发的单击事件 Click。第 8 行添加一个标签控件 Label1 用于显示用户选择的结果。

(4) 双击网站目录下的 Default.aspx.cs 文件，编写关键代码如下：

```
1. protected void Page_Load(object sender, EventArgs e){
2.     if (!IsPostBack){
3.         DropDownList2.Items.Add("浦东新区");
4.         DropDownList2.Items.Add("黄浦区");
5.         DropDownList2.Items.Add("静安区");
6.         DropDownList2.Items.Add("卢湾区");
7.         DropDownList2.Items.Add("徐汇区");
```

```
8.          DropDownList2.Items.Add("普陀区");
9.      }
10. }
11. protected void DropDownList1_SelectedIndexChanged(object sender, EventArgs e){
12.     DropDownList2.Items.Clear();
13.     switch (Convert.ToInt32(DropDownList1.SelectedValue)){
14.         case 0: DropDownList2.Items.Add("浦东新区");
15.                 DropDownList2.Items.Add("黄浦区");
16.                 DropDownList2.Items.Add("静安区");
17.                 DropDownList2.Items.Add("卢湾区");
18.                 DropDownList2.Items.Add("徐汇区");
19.                 DropDownList2.Items.Add("普陀区");
20.                 break;
21.         case 1: DropDownList2.Items.Add("茅箭区");
22.                 DropDownList2.Items.Add("张湾区");
23.                 DropDownList2.Items.Add("白浪经济开发区");
24.                 DropDownList2.Items.Add("武当山特区");
25.                 break;
26.     }
27.     }
28. protected void Button1_Click(object sender, EventArgs e){
29.     Label1.Text = "您选择的是: <b>";
30.     Label1.Text += DropDownList1.SelectedItem.Text;
31.     string temp = "->";
32.     for (int i = 0; i < DropDownList2.Items.Count; i++){
33.       if (DropDownList2.Items[i].Selected){
34.         Label1.Text += temp + DropDownList2.Items[i].Text;
35.         temp = ", ";
36.       }
37.     }
38.  }
```

代码说明: 第 1 行定义处理页面 Page 加载事件 Load()的方法。第 2 行判断加载的页面如果不是回传页面,则第 3~8 行向显示城区的下拉列表控件中添加 6 个选项。第 11 行定义处理显示城市的下拉列表框控件的选择改变事件的方法。第 12 行先将下拉列表框中的选项清空。第 13~26 行使用 switch…case 分支语句判断选择不同城市的下拉列表控件选项,则向显示城区的下拉列表中添加不同的选项。第 28 行定义处理按钮控件 Button 单击事件 Click()的方法。第 30 行在 Label1 标签控件中显示城市下拉列表框中选择的内容。第 32~36 行通过 for 循环语句将用户选择的城区下拉列表中的内容同时显示在标签控件中。

(5) 按 Ctrl+F5 键运行程序,效果如图 3-9 所示,用户选择不同的城市,将显示不同的城区。单击"确定"按钮,将用户的选择结果显示在页面。

图 3-9　程序运行效果

3.5　面板控件

面板控件是一种用来对其他控件进行分组的容器控件，这样可以使得用户界面更加清晰、友好；同时也方便在运行中将多个控件作为一个单元来处理。因此在编程过程中，如果用户打算控制一组控件的集体行为，比如隐藏、显示多个控件或者禁止使用一组控件时，就可以使用 Panel 控件，只要把一组控件添加到同一个 Panel 控件中就能实现这一功能。Panel 控件声明方法有两种，代码如下：

1. <asp: Panel ID= "Panel1" Height="1000px Weight="1000px" runat="server"></asp: Panel>

2. <asp: Panel ID= "Panel1" Height="1000px Weight"="1000px" runat="server"/>

Panel 控件除了基本属性之外，还有以下几个重要的属性和事件。

(1) BackImageUrl 属性：用于获取或设置面板控件背景图像的 URL。

(2) Direction 属性：用于规定 Panel 的内容显示方向。

(3) GroupingText 属性：用于规定 Panel 中控件组的标题。

(4) ScrollBars 属性：用于规定 Panel 中滚动栏的位置和可见性。

(5) HorizontalAlign 属性：用于获取或设置面板内容的水平对齐方式。

(6) Attributes 属性：用于获取与控件的属性不对应的任意特性(只用于呈现)的集合。

(7) Controls 属性：用于获取 ControlCollection 对象，该对象表示 UI 层次结构中指定服务器控件的子控件。

(8) DataBinding 事件：用于当服务器控件绑定到数据源时发生。

【例 3-7】利用 Panel 控件实现隐藏或显示控件。当用户单击新用户注册按钮时，用于输入登录信息的 Panel 控件将隐藏，用于输入注册信息的 Panel 控件将显示。

(1) 启动 Visual Studio 2019，创建一个 ASP.NET Web 应用程序，命名为"例 3-7"。

(2) 在网站根目录下创建一个 Default.aspx 的窗体文件。

(3) 双击 Default.aspx 文件，进入"视图"编辑界面，打开"设计视图"，从工具箱中拖动 2 个 Panel 控件、4 个 TextBox 控件、2 个 Button 控件和 2 个 LinkButton 控件到编辑区。然后切换到"源视图"，在编辑区中的<form></form>标记之间编写如下代码：

1. <asp:LinkButton ID="LinkButton2" runat="server" onclick="LinkButton2_Click">会员请登录
　　</asp:LinkButton>

2. <asp:LinkButton ID="LinkButton1" runat="server" onclick="LinkButton1_Click">新会员注册
　　</asp:LinkButton>

```
3. <asp:Panel ID="Panel1" runat="server" Width="254px">
4.     <strong>登录 </strong><br />
5.     用户名: <asp:TextBox ID="TextBox1" runat="server" ></asp:TextBox> <br />
6.     密  码: <asp:TextBox ID="TextBox2" runat="server"></asp:TextBox><br />
7.     < asp:Button ID="Button1" runat="server" Text="登录" />
8. </asp:Panel>
9. <asp:Panel ID="Panel2" runat="server">
10.    <strong>新用户注册 </strong><br />
11.    用户名: <asp:TextBox ID="TextBox3" runat="server"></asp:TextBox><br />
12.    密  码: <asp:TextBox ID="TextBox4" runat="server"></asp:TextBox><br />
13.    <asp:Button ID="Button2" runat="server" Text="注册" />
14. </asp:Panel>
```

代码说明: 第1行和第2行各自添加了一个超链接按钮控件 LinkButton 并设置其单击事件。第3~8 行添加了一个面板控件 Panel1 显示登录的控件组合。其中, 第5行和第6行各添加了一个文本框控件 TextBox; 第7行添加一个按钮控件 Button1 并设置显示的文本。第9~14 行添加了另一个面板控件 Panel2, 显示注册的控件组合。其中, 第11 行和第12 行各添加了一个文本框控件 TextBox; 第13 行添加一个按钮控件 Button2 并设置显示的文本。

(4) 双击网站目录下的 Default.aspx.cs 文件, 编写关键代码如下:

```
1.  protected void Page_Load(object sender, EventArgs e){
2.      if (!IsPostBack){
3.          Panel1.Visible = false;
4.          Panel2.Visible = false;
5.      }
6.  }
7.  protected void LinkButton2_Click(object sender, EventArgs e){
8.      Panel1.Visible = true;
9.      Panel2.Visible = false;
10. }
11. protected void LinkButton1_Click(object sender, EventArgs e){
12.     Panel1.Visible = false;
13.     Panel2.Visible = true;
14. }
```

代码说明: 第1行定义处理 Page 对象加载事件 Load 的方法。第2行判断当前加载的页面如果不是回传页面, 则第3行和第4行将两个面板控件 Panel 设置为隐藏不可见。第7行定义处理 LinkButton2 控件单击事件 Click 的方法。第8行将 Panel1 控件设置为显示可见。第9行将 Panel2 控件设置为隐藏不可见。第11 行定义处理 LinkButton1 控件单击事件 Click 的方法。第12 行将 Panel1 控件设置为隐藏不可见。第13 行将 Panel2 控件设置为显示可见。

(5) 按 Ctrl+F5 键运行程序, 当单击 "会员请登录" 按钮, 出现登录面板, 而注册面板被隐藏。当单击 "新会员注册" 按钮, 出现注册面板, 而登录面板被隐藏, 如图 3-10 所示。

图 3-10　程序运行效果

3.6　综合练习

在股票分析软件中有一个常用的功能，用户可以将目标股票添加到自选股中。本练习模拟这样的功能，使用两个 ListBox 控件，其中，一个 ListBox 控件用来显示目标股的列表，另一个 ListBox 控件用来放置添加后自选股的列表。同时，通过"加入"和"取消"两个按钮来执行添加和移除自选股的操作；使用"上移"和"下移"两个按钮来实现自选股中股票的位置排列。

(1) 启动 Visual Studio 2019，创建一个 ASP.NET Web 应用程序，命名为"综合练习"。

(2) 在网站根目录下创建一个 Default.aspx 的窗体文件。

(3) 双击 Default.aspx 文件，进入"视图"编辑界面，打开"设计视图"，从工具箱中拖动 2 个 ListBox 控件、4 个 Button 控件到编辑区。然后切换到"源视图"，在编辑区中的\<form>\</form> 标记之间编写如下代码：

```
1. <table align="left" ><tr><td colspan="3">
2. <strong><span class="style1">添加自选股</span><br /><br /></strong>
3. </td></tr>
4.          <tr><td>目标股</td>
5.             <td ></td>
6.             <td >自选股</td>
7.          </tr>
8.     <tr><td rowspan="4" align="right" valign="top"><strong>
9.     <asp:ListBox ID="lbxSource" runat="server" Width="150px" Height="150px" SelectionMode="Multiple">
10.         <asp:ListItem Value="1">浦发银行</asp:ListItem>
11.         <asp:ListItem Value="2">白云机场</asp:ListItem>
12.         <asp:ListItem Value="3">武钢股份</asp:ListItem>
13.         <asp:ListItem Value="4">深发展</asp:ListItem>
14.         <asp:ListItem Value="5">莫高股份</asp:ListItem>
15.         <asp:ListItem Value="6">深圳成指</asp:ListItem>
16.         <asp:ListItem Value="7">上证指数</asp:ListItem>
17.     </asp:ListBox></strong></td>
18.     <td><strong>
19.        <asp:Button ID="btnSelect" runat="server" Text="加入" onclick="btnSelect_Click" /></strong>
20.     </td>
```

```
21.                    <td rowspan="4" align="left" valign="top"><strong>
22.                        <asp:ListBox ID="lbxDest" runat="server" Height="150px" SelectionMode="Multiple"
                           Width="150px"></asp:ListBox> </strong>
23.                    </td>
24.                 </tr>
25.                 <tr><td><strong>
26.                    <asp:Button ID="btnDelete" runat="server" Text="取消" onclick="btnDelete_Click" /></strong></td>
27.                 </tr>
28.                 <tr><td>
29.                    <asp:Button ID="Button1" runat="server" Text="上移" onclick="Button1_Click" /></td>
30.                 </tr>
31.                 <tr><td>
32.                    <asp:Button ID="Button2" runat="server" Text="下移" onclick="Button2_Click" /></td>
33.                 </tr>
34. </table>
```

代码说明： 以上代码使用一个表格来布局控件的位置。第 9～17 行定义了一个列表控件 lbxSource 显示多行的选项。其中，第 10～16 行显示了 7 个列表选项。第 19 行定义了一个按钮控件 btnSelect 用来添加股票。第 22 行定义了另一个列表控件 lbxDest 用于放置选择的自选股列表。第 26 行、第 29 行和第 32 行分别定义了 3 个按钮控件用于取消、上移和下移自选股的操作。

(4) 双击网站目录下的 Default.aspx.cs 文件，编写关键代码如下：

```
1. protected void btnSelect_Click(object sender, EventArgs e){
2.        int count = lbxSource.Items.Count;
3.        int index = 0;
4.        for (int i = 0; i < count; i++){
5.            ListItem Item = lbxSource.Items[index];
6.            if (lbxSource.Items[index].Selected == true){
7.                lbxDest.Items.Add(Item);
8.            }
9.         index++;
10.       }
11. }
12. protected void btnDelete_Click(object sender, EventArgs e{
13.       int count = lbxDest.Items.Count;
14.       int index = 0;
15.       for (int i = 0; i < count; i++){
16.           ListItem Item = lbxDest.Items[index];
17.           if (lbxDest.Items[index].Selected == true) {
18.               lbxDest.Items.Remove(Item);
19.               index--;
20.           }
21.           index++;
```

```
22.        }
23. }
24. protected void Button1_Click(object sender, EventArgs e){
25.        if (lbxDest.SelectedIndex > 0){
26.            string name = lbxDest.SelectedItem.Text;
27.            string value = lbxDest.SelectedItem.Value;
28.            int index = lbxDest.SelectedIndex;
29.            lbxDest.SelectedItem.Text = lbxDest.Items[index - 1].Text;
30.            lbxDest.SelectedItem.Value = lbxDest.Items[index - 1].Value;
31.            lbxDest.Items[index - 1].Text = name;
32.            lbxDest.Items[index - 1].Value = value;
33.            lbxDest.SelectedIndex--;
34.        }
35. }
36. protected void Button2_Click(object sender, EventArgs e){
37.        if (lbxDest.SelectedIndex >= 0 && lbxDest.SelectedIndex < lbxDest.Items.Count - 1){
38.            string name = lbxDest.SelectedItem.Text;
39.            string value = lbxDest.SelectedItem.Value;
40.            int index = lbxDest.SelectedIndex;
41.            lbxDest.SelectedItem.Text = lbxDest.Items[index + 1].Text;
42.            lbxDest.SelectedItem.Value = lbxDest.Items[index + 1].Value;
43.            lbxDest.Items[index + 1].Text = name;
44.            lbxDest.Items[index + 1].Value = value;
45.            lbxDest.SelectedIndex++;
46.        }
47. }
```

代码说明： 第 1 行处理"加入"按钮 btnSelect 的单击事件 Click。第 2 行获取目标股列表的选项数。第 4～10 行使用 for 循环判断各个项的选中状态，如果选项为选中状态则添加到自选股列表中。第 12 行处理"取消"按钮 btnDelete 的单击事件 Click。第 15～22 行判断如果自选股列表选项为选中状态，则将其从列表中删除。第 24 行处理"上移"按钮 Button1 的单击事件 Click。第 25 行判断如果自选股列表中被选中项不是处在第 1 行，则第 26～32 行获取当前选项的名称、值和索引号并与上一行选项(索引号减 1)进行交换。第 33 行设定上一行为当前选项。第 36 行处理"下移"按钮 Button2 的单击事件 Click。第 37 行判断如果自选股列表中被选中项不是处在最后一行，则第 38～44 行保存当前选项的名称、值和索引号并交换当前选项和下一行选项的信息。第 45 行设定下一行为当前选项。

(5) 按 Ctrl+F5 键运行程序，选择"目标股"列表中的股票，单击"加入"按钮，可以将选择的股票添加到自选股列表中；选择"自选股"列表中的股票，单击"取消"按钮，可将自选股中选中的股票移除；还可以单击"上移"和"下移"按钮，对自选股列表中股票进行位置的上下移动，如图 3-11 所示。

图 3-11　程序运行效果

3.7　习题

一、填空题

1. 当用户单击 Button 控件时，将触发的事件是＿＿＿＿＿。

2. ASP.NET 服务器控件位于＿＿＿＿＿命名空间中。

3. 使用 RadioButton 控件提供一组选项时，需要将这一组 RadioButton 控件的＿＿＿＿＿＿属性设置为相同的值。

4. 如果要设置 Label 控件的背景颜色，需要设置它的＿＿＿＿＿属性。

5. 当需要用控件输入性别时，应选择的控件是＿＿＿＿＿。

二、选择题

1. 设置(　　)属性可以决定 Web 服务器控件是否可用。

　　A. Enable　　　　　　B. Visiable　　　　　　C. ID　　　　　　D. Selected

2. 要使用户能够在 ListBox 控件中一次选中多个项，则必须(　　)。

　　A. 将其 SelectionMode 属性设置为 Single

　　B. 将其 SelectionMode 属性设置为 Multiple

　　C. 将其 AutoPostBack 属性设置为 Single

　　D. 将其 AutoPostBack 属性设置为 Multiple

3. 下列选项中，(　　)选项属于 Image 类的 ImageAlign 属性。

　　A. Left　　　　　　　B. Right　　　　　　　C. top　　　　　　D. Text_Middle

4. TextBox 控件用来获取或设置文本框中最多允许的字符数的属性是(　　)。

　　A. Columns　　　　　B. MaxLength　　　　　C. Rows　　　　　D. Width

5. 如果要设置在 ImageButton 控件中显示的图片的位置，需要设置它的(　　)属性。

　　A. ImageUrl　　　　　B. ToolTip　　　　　　C. ImageAlign　　　　D. PostBackUrl

三、上机题

1. 创建并调试本章所有实例。

2. 创建一个网页，然后在网页上添加 4 个按钮，按钮的 Text 属性依次设置为"显示""隐藏""无效"和"激活"。当用户单击"显示"按钮，全部按钮被显示出来；单击"隐藏"按钮，除了"显示"按钮之外的所有按钮被隐藏；单击"无效"按钮，除了"激活"按钮之外的其他按钮处于失效状态；单击"激活"按钮，全部按钮处于激活状态。程序运行效果如图 3-12 所示。

3. 网站导航条对每个网站都是必不可少的，使用超链接文本控件 HyperLink，通过设置其属性实现带有图标的菜单导航条。程序运行效果如图 3-13 所示。

图 3-12 按钮运行效果　　　　　　　　　图 3-13 超链接运行效果

4. 使用 Image 控件和 LinkButton 控件，实现当用户选择单击不同的 LinkButton 控件，能够把不同的图片显示在图像控件上。程序运行效果如图 3-14 所示。

5. 实现一个动态添加控件的功能，页面提供一个列表框供用户选择要在面板 Panel 中添加控件的个数，单击按钮就可以在面板中添加不同个数的 Label 控件和 TextBox 控件，并能够实现隐藏和显示面板的功能。程序运行效果如图 3-15 所示。

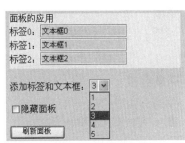

图 3-14 图像运行效果　　　　　　　　　图 3-15 面板运行效果

6. 在网络考试系统中除了有多选题，一般还会有单选题。在实现单选题回答时通常使用 RadioButtonList 控件。使用 RadioButtonList 控件实现 5 个单选题的界面，用户选择答案并提交后，显示正确答案的个数及得分。程序运行效果如图 3-16 所示。

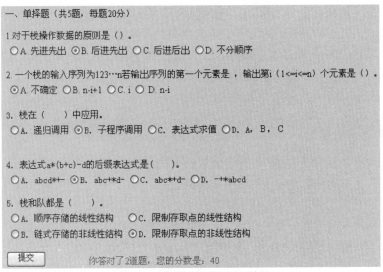

图 3-16 单选按钮列表运行效果

第4章
验证控件和用户控件

ASP.NET 中除了标准的内部服务器控以外,还提供了功能强大的一组验证控件用于对服务器端用户输入的信息进行验证,包括针对特定模式、范围或值进行验证并且可以指定验证出现错误时显示的提示信息。这样开发人员就可以将大部分精力放在程序的业务逻辑功能上。在实际的编程工作中,以上这些控件并不能完全满足用户的业务需求,这就要求用户能够自己定义一些控件来完成特殊的功能。本章在介绍各种验证控件后对用户控件的开发也一并进行介绍。

☑ **本章重点**

- 掌握页面数据验证的原理
- 熟练使用 6 种服务器验证控件
- 在窗体中应用用户控件

4.1 数据验证的两种方式

当用户向服务器提交页面之后,为了保证获得的用户输入数据是有效的,需要对用户提交的数据进行验证。但在 Web 应用程序中,用户提交的数据经客户端浏览器发送到服务器端,可以选择在窗体发送到 Web 服务器之前使用 JavaScript 脚本验证输入到窗体上的数据,这称为客户端数据验证;也可以在 Web 服务器端验证用户提交的数据,这称为服务器端数据验证。本章所介绍的验证控件都是在服务器端使用的服务器控件。

4.1.1 服务器端数据验证

服务器端进行数据验证的控件在服务器代码中执行输入检查,服务器将逐个调用验证控件来检查用户输入。如果在任意输入控件中检测到验证错误,则该页面将自行设置为无效状态。验证是在对页面进行了初始化,但尚未调用任何更改或单击事件处理程序时进行的。

用户只要像添加其他服务器控件那样向页面添加验证控件,即可启用对用户输入的验证。处理用户输入时,验证控件会对用户输入进行测试,并设置属性以指示该输入是否通过测试。可以将验证控件关联到验证组中,使得属于同一组的验证控件一起进行验证。也可以使用验证组有选择地启用或禁用页面上相关控件的验证。

验证控件通常在呈现的页面中是不可见。但如果控件检测到错误，则显示指定的错误信息文本。

服务器端数据验证相对而言很安全，因为这种验证是基于服务器端的验证，不容易被绕过，而且也可以不考虑客户端的浏览器是否支持客户端脚本语言，一旦提交的数据无效，页面就会回送到客户机上。由于页面必须提交到一个远程位置进行检验，这使得服务器端的验证过程比较缓慢。

4.1.2　客户端数据验证

客户端数据验证通常是对客户端浏览器中窗体上的数据进行验证，通过客户端浏览器传送的页面提供的一个脚本，通常采用 JavaScript 形式，在窗体回送到服务器之前，对数据进行验证。

客户端数据验证的突出优点是能够快速向用户提供验证结果的反馈，当用户信息输入有误时，可以立即显示一条错误信息，而不需要将这些数据传输到服务器，减少了服务器处理压力的负担。但是客户端验证没有直接访问数据库的功能，无法实现用户合法性的验证。用户可以很容易地查看到页面的代码，而且有可能伪造提交的数据，如果浏览器版本过低或浏览器禁用了客户端脚本，客户端验证就无效了。对于一些黑客而言可以很方便地绕过客户端的验证，所以仅仅依靠客户端的验证是不安全的。由于本书不涉及对 JavaScript 脚本语言的介绍，因此关于客户端数据验证的内容在此仅一笔带过。

4.2　服务器验证控件

ASP.NET 提供了功能非常强大的服务器验证控件。各种验证控件的功能各不相同，在应用时经常要同时使用几个验证控件共同验证用户的输入。

ASP.NET 4.0 的服务器验证控件共有 6 种，分别用于检查用户输入信息的不同方面。各种控件的类型和作用，如表 4-1 所示。

表 4-1　验证控件的类型和作用

验 证 类 型	使用的控件	控件的作用
必填项	RequiredFieldValidator	验证某个控件的内容是否被改变
与某值的比较	CompareValidator	用于对两个值进行比较验证
范围检查	RangeValidator	用于验证某个值是否在要求的范围内
模式匹配	RegularExpressionValidator	用于验证相关输入控件的值是否匹配正则表达式指定的模式
自定义	CustomValidator	调用在服务器端编写的自定义验证函数
验证摘要	ValidationSummary	用于显示来自页面上所有验证控件的错误信息

对于一个输入控件，可以附加多个验证控件一起进行验证。例如既可以验证控件是必填的，又可以验证该控件数据的取值范围。下面对常用的 6 种验证控件逐一介绍。

4.2.1 RequiredFieldValidator 控件

RequiredFieldValidator 控件通常用于在用户输入信息时，对某项必须输入的信息内容(比如用户登录时的用户名)进行验证。它是一个简单的但最常用的验证控件。在页面中添加 RequiredFieldValidator 控件要将其关联到某个输入控件，在该控件失去焦点时，如果其值为空(即 TextBox 控件中的值为空)时，就会触发 RequiredFieldValidator 控件。RequiredFieldValidator 控件的语法定义如下：

```
<asp:RequiredFieldValidator ID="RequiredFieldValidator1" runat="server" >
</asp:RequiredFieldValidator>
```

对于 RequiredFieldValidator 控件的使用一般是通过对其属性设置来完成的，该控件常用的属性如表 4-2 所示，这些属性也是所有验证控件都具有的常规属性。

表 4-2　RequiredFieldValidator 控件的常用属性

属　　性	说　　明
ControlToValidate	通过设置该属性指定要验证控件的 ID
ErrorMessage	用于设置当验证控件无效时需要显示的信息
ValidationGroup	用于绑定到验证程序所属的组
Text	用于当验证控件无效时显示的验证程序的文本
Display	用于设置验证控件的显示模式，该属性有 3 个值。 ● None：表示验证控件无效时不显示信息。 ● Static：表示验证控件在页面上占位是静态的，不能为其他空间所占。 ● Dynamic：表示验证控件在页面上占位是动态的，可以为其他空间所占，当验证失效时验证控件才占据页面位置

可被用来验证的输入控件包括 TextBox、ListBox、DropDownList、RadioButtonList 以及一些 HTML 服务器控件。

【例 4-1】RequiredFieldValidator 控件最常用的场合是对用户登录的页面进行验证，验证用户名和密码的输入是否为空。本例通过上述操作来学习 Required Fieldvalidator 控件的应用。

(1) 启动 Visual Studio 2019，创建一个 ASP.NET Web 应用程序，命名为 "例 4-1"。

(2) 在网站根目录下创建一个 Default.aspx 的窗体文件。

(3) 双击 Default.aspx 文件，进入 "视图" 编辑界面，打开 "设计视图"，从工具箱中拖动 2 个 TextBox 控件、2 个 RequiredFieldValidator 控件、1 个 Button 控件和 1 个 Label 控件到编辑区。然后切换到 "源视图"，在编辑区中<form></form>标记之间编写如下代码：

```
1.<strong>用户登录</strong><br />
2. 用户名：<asp:TextBox ID="TextBox1" runat="server"></asp:TextBox>
3. <asp:RequiredFieldValidator ID="RequiredFieldValidator1"
```

```
    runat="server" ControlToValidate="TextBox1" Display="Dynamic"
    ErrorMessage="用户名不能为空" ForeColor="Red">
    </asp:RequiredFieldValidator><br />
4.密　码：<asp:TextBox ID="TextBox2" runat="server"
    TextMode="Password"></asp:TextBox>
5.<asp:RequiredFieldValidator ID="RequiredFieldValidator2"
    runat="server" ErrorMessage="密码不能为空" ForeColor="Red"
    ControlToValidate="TextBox2" Display="Dynamic">
    </asp:RequiredFieldValidator><br />
6.<asp:Button ID="Button1" runat="server" Text="登录"
    onclick="Button1_Click" /><br />
7.<asp:Label ID="Label1" runat="server" Text=""></asp:Label>
```

代码说明：第 2 行添加一个文本框控件 TextBox1 接收用户名的输入。第 3 行添加了一个 RequiredFieldValidator 控件，分别设置需验证的关联控件 TextBox1、显示方式和错误提示的文字与颜色。第 4 行添加一个文本框控件 TextBox2 接收用户输入密码并设置文本框的模式为显示密码格式。第 5 行添加了一个 RequiredFieldValidator 控件，分别设置需验证的关联控件 TextBox2、显示方式和错误提示的文字与颜色。第 6 行添加一个按钮控件 Button1 并设置其单击事件 Click。第 7 行添加一个标签控件 Label1。

(4) 双击网站目录下的 Default.aspx.cs 文件，编写关键代码如下：

```
1.protected void Button1_Click(object sender, EventArgs e){
2.      if (TextBox1.Text == "admin" && TextBox2.Text == "123456"){
3.              Label1.Text = "欢迎您，登录成功！";
4.      }
5.      else{
6.              Label1.Text = "您输入的用户名或密码错误，请重新输入！";
7.      }
8.}
```

代码说明：第 1 行定义处理按钮控件 Button 单击事件 Click 的方法。第 2 行判断如果用户输入的用户名是 admin，同时密码输入是 123456，则在 Label1 控件上显示登录成功的提示文字(第 3 行代码)，否则在 Label1 控件上显示登录失败的提示文字(第 6 行代码)。

(5) 按 Ctrl+F5 键运行程序，将显示图 4-1 所示界面。如果用户没有输入任何内容就单击"登录"按钮，将出现 RequiredFieldValidator 控件红色验证错误提示的文字。

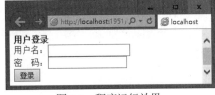

图 4-1　程序运行效果

4.2.2　CompareValidator 控件

CompareValidator 控件用于将用户输入的值和其他控件的值或者常数进行比较。例如注册页面用户设置密码时，需要比较两次输入的密码值是否相同。CompareValidator 控件不仅能进行相等的比较，还能够进行小于、不等于和大于的比较。可以使用 CompareValidator 控件来指示输入控件中的值是否能够转换为 BaseCompareValidator.Type 属性所指定的数据类型。该控件的语法定义如下。

```
<asp:CompareValidator ID=" CompareValidator1" runat="server" >
</asp:CompareValidator>
```

对于 CompareValidator 控件的使用一般也是通过对其属性设置来完成的，该控件常用的属性除了验证控件都具有的常规属性外，还有几个常用的属性，如表 4-3 所示。

表 4-3　CompareValidator 控件的常用属性

属　　性	说　　明
Operator	用于设置比较时所用到的运算符，运算符有以下几种。 ● Equal：所验证的输入控件的值与其他控件的值或常数值之间的相等比较。 ● NotEqual：所验证的输入控件的值与其他控件的值或常数值之间的不相等比较。 ● GreaterThan：所验证的输入控件的值与其他控件的值或常数值之间的大于比较。 ● GreaterThanEqual：所验证的输入控件的值与其他控件的值或常数值之间的大于或等于比较。 ● LessThan：所验证的输入控件的值与其他控件的值或常数值之间的小于比较。 ● LessThanEqual：所验证的输入控件的值与其他控件的值或常数值之间的小于或等于比较。 ● DataTypeCheck：所验证的输入控件的值与 BaseCompareValidator.Type 属性指定的数据类型之间的数据类型比较
ValueToCompare	用于设置用来作比较的数据
ControlToCompare	用于设置用来作比较的控件，有时需要让验证控件控制的控件和其他控件中的数据作比较就会用到这个属性
Type	用于设置按照哪种数据类型来进行比较，常用的数据类型包括以下几种。 ● String：字符串数据类型。 ● Integer：32 位有符号整数数据类型。 ● Double：双精度浮点数数据类型。 ● Date：日期数据类型。 ● Currency：一种可以包含货币符号的十进制数据类型

【例 4-2】创建一个网页，该网页包含 2 个 TextBox 控件，使用 CompareValidator 比较验证控件，验证在第 2 个文本框用户输入的数字必须要大于第 1 个文本框中输入的数字。

(1) 启动 Visual Studio 2019，创建一个 ASP.NET Web 应用程序，命名为"例 4-2"。

(2) 在网站根目录下创建一个 Default.aspx 的窗体文件。

(3) 双击 Default.aspx 文件，进入"视图"编辑界面，打开"设计视图"，从工具箱中拖动 2 个 TextBox 控件、1 个 Button 控件和 1 个 CompareValidator 控件到编辑区。然后切换到"源视图"，在编辑区中<form></form>标记之间编写如下代码：

```
1. <strong>比较验证</strong><br/><br/>
2. 小值：<asp:TextBox ID="TextBox1" runat="server"></asp:TextBox> <br />
```

3. 大值: <asp:TextBox ID="TextBox2" runat="server"></asp:TextBox>

4. <asp:CompareValidator ID="CompareValidator1" runat="server"

5.   ControlToCompare="TextBox1" ControlToValidate="TextBox2"

6.   ErrorMessage="输入的值不能小于小值" ForeColor="Red"

7.   Operator="GreaterThan" Type="Integer"></asp:CompareValidator>

8. <asp:Button ID="Button1" runat="server" Text="提交" />

代码说明:第 2 行和第 3 行各添加一个文本框控件 TextBox 接收用户输入的小值和大值。第 4 行添加了一个验证控件 CompareValidator1。第 5 行通过 ControlToValidate 和 ControlToCompare 属性,设置该控件的关联验证输入控件 TextBox2 和比较的输入控件 TextBox1。第 6 行通过 ErrorMessage 和 ForeColor 属性,设置验证错误的提示信息和显示文本的颜色。第 7 行通过 Operator 和 Type 属性,设置比较的类型为大于和用于比较的数据类型为 Integer。第 8 行添加一个按钮控件 Button1 并设置显示的文本。

(4) 按 Ctrl+F5 键运行程序,如果用户在第 2 个文本框中输入的数值小于第 1 个文本框中的数值,则单击"提交"按钮后,将显示如图 4-2 所示的错误提示文字。

图 4-2　程序运行效果

4.2.3　RangeValidator 控件

RangeValidator 控件用于测试输入控件中的值是否在指定范围内。在实际应用中,有时需要用户在一定范围内输入某个值,例如用户输入的年龄应该大于 1 小于 200,这时就需要使用 RangeValidator 控件。RangeValidator 控件的语法定义如下:

```
<asp: RangeValidator ID=" RangeValidator1" runat="server" >
</asp: RangeValidator>
```

对于 RangeValidator 控件的使用一般也是通过对其属性设置来完成的,该控件常用的属性除了验证控件的常规属性以外,还有如表 4-4 所示的 3 种常用属性。

表 4-4　RangeValidator 控件的常用属性

属　　性	说　　明
Type	用于设置按照哪种数据类型来进行比较,常用的数据类型包括如下几种。 ● String: 字符串数据类型。 ● Integer: 32 位有符号整数数据类型。 ● Double: 双精度浮点数数据类型。 ● DateTime: 日期数据类型。 ● Currency: 一种可以包含货币符号的十进制数据类型
MaximumValue	用于设置用来作比较的数据范围上限
MinimumValue	用于设置用来作比较的数据范围下限

【例4-3】在学生管理系统中,学生的考试成绩范围是0～100,因此需要对用户输入的数值进行验证。本例使用RangeValidator控件对学生的考试成绩进行验证控制。

(1) 启动Visual Studio 2019,创建一个ASP.NET Web应用程序,命名为"例4-3"。

(2) 在网站根目录下创建一个Default.aspx的窗体文件。

(3) 双击Default.aspx文件,进入"视图"编辑界面,打开"设计视图",从工具箱中拖动1个TextBox控件、1个RangeValidator控件、1个Button控件到编辑区。然后切换到"源视图",在编辑区中<form></form>标记之间编写如下代码:

```
1. 请输入考试成绩: <br />
2. <asp:TextBox ID="TextBox1" runat="server"></asp:TextBox><br />
3. <asp:Button ID="Button1" runat="server" Text="提交" /><br />
4. <asp:RangeValidator ID="RangeValidator1" runat="server"
   ControlToValidate="TextBox1" Display="Dynamic" MaximumValue="100"
   MinimumValue="0" Type="Integer"></asp:RangeValidator>
```

代码说明: 第2行添加一个文本框控件TextBox1接收用户输入的成绩。第3行添加一个按钮控件Button1并设置其显示的文本。第4行添加一个验证控件RangeValidator1,分别设置需验证的关联控件、控件显示方式、验证值的数据类型以及值的最大最小范围。

(4) 按Ctrl+F5键运行程序,用户输入的成绩如果超过验证的范围,单击"提交"按钮后,显示如图4-3所示的错误提示文字。

图4-3　程序运行效果

4.2.4　RegularExpressionValidator控件

RegularExpressionValidator控件用于验证相关输入控件的值是否匹配正则表达式指定的模式。这里提到的正则表达式(Regular Expression)是指用某种模式去匹配一类字符串的公式。在实际应用中,经常需要用户输入一些固定格式的信息,例如电话号码、邮政编码、网址等内容。为了保证用户输入符合规定的要求,此时就需要使用RegularExpressionValidator控件进行验证。该控件的语法定义如下:

```
<asp: RegularExpressionValidator ID="RegularExpressionValidator1" runat="server" >
</asp: RegularExpressionValidator >
```

对于RegularExpressionValidator控件的使用一般也是通过对其属性设置来完成的,该控件除了常规属性外还有一个常用的属性ValidationExpression,用于设置利用正则表达式描述的预定义格式。

由于正则表达式的定义非常复杂,所以在Visual Studio 2019中提供了一个正则表达式的编辑器,这个编辑器中提供了一些常用的正则表达式。若要使用这个编辑器,首先在窗体中选中RegularExpressionValidator控件,然后在如图4-4所示的属性窗口中单击ValidationExpression属性旁的省略号按钮。打开如图4-5所示的"正则表达式编辑器"对话框,在"标准表达式"

列表中列出了常用的正则表达式名称，选择其中某一个，该正则表达式的具体内容将显示在下面的"验证表达式"文本框中。只要单击"确定"按钮则表示 RegularExpressionValidator 控件将使用这个正则表达式进行验证。

图 4-4　"属性"窗口

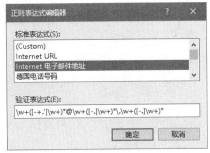

图 4-5　"正则表达式编辑器"对话框

Visual Studio 2019 的"正则表达式编辑器"中提供的正则表达式只是很少的一部分，这些正则表达式可能无法满足用户的实际要求，此时就需要开发人员自己来编写正则表达式。如果对正则表达式不是十分熟练的话，可以到网上搜索，绝大多数常用的正则表达式都可以搜索到，将其复制下来使用即可。

【例 4-4】创建一个用户酒店预订的页面，该页面提示用户输入预定的日期和电子邮件地址，使用 RegularExpressionValidator 控件对页面输入信息进行验证，如果输入错误将提示验证错误信息。

(1) 启动 Visual Studio 2019，创建一个 ASP.NET Web 应用程序，命名为"例 4-4"。

(2) 在网站根目录下创建一个 Default.aspx 的窗体文件。

(3) 双击 Default.aspx 文件，进入"视图"编辑界面，打开"设计视图"，从工具箱中拖动 2 个 RegularExpressionValidator 控件、2 个 TextBox 控件和 1 个 Button 控件到编辑区。然后切换到"源视图"，在编辑区中<form></form>标记之间编写如下代码：

```
1. 请输入预定信息：<br /><br />
2. 预定日期：<asp:TextBox ID="TextBox2" runat="server"></asp:TextBox>
3. <asp:RegularExpressionValidator ID="RegularExpressionValidator2" runat="server"
4.   ControlToValidate="TextBox2" ErrorMessage="请输入 dd/mm/yyyy 的格式" ForeColor="Red"
5. ValidationExpression="(((0[1-9]|[12][0-9]|3[01])/(0[13578]|1[02]))|
     ((0 [1-9]|[12][0-9]|30)/(0[469]|11))|(0[1-9]|[1][0-9]|2[0-8])/(02))/([0-9]
     {3}[1-9]|[0-9]{2}[1-9][0-9]{1}|[0-9]{1}[1-9][0-9]{2}|[1-9][0-9]{3}))|
     (29/02/(((0[-9]{2})(0[48]|[2468][048]|[13579][26])|((0[48]|[2468][048]|
     [3579][26])00)))"></asp:RegularExpressionValidator><br /><br />
6. 电子邮件：<asp:TextBox ID="TextBox3" runat="server"></asp:TextBox>
7. <asp:RegularExpressionValidator ID="RegularExpressionValidator1" runat="server"
8. ControlToValidate="TextBox3" ErrorMessage="请填写正确的格式" ForeColor="Red"
9. ValidationExpression="\w+([-+.']\w+)*@\w+([-.]\w+)*\.\w+([-.]\w+)*">
```

```
</asp:RegularExpressionValidator> <br /><br />
10.<asp:Button ID="Button1" runat="server" Text="提交"/>
```

代码说明：第 3 行添加了一个验证控件 RegularExpressionValidator2 来验证用户输入的日期格式。第 4 行设置其验证的关联控件 TextBox2、错误提示的文字和颜色。第 5 行设置最关键的 ValidationExpression 属性，即要求输入的日期格式正则表达式。这个正则表达式可从网上搜索得到。第 7 行添加第 2 个验证控件 RegularExpressionValidator1 来验证用户输入的电子邮件的格式。第 9 行设置最关键的 ValidationExpression 属性，即要求输入的电子邮件的正则表达式，这个正则表达式是由 Visual Studio 2019 的"正则表达式编辑器"提供。第 10 行添加一个用于提交预定信息的服务器按钮控件 Button1 并设置其显示的文本。

(4) 按 Ctrl+F5 键运行程序，用户输入不正确格式的日期和电子邮箱格式后，单击"提交"按钮后，将显示如图 4-6 所示的错误提示文字。

图 4-6　程序运行效果

4.2.5　CustomValidator 控件

有时使用现有的验证控件可能满足不了开发人员的需求，这时需要开发人员自己来编写验证函数。通过 CustomValidator 控件的服务器端事件，可以方便地将该验证函数绑定到相应的控件。该控件的语法定义如下：

```
<asp: CustomValidator ID="CustomValidator1" runat="server" >
</asp: CustomValidator >
```

对于 CustomValidator 控件的使用一般也是通过对其属性设置来完成的，该控件常用的属性除了常规的验证属性外还有其他常用属性，如表 4-5 所示。

表 4-5　CustomValidator 控件的常用属性

属　　　性	说　　　明
ValidationGroup	用于绑定到验证程序所属的组
IsValid	用于获取一个值来判断是否通过验证，True 表示通过验证，而 False 表示不通过验证

CustomValidator 控件还有一个重要的事件 ServerValidate，只有通过该事件才能把开发人员自定义的函数绑定到相应的控件上。

【例 4-5】一些网站有让用户发表帖子的功能。本例要求使用 CustomValidator 控件实现验证用户帖子中输入的内容不得少于 20 个字符。如果没有达到这个要求，由验证控件显示错误提示。

(1) 启动 Visual Studio 2019，创建一个 ASP.NET Web 应用程序，命名为"例 4-5"。

(2) 在网站根目录下创建一个 Default.aspx 的窗体文件。

(3) 双击 Default.aspx 文件，进入"视图"编辑界面，打开"设计视图"，从工具箱中拖动 1 个 TextBox 控件、1 个 CustomValidator 控件、1 个 Button 控件和 1 个 Label 控件到编辑区。然后切换到"源视图"，在编辑区中<form></form>标记之间编写如下代码：

```
1. 请输入帖子内容：<br />
2. <asp:TextBox ID="TextBox1" runat="server" Height="89px"
     TextMode="MultiLine"></asp:TextBox><br />
3. <asp:Button ID="Button1" runat="server" Text="提交" Height="21px" Width="40px" />
4. <asp:Label ID="Label1" runat="server" Text=""></asp:Label>
5. <asp:CustomValidator ID="CustomValidator1" runat="server"
6. ErrorMessage="输入内容不得少于 20 个字符" ForeColor="Red"
7. onservervalidate="CustomValidator1_ServerValidate">
8. </asp:CustomValidator>
```

　　代码说明：第 2 行添加一个文本框控件 TextBox1 接收用户输入的帖子内容，同时设置其 TextMode 属性为多行显示。第 3 行添加一个按钮控件 Button1 并设置显示的文本和控件的大小。第 4 行添加一个标签控件 Label1 显示提示信息。第 5 行添加一个验证控件 CustomValidator1。第 6 行设置该控件错误提示信息的文本内容和文本的颜色。最关键的是第 7 行，设置验证控件 CustomValidator1 的服务器端验证事件 ServerValidate。

　　(4) 双击网站目录下的 Default.aspx.cs 文件，编写关键代码如下：

```
1. protected void CustomValidator1_ServerValidate(object source,
2.     ServerValidateEventArgs args){
3.     string num = TextBox1.Text;
4.     if (num.Length > 20){
5.         args.IsValid = true;
6.         Label1.Text = "提交成功！";
7.     }
8.     else
9.         args.IsValid = false;
10. }
```

　　代码说明：第 1 行自定义验证控件 CustomValidator1 服务器端验证事件 ServerValidate 的方法。第 2 行使用事件源对象 args 的 Value 属性获得传递的文本框用户输入的值。第 3 行获取文本框控件 TextBox1 的文本。第 4 行判断如果文本的字符长度大于 20，则第 5 行将验证控件的 IsValid 属性设置为 True，表示验证通过。否则第 9 行将控件的 IsValid 属性设置为 False，表示验证不能通过。

　　(5) 按 Ctrl+F5 键运行程序，如果用户输入的帖子内容字符长度不能满足要求，则单击"提交"按钮后，显示如图 4-7 所示的错误提示文字。

图 4-7　程序运行效果

4.2.6　ValidationSummary 控件

　　ValidationSummary 控件用于显示页面中所有验证错误的摘要。当页面上有很多验证控件时，可以使用一个 ValidationSummary 控件在一个位置总结来自 Web 页上所有验证程序的错误信息。该控件的语法定义如下：

```
<asp: ValidationSummary ID="ValidationSummary" runat="server" >
</asp: ValidationSummary >
```

对于 ValidationSummary 控件的使用一般也是通过对其属性设置来完成的，该控件常用的属性如表 4-6 所示。

表 4-6　ValidationSummary 控件的常用属性

属　　性	说　　明
HeaderText	用于验证摘要页的标题部分显示的文本
ShowMessage	用于指定是显示还是隐藏 ValidationSummary 控件，如果属性值为 True 则显示 ShowSummary 控件，否则不显示
ShowMessageBox	用于指定是否显示一个消息对话框显示验证的摘要信息，如果属性值为 True 则显示消息对话框，否则不显示
ValidationGrop	用于指定验证控件所属的验证组的名称
DisplayMode	用于设置验证摘要的显示模式，该属性有 3 个值。 ● BulletList：默认显示模式，每个消息都显示为单独的项。 ● List：每个消息显示在单独的行中。 ● SingleParagraph：每个消息显示为段落中的一个句子

　　【例 4-6】使用 ValidationSummary 控件来收集例 4-1 中用户登录页面时其他验证控件的错误提示信息并进行统一显示处理。

　　(1) 启动 Visual Studio 2019，创建一个 ASP.NET Web 应用程序，命名为"例 4-6"。

　　(2) 在网站根目录下创建一个 Default.aspx 的窗体文件。

　　(3) 双击 Default.aspx 文件，进入"视图"编辑界面，打开"设计视图"，从工具箱中拖动 1 个 ValidationSummary 控件、2 个 RequiredFieldValidator 控件、2 个 TextBox 控件、1 个 Button 控件和 1 个 Label 控件到编辑区。然后切换到"源视图"，在编辑区中<form></form>标记之间编写如下代码：

```
1. <strong>用户登录</strong><br />
2. 用户名：<asp:TextBox ID="TextBox1" runat="server"></asp:TextBox>
3. <asp:RequiredFieldValidator ID="RequiredFieldValidator1" runat="server"
4. ControlToValidate="TextBox1" Display="None" ErrorMessage="用户名不能为空" >
   </asp:RequiredFieldValidator><br />
5. 密　码：<asp:TextBox ID="TextBox2" runat="server"
   TextMode="Password"></asp:TextBox>
6. <asp:RequiredFieldValidator ID="RequiredFieldValidator2" runat="server"
7. ErrorMessage="密码不能为空" ControlToValidate="TextBox2"
8. Display="None"></asp:RequiredFieldValidator><br />
9. <asp:Button ID="Button1" runat="server" Text="登录" onclick="Button1_Click" /> <br />
```

```
10. <asp:Label ID="Label1" runat="server" Text=""></asp:Label>
11. <asp:ValidationSummary ID="ValidationSummary1" runat="server" BorderColor="Red" BorderStyle="Solid"
BorderWidth="1px" ForeColor="#404040" HeaderText="所有的错误信息提示" style="margin-top: 0px"
Width="196px" />
```

代码说明：第 2 行添加一个文本框控件 TextBox1，用于接收用户名的输入。第 3 行添加了一个 RequiredFieldValidator1 验证控件。第 4 行设置了该控件需验证的关联控件为 TextBox1，设置显示方式属性为"不显示"，设置了显示错误信息文字的内容。第 5 行添加一个文本框控件 TextBox2，用于接收用户密码的输入。第 6 行添加一个验证控件 RequiredFieldValidator2。第 7 行分别设置关联的控件和显示错误信息文字内容。第 8 行设置显示方式 Display 属性为不显示。第 9 行添加一个按钮控件 Button1，用于提交登录信息并设置控件上显示的文字和按钮的单击事件。第 10 行添加一个标签控件 Label1。第 11 行添加一个 ValidationSummary1 验证摘要控件，分别设置边框的颜色、样式和宽度，设置控件显示文字的颜色，设置控件摘要的标题、样式和宽度。

(4) 双击网站目录下的 Default.aspx.cs 文件，编写关键代码如下：

```
1. protected void Button1_Click(object sender, EventArgs e){
2.          Label1.Text = "恭喜您，登录成功！";
3. }
```

图 4-8 程序运行效果

代码说明：第 1 行定义处理登录按钮的事件 Click 的方法。第 2 行在标签控件上显示登录成功的提示。

(5) 按 Ctrl+F5 键运行程序，如果用户未输入用户名和密码就单击"登录"按钮，则页面将显示如图 4-8 所示 ValidationSummary1 验证错误的摘要列表。

4.3 用户控件

在开发网站时，有时会发现具有同样功能控件的组合会经常重复地出现在页面中，比如，具有查询数据功能的控件。这时，可以采用一种方法来定义一个可重复利用的控件，并且希望这种控件能够像 ASP.NET 系统提供的标准控件那样可以很方便地拖放到网页中，从而减少重复代码的编写工作，以提高开发效率。ASP.NET 提供的用户控件，让用户可以根据自己的需要来开发自定义控件。

4.3.1 用户控件简介

一个用户控件就是一个简单的 ASP.NET 页面，它也可以被另一个 ASP.NET 页面包含进去。用户控件存放在文件扩展名为.ascx 的文件中，典型的.ascx 文件中的代码如下：

```
1. <%@ Control Language="C#" AutoEventWireup="true" CodeFile="WebUserControl.ascx.cs"
      Inherits="WebUserControl" %>
2. <asp:Label ID="Label1" runat="server" Text="Hello World"></asp:Label>
```

代码说明：第 1 行代码和.aspx 文件中的代码一样，没有太大区别，只是把 Page 指令换成了 Control 指令，第 2 行添加了一个服务器标签控件，显示文本 Hello World。

从以上.ascx 文件中的代码可以看出,用户控件代码格式和.aspx 文件中的代码格式非常相似,.ascx 文件中没有<html>标记,也没有<body>标记和<form>标记,因为用户控件要被.aspx 文件所包含,而这些标记在一个.aspx 文件都只能包含一个。

用户控件使得开发人员可以建立那些容易被ASP.NET 页面使用或者重新利用的代码部件。在 ASP.NET 应用程序中,使用用户控件的一个主要优点是用户控件支持一个完全面向对象的模式,使得编程人员有能力去捕获事件。

4.3.2　用户控件的创建和使用

如果要在程序中实现用户控件的功能,首先要做的是创建一个后缀名为.ascx 的用户控件,这一过程与创建普通的 aspx 窗体页面并没有太大不同。但是,当用户访问页面时,该用户控件是不能被用户直接访问的,所以必须在 Web 窗体中通过注册的方式调用创建成功的用户控件。

下面介绍如何创建一个用户控件并在窗体中调用它。

(1) 启动 Visual Studio 2019,创建一个 ASP.NET Web 应用程序。

(2) 右击网站项目名称,在弹出如图 4-9 所示的菜单中选择"添加"|"添加新项"命令。

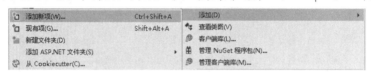

图 4-9　选择"添加新项"命令

(3) 弹出如图 4-10 所示的"添加新项"对话框。选择"已安装"模板下的 Web 模板,并在模板文件列表中选中"Web Forms 用户控件",然后在"名称"文本框中输入该文件的名称 WebUserControl1.ascx,最后单击"添加"按钮。

(4) 此时"解决方案资源管理器"中的项目下会生成一个如图 4-11 所示的 WebUserControl1.ascx 页面。它包括两个文件: 一个是 WebUserControl1.ascx.cs 文件,用于编写后台代码; 另一个是 WebUserControl1.ascx.designer.cs 文件,存放用户控件中使用控件的配置信息。

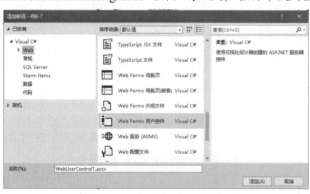

图 4-10　"添加新项"对话框

图 4-11　生成.ascx 文件

(5) 双击 WebUserControl1.ascx 文件,在文件中生成的初始代码如下:

```
<%@ Control Language="C#" AutoEventWireup="true"
    CodeFile="WebUserControl.ascx.cs" Inherits="WebUserControl" %>
```

代码说明： 以上是用户控件的界面定义代码，@Control 指令说明这是一个用户控件文件，CodeFile 属性指明了用户控件后台代码文件是 WebUserControl.ascx.cs，AutoEventWireup 属性设置控件的事件自动匹配，Inherits 属性说明该控件的名称为 WebUserControl。

(6) 下面开始设计用户控件的外观。切换到"视图"编辑界面，从"工具箱"拖动 1 个 Label 控件、1 个 TextBox 控件、1 个 Button 控件到如图 4-12 所示的"设计视图"中。如果需要添加用户控件的事件，可以在 WebUserControl.ascx.cs 文件的后台代码中进行编写。

(7) 创建完毕用户控件，就可以在页面中调用注册该用户控件。双击打开 Default.aspx 文件并切换到"视图"编辑界面，然后在"解决方案资源管理器"中将 WebUserControl1.ascx 文件直接拖动到"设计视图"中想要放置的地方，此时在设计视图中就呈现出如图 4-13 所示的用户控件。

图 4-12 用户控件外观

图 4-13 页面中的用户控件

(8) 切换到 Default.aspx 的"源视图"，会看到关键的注册和声明用户控件的代码。

```
1. <%@ Register src="WebUserControl1.ascx" tagname="WebUserControl1" tagprefix="uc1" %>
2. <uc1:WebUserControl1 ID="WebUserControl11" runat="server" />
```

代码说明： 第 1 行是注册用户控件到页面的代码。其中，@Register 指令提供了 ASP.NET 在运行期间检索控件所需要的所有信息。src 属性是用户控件的虚拟路径，如果用户控件与包含它的页面在相同的目录中，那么只需要提供文件名；如果用户控件在另一个目录中，那么需要提供相对或绝对路径。tagname 属性表示当前页面中关联到用户控件的名称，可以使用任意的名称，在页面上创建用户控件的实例时要使用这个名称。tagprefix 属性表示当前页面中关联到用户控件的命名空间(以便多个同名的用户控件可以相互区分)，可以使用任意字符串。如果使用相同的 tagname 向页面添加另一个用户控件，仍然可以使用 tagprefix 属性来区分这两个控件。

当在页面注册了用户控件后，Web 页面会生成第 2 行的代码，把用户控件添加到页面上。可以在一个页面中多次使用相同的用户控件。唯一的要求就是每个实例具有唯一的 ID。

至此，就可以在程序中使用该用户控件了。

4.4 综合练习

用户注册页面是网页应用程序最常用的页面之一，而在用户注册页面中验证用户的输入是至关重要的。本练习将使用本章所学的 ASP.NET 页面验证控件来实现一个注册页面验证的用户控件。具体要求如下：

- 用户名、密码、重复密码、年龄、电子邮件为必填项。
- 密码需要二次验证。

- 年龄范围是 1～150。
- 电子邮件地址符合格式要求。
- 输入错误提示使用摘要的方式显示。

(1) 启动 Visual Studio 2019，创建一个 ASP.NET Web 应用程序，命名为"综合练习"。

(2) 右击"解决方案资源管理器"下面的"综合练习"名称，在弹出的菜单中选择"添加新项"|"新建项"命令。

(3) 弹出"添加新项"对话框，在该对话框中选择"已安装"模板下的 Web 模板，并在模板文件列表中选中"Web Forms 用户控件"，然后在"名称"文本框输入该文件的名称 WebUserControl，最后单击"添加"按钮。

(4) 双击网站根目录下自动生成的 WebUserControl 文件，进入"视图"编辑界面，打开"设计视图"，从工具箱中拖动 5 个 TextBox 控件、5 个 RequiredFieldValidator 控件、1 个 RangeValidator 控件、1 个 CompareValidator、1 个 RegularExpressionValidator、1 个 ValidationSummary、1 个 Button 控件和 1 个 Label 控件到编辑区。然后切换到"源视图"，在编辑区中编写如下代码：

```
1.  <table>
2.  <tr><td colspan="2" align="center">用户注册</td></tr>
3.  <tr><td align="right">用户名：</td>
4.     <td align="left"><asp:TextBox ID="TextBox1" runat="server"></asp:TextBox>
5.     <asp:RequiredFieldValidator ID="RequiredFieldValidator1" runat="server" ControlToValidate="TextBox1"
           ErrorMessage="用户名必填！" Display="None"></asp:RequiredFieldValidator>
6.     </td>
7.  </tr>
8.  <tr> <td align="right">密码：</td>
9.      <td align="left"><asp:TextBox ID="TextBox2" runat="server" TextMode="Password"></asp:TextBox>
10.     <asp:RequiredFieldValidator ID="RequiredFieldValidator2" runat="server"
           ControlToValidate="TextBox2" ErrorMessage="密码必填！"
           Display="None"></asp:RequiredFieldValidator>
11.     </td>
12. </tr>
13. <tr><td align="right">重复密码：</td>
14.     <td align="left"><asp:TextBox ID="TextBox3" runat="server" TextMode="Password"></asp:TextBox>
15.     <asp:RequiredFieldValidator ID="RequiredFieldValidator3" runat="server"
           ControlToValidate="TextBox3" ErrorMessage="重复密码必填！"
           Display="None"></asp:RequiredFieldValidator>
16.     <asp:CompareValidator ID="CompareValidator1" runat="server" ErrorMessage="密码不一致"
           ControlToCompare="TextBox2" ControlToValidate="TextBox3"
           Display="None"></asp:CompareValidator>
17.     </td>
18. </tr>
19. <tr> <td align="right">年龄：</td>
20.     <td align="left"><asp:TextBox ID="TextBox4" runat="server"></asp:TextBox>
```

```
21.     <asp:RequiredFieldValidator ID="RequiredFieldValidator4" runat="server"
            ControlToValidate="TextBox4" Display="None" ErrorMessage="年龄必填！">
            </asp:RequiredFieldValidator>
22.     <asp:RangeValidator ID="RangeValidator1" runat="server" ControlToValidate="TextBox4"
            ErrorMessage="必须在 1~150 之间" MaximumValue="150" MinimumValue="1" Type="Integer"
            Display="None"></asp:RangeValidator>
23.     </td>
24. </tr>
25. <tr> <td align="right">电子邮件：</td>
26.     <td align="left"> <asp:TextBox ID="TextBox5" runat="server"></asp:TextBox>
27.     <asp:RequiredFieldValidator ID="RequiredFieldValidator5" runat="server"
            ControlToValidate="TextBox5" Display="None" ErrorMessage="电子邮件必填">
            </asp:RequiredFieldValidator>
28.     <asp:RegularExpressionValidator ID="RegularExpressionValidator1" runat="server"
            ControlToValidate="TextBox5" ErrorMessage="格式不正确"
            ValidationExpression="\w+([-+.']\w+)*@\w+([-.]\w+)*\.\w+([-.]\w+)*"
            Display="None"></asp:RegularExpressionValidator>
29.     </td>
30. </tr>
31. <tr>
32.     <td colspan="2" align="center"><asp:Button ID="Button1" runat="server" Text="提
            交" onclick="Button1_Click" />
33.     <asp:Label ID="Label1" runat="server" Text=""></asp:Label>
34.     <br />
35.     <asp:ValidationSummary ID="ValidationSummary1" runat="server" BorderColor="Black"
            BorderStyle="Double" DisplayMode="List" ForeColor="Red" HeaderText="所有错误信息
            列表" />
36.     </td>
37. </tr>
38. </table>
```

　　代码说明：以上代码使用一个 7 行 2 列的表格来布局用户注册页面。第 4 行在表格的第 2 行第 2 列中添加一个文本框控件 TextBox1 用于用户输入用户名。第 5 行添加一个验证控件 RequiredFieldValidator1 来验证 TextBox1 控件是否为空，同时设置该控件的关联控件、错误信息和显示方式 3 个属性。第 9 行在表格的第 3 行第 2 列中添加一个文本框控件 TextBox2 用于输入用户密码并设置文本模式为密码。第 10 行添加一个验证控件 RequiredFieldValidator2 来验证 TextBox2 控件是否为空，同时设置该控件的关联控件、错误信息和显示方式 3 个属性。第 14 行在表格的第 4 行第 2 列中添加一个文本框控件 TextBox3 用于用户二次输入的密码并设置文本模式为密码。第 15 行添加一个验证控件 RequiredFieldValidator3 来验证 TextBox3 控件是否为空，同时设置该控件的关联控件、错误信息和显示方式 3 个属性。第 16 行添加一个验证控件 CompareValidator1 比较 TextBox2 和 TextBox3 控件中输入的密码是否一致，同时设置关联控件、比较控件、错误信息和显示方式 4 个属性。

第 20 行在表格的第 5 行第 2 列中添加一个文本框控件 TextBox4 用于用户输入年龄。第 21 行添加一个验证控件 RequiredFieldValidator4 来验证 TextBox4 控件是否为空，同时设置该控件的关联控件、错误信息和显示方式 3 个属性。第 22 行添加一个验证控件 RangeValidator1 用于验证年龄的范围，同时设置该控件需验证的关联控件、控件显示方式、验证值的数据类型以及值的最大最小范围。第 26 行在表格的第 6 行第 2 列中添加一个文本框控件 TextBox5 用于用户输入电子邮件。第 27 行添加一个验证控件 RequiredFieldValidator5 来验证 TextBox5 控件是否为空，同时设置该控件的关联控件、错误信息和显示方式 3 个属性。第 28 行添加一个 RegularExpressionValidator1 验证控件用来验证电子邮件的格式，同时设置该控件需验证的关联控件、错误提示的文字、输入的电子邮件格式的正则表达式和显示的方式 4 个属性。

第 32 行在表格的第 7 行第 1 列添加一个按钮控件 Button1 用于用户提交注册信息，同时设置了控件的显示文本和要处理的单击事件 Click。第 33 行添加标签控件 Label1 用于显示注册是否成功地提示文字。第 35 行添加一个 ValidationSummary1 验证摘要控件，分别设置边框的颜色、样式、显示的模式、文字的颜色和控件摘要标题样式共 5 个属性。

(5) 双击网站目录中的 WebUserControl.cs 文件，编写关键代码如下：

```
1. protected void Button1_Click(object sender, EventArgs e){
2.     if (Page.IsValid){
3.         Label1.Text = "恭喜你！注册成功";
4.     }
5.     else
6.         Label1.Text = "抱歉，注册失败！";
7. }
```

代码说明：第 1 行定义处理提交注册按钮 Button1 单击事件 Click 的方法。第 2 行判断如果页面验证通过，则标签控件 Label1 显示注册成功的文字提示(第 3 行代码)，否则在 Label1 显示注册失败的文字提示(第 6 行代码)。

图 4-14　程序运行效果

(6) 将创建完毕的用户控件直接拖动到 Default.aspx 文件的“设计视图”中。

(7) 按 Ctrl+F5 键运行程序，如果用户注册输入的内容没有通过验证，页面将出现如图 4-14 所示的验证摘要信息。

4.5　习题

一、填空题

1. 验证某个值是否在要求的范围内，需要使用_____控件。

2. 数据验证包括两种方式，分别是_____和_____。

3. RangeValidator 控件表示的最大值属性是_____，表示的最小值属性是_____。

4. 验证相关输入控件的值是否匹配正则表达式指定的模式，需要使用_____控件。

5. 用户控件存放在文件扩展名为_____的文件中。这种类型的文件中没有<html>标记，也没有<body>标记和<form>标记。

二、选择题

1. 下面(   )选项不能对页面中的输入进行验证。

    A. ValidationSummary   B. RequireFieldValidator

    C. CompareValidator   D. CustomValidator

2. 下面(   )控件不属于 ASP.NET 的验证控件。

    A. ValidationSummary   B. RequireFieldValidator

    C. CompareValidator   D. DropDownList

3. 当验证控件检查不合法时，出现错误提示信息用(   )属性表示。

    A. ID   B. ErrorMessage

    C. Display   D. ControlToValidate

4. 用户控件中没有@ Page 指令，而是包含(   )指令，该指令对配置及其他属性进行定义。

    A. @Page   B. @Control   C. @Html   D. body

5. 在 CompareValidator 控件中，可以比较的数据类型包括以下(   )选项。

    A. Date   B. Integer   C. Double   D. String

三、上机题

1. 创建并调试本章的所有实例。

2. 在网站注册中有一个最常用的验证，就是对用户输入密码的二次验证，需要用到 CompareValidator 验证控件，本题要求实现这一常用功能。程序运行效果如图 4-15 所示。

3. 提供一个文本框供用户输入，然后使用自定义控件来控制文本框的数量是否为一个 100 到 200 之间的偶数，输入不同的值，会出现不同的提示。程序运行效果如图 4-16 所示。

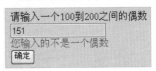

图 4-15 题 2 运行效果   图 4-16 题 3 运行效果

4. 创建一个网页，用户在文本框中输入身份证号码后，检查用户输入的身份证号码是否符合规范。程序运行效果如图 4-17 所示。

5. 使用 CustomValidator 控件来验证会员注册时输入的日期和时间格式是否正确。程序运行效果如图 4-18 所示。

图 4-17 题 4 运行效果   图 4-18 题 5 运行效果

6. 开发一个在酒店管理系统中使用的用户控件，其功能是完成对酒店房间信息的添加。当用户添加房间信息过程中发生了错误，在页面给出提示错误信息；如果添加成功，同样在页面显示修改成功的提示信息。程序运行效果如图 4-19 所示。

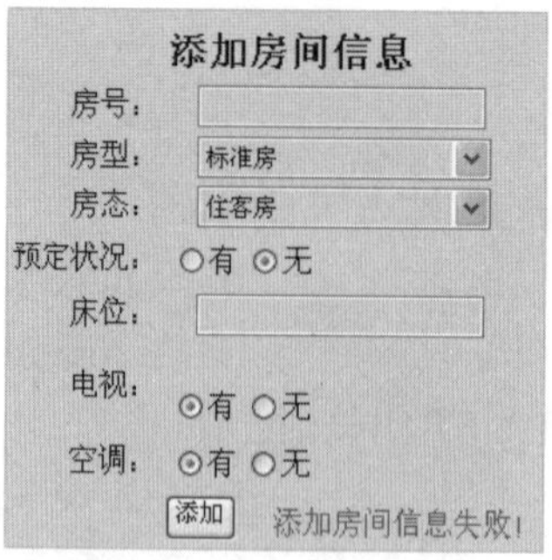

图 4-19　题 6 运行效果

第5章
ASP.NET常用对象

ASP.NET 中包含了大量的对象类库，在 Web 开发中许多工作的完成都要用到由这些类定义的对象，它提供了大量的功能供开发人员直接使用。同时，在应用程序中还经常会用到这些对象来维护程序的相关信息。本章所介绍的 Page 类、Request 对象、Response 对象和 Server 对象主要用来连接服务器和客户端浏览器之间的联系，而 Cookie 对象、Session 对象和 Application 对象则主要用于网站状态管理。掌握这些对象的使用，有利于快捷地构建 Web 应用程序。

☑ **本章重点**

● 理解 Page 页面的生命周期过程
● 利用 Request 对象存储和获取数据
● 学会 Response 对象的页面输出和页面跳转
● 学会 Session 对象的跨页面数据传递

5.1 Page 类

在 ASP.NET Framework 中，Page 类为 ASP.NET 应用程序文件所构建的对象提供基本行为。该类在命名空间 System.Web.UI 中定义，从 TemplateControl 中派生而来实现了 IHttpHandler 接口。

5.1.1 页面的生命周期

在我们的项目中，所有的 Web 页面都继承自 System.Web.UI.Page 类。要了解 Page 类，必须先了解页面生命周期，页面生命周期主要有以下 5 个阶段。

(1) 页面初始化：在这个阶段，页面及其控件被初始化。页面将确定这是一个新的请求还是一个回传请求。页面事件处理器 Page_PreInit 和 PageInit 被调用。另外，服务器控件的 PreInit 和 Init 被调用。

(2) 载入：如果请求是一个回传请求，控件属性使用从视图状态和控件状态的特殊页面状态容器中恢复的信息来载入。页面的 Page_Load 方法以及服务器控件的 Page_Load 方法事件被调用。

(3) 回送事件处理：如果请求是一个回传请求，任何控件的回发事件处理器被调用。

(4) 呈现：在页面呈现状态中，视图状态保存到页面，然后每个控件及页面都是把它呈现给输出流。页面和控件的 PreRender() 和 Render() 方法先后被调用。最后，呈现的结果通过 HTTP 响应发送回客户机。

(5) 卸载：控件或页面的 Unload() 方法被调用，页面使用过的资源进行清除处理。

5.1.2 Page 类的属性、方法和事件

Page 类与扩展名为.aspx 的文件相关联，这些文件在运行时被编译为 Page 对象，并被缓存在服务器内存中。Page 类的常用属性和方法如表 5-1 所示。

表 5-1 Page 类的常用属性和方法

属性和方法	说　明
Application 属性	为当前 Web 请求获取 HttpApplicationState 对象
IsPostBack 属性	指示该页是否正为响应客户端回发而加载，或者它是否正被首次加载和访问
IsValid 属性	指示页面验证是否成功
Request 属性	获取请求页的 HttpRequest 对象
Response 属性	获取与该 Page 对象关联的 HttpResponse 对象
Server 属性	获取 Server 对象，它是 HttpServerUtility 类的实例
Session 属性	获取 ASP.NET 提供的当前 Session 对象
Validators 属性	获取请求页上包含的全部验证控件的集合
ViewState 属性	获取状态信息的字典，这些信息用户可以在同一页的多个请求间保存和还原服务器控件的视图状态
DataBind()方法	将数据源连接到网页上的服务器控件
Dispose()方法	使服务器控件在从内存中释放之前执行最后的清理操作

Page 类中有很多属性是对象的引用，比如表 5-1 中 Request、Response、Application 和 Session 等属性，在页面中可以直接对这些对象进行访问，而无须通过 Page 对象。比如下面两行代码的作用是一样的。

```
1. Page.Response.Redirect("Default.aspx");
2. Response.Redirect("Default.aspx");
```

代码说明：第 1 行代码通过 Page 对象的 Response 属性得到 Response 对象的引用，第 2 行代码直接通过 Response 对象名对 Response 对象进行引用。

Page 类除了上述属性和方法外，还有 8 个常见的事件，如表 5-2 所示。

表 5-2 Page 类的主要事件

事 件 名 称	说　明
PreInit	在网页初始化开始前发生，是网页执行时第一个被触发的事件
PreLoad	在信息被写入到客户端前会触发此事件
Load	当网页被加载时会触发此事件
Init	在网页初始化开始时发生

（续表）

事 件 名 称	说　　明
PreRender	在信息被写入到客户端前会触发此事件
Unload	网页完成处理并且信息被写入到客户端后触发此事件
InitComplete	在页面初始化完成时发生
LoadComplete	在页面生命周期的加载阶段结束时发生

表 5-2 中 Page 对象的事件贯穿于网页执行的整个过程。在每个阶段，ASP.NET 都触发了可以在代码中处理的事件，对于大多数情况，只需要关心 Page_Load 事件。该事件的两个参数是由 ASP.NET 定义的，第 1 个参数定义了产生事件的对象，第 2 个是传递给事件的详细信息。每次触发服务器控件时，页面都会去执行一次 Page_Load 事件，说明页面被加载了一次，这个技术称为回传(或者称为回送)技术，是 ASP.NET 最为重要的特性之一。在 ASP.NET 中，当客户端触发了一个事件，它不是在客户端浏览器上对事件进行处理，而是把该事件的信息传送回服务器进行处理。服务器在接收到这些信息后，会重新加载 Page 对象，然后处理该事件，所以 Page_Load 事件被再次触发。

由于 Page_Load 在每次页面加载时运行，因此其中的代码即使在回传的情况下也会被运行，这时 Page 的 IsPostBack 属性就可以用来识别 Page 对象是否处于一个回送的状态下，可以弄清楚是请求页面的第一个实例，还是请求回送的原来页面。可以在 Page 类的 Page_Load 事件中使用 IsPostBack 属性，以便数据访问代码只在首次加载页面时运行。

5.1.3　Page 类的应用

上节介绍了 Page 类的主要属性、方法和事件。为了加深理解，本节通过一个实例来介绍如何使用 Page 类中的 Load 事件。

【例 5-1】用户在文本框中输入喜欢的歌手，添加到列表控件中显示。观察添加的结果有什么问题，以及如何解决该问题。

(1) 启动 Visual Studio 2019，创建一个 ASP.NET Web 应用程序，命名为"例 5-1"。

(2) 在网站根目录下创建一个 Default.aspx 窗体文件。

(3) 双击 Default.aspx 文件，进入"视图"编辑界面，打开"设计视图"，从工具箱中拖动 1 个 ListBox 控件、1 个 TextBox 控件和 1 个 Button 控件到编辑区。然后切换到"源视图"，在 <form></form> 标记之间编写如下代码：

```
1. 请选择您喜欢的歌手<br />
2. <asp:ListBox ID="ListBox1" runat="server" Height="88px" Width="152px"></asp:ListBox>
3. <br />
4. <p>向列表中添加歌手</p>
5. <asp:TextBox ID="TextBox1" runat="server"></asp:TextBox>
6. <asp:Button ID="Button2" runat="server" Text="添加" onclick="Button2_Click" />
```

代码说明：第 2 行添加一个列表控件 ListBox1，用于显示歌手的列表。第 5 行添加一个文本框控件 TextBox1。第 6 行添加一个按钮控件 Button2，并设置显示的文本和单击事件 Click。

(4) 双击网站目录下的 Default.aspx.cs 文件，编写关键代码如下：

```
1.  protected void Page_Load(object sender, EventArgs e){
2.      ListBox1.Items.Add("帕瓦罗蒂");
3.      ListBox1.Items.Add("多明戈");
4.      ListBox1.Items.Add("卡雷拉斯");
5.  }
6.  protected void Button2_Click(object sender, EventArgs e){
7.      ListBox1.Items.Add(TextBox1.Text);
8.  }
```

代码说明：第 1 行定义处理页面加载事件 Load 的方法。第 2～4 行依次向列表控件 ListBox1 添加 3 个歌手的列表项。第 6 行定义处理添加按钮单击事件 Click 的方法。第 7 行将用户在文本框中输入的内容添加到列表控件中。

(5) 运行程序后，在文本框中输入歌手"波切利"，单击"添加"按钮。可以发现如图 5-1(a) 所示的列表控件中并没有像我们想要的那样只添加了"波切利"，而是重复添加了前面 3 个歌手列表项。这是由于在页面加载时没有判断当前页面是否是回传页面，导致每次都要执行在 Page_Load()方法中的添加前面 3 个歌手的代码。解决方法是在 Page_Load()方法中添加判断是否回传页面的代码：

```
1.  protected void Page_Load(object sender, EventArgs e){
2.      if(!IsPostBack){
3.          ListBox1.Items.Add("帕瓦罗蒂");
4.          ListBox1.Items.Add("多明戈");
5.          ListBox1.Items.Add("卡雷拉斯");
6.      }
7.  }
```

代码说明：第 2 行判断当前加载页面是否是回传页面，如果不是回传页面，则执行添加歌手的代码；如果是回传页面则不执行添加。

(6) 再次运行程序，输入歌手名，单击"添加"按钮，就会看到"波切利"被添加到列表的最后，并且上面的列表项也没有重复进行添加，如图 5-1(b)所示。

(a)　　　　　　　　　　　　　　(b)

图 5-1　程序运行效果

5.2　Request 对象

Request 对象是 System.Web.HttpRequest 类的实例。当用户在客户端使用 Web 浏览器向 Web 应用程序发出请求时，就会将客户端的信息发送到 Web 服务器，Web 服务器会接收到一个 HTTP 请求，它包含了所有查询字符串参数或表单参数、Cookie 数据以及浏览器信息。在 ASP.NET 中运行时，这些客户端的请求信息被封装成 Request 对象。

5.2.1　Request 对象的属性和方法

若要掌握 Request 对象的使用，必须了解它的常用属性和方法。Request 对象的常用属性和方法如表 5-3 所示。

表 5-3　Request 对象的常用属性和方法

属性和方法	说　　明
AcceptTypes 属性	获取客户端支持的字符串数组
ApplicationPath 属性	获取服务器上 ASP.NET 应用程序的虚拟应用程序根路径
Browser 属性	获取有关正在请求的客户端浏览器功能的信息
Cookies 属性	获取客户端发送的 Cookie 集合
FilePath 属性	获取当前请求的虚拟路径
Files 属性	获取客户端上载的文件集合
Form 属性	获取窗体变量集合
Item 属性	获取 Cookies、Form、QueryString、ServerVariables 集合中指定的对象。在 C# 中，该属性为 HttpRequest 类的索引器
Path 属性	返回指定文件、文件夹或驱动器的路径
QueryString 属性	获取 HTTP 查询字符串变量集合
MapPath()方法	将指定的虚拟路径映射到物理路径
SaveAs()方法	将 HTTP 请求保存到磁盘
Url 属性	获取有关当前请求的 URL 信息

5.2.2　Request 对象的应用

上节介绍了 Request 对象的常用属性和方法。为了加深理解，本节通过一个实例来介绍如何使用 Request 对象。

【例 5-2】创建一个简单的用户登录界面，要求用户输入用户名和密码信息，然后跳转到另一个页面，并在该页面中显示刚才所输入的用户名和密码。

(1) 启动 Visual Studio 2019，创建一个 ASP.NET Web 应用程序，命名为 "例 5-2"。

(2) 在网站根目录下创建一个名为 Default.aspx 的窗体文件。

(3) 双击 Default.aspx 文件，进入 "视图" 编辑界面，打开 "设计视图"，从工具箱中拖动 2

个 TextBox 控件和 1 个 Button 控件到编辑区。切换到"源视图"编辑区，在<form></form>标记之间编写如下代码：

```
1. 用户名：<asp:TextBox ID="TextBox1" runat="server"></asp:TextBox><br />
2. 密码：<asp:TextBox ID="TextBox2" runat="server"></asp:TextBox> <br />
3. <asp:Button ID="Button1" runat="server" Text="登录" onclick="Button1_Click" />
```

代码说明： 第 1 行和第 2 行分别添加两个文本框控件 TextBox1 和 TextBox2。第 3 行添加一个按钮控件 Button1，并设置其显示的文本和单击事件 Click。

(4) 双击网站目录下的 Default.aspx.cs 文件，编写关键代码如下：

```
1. protected void Button1_Click(object sender, EventArgs e){
2.     Response.Redirect("New.aspx?username="+TextBox1.Text +"&password="+TextBox2.Text);
3. }
```

代码说明： 第 1 行定义登录按钮 Button1 的单击事件 Click。第 2 行将用户输入的用户名和密码通过 URL 地址的形式传递到显示的页面 New.aspx。

(5) 在网站根目录下创建一个名为 New.aspx 的窗体文件。

(6) 双击网站目录下的 New.aspx.cs 文件，编写关键代码如下：

```
1. protected void Page_Load(object sender, EventArgs e){
2.     Response.Write("用户名："+Request.QueryString ["username"]+"<br>");
3.     Response.Write("密码： " + Request.QueryString["password"] + "<br>");
4. }
```

代码说明： 第 1 行定义 New 页面对象的加载事件 Load。第 2 行和第 3 行分别使用 Request 对象的 QueryString 属性来获得 URL 地址中传递的用户名和密码。

(7) 按 Ctrl+F5 键运行程序。如图 5-2 所示，在文本框中输入"用户名"和"密码"内容，单击"登录"按钮，页面跳转到 New 页面中显示用户名和密码的内容。

图 5-2　程序运行效果

5.3　Response 对象

Response 对象是 System.Web.HttpResponse 类的实例，Response 对象封装了 Web 服务器对客户端请求的响应，它用来操作 HTTP 响应的信息，将结果返回给请求者。虽然 ASP.NET 中控件的输出不需要去写 HTML 代码，但是在很多时候应能自己手动控制输出流，比如文件的下载、重定向、脚本输出等。

5.3.1　Response 对象的属性和方法

Response 对象的常用属性和方法如表 5-4 所示。

表 5-4　Response 对象的常用属性和方法

属性和方法	说　　明
Buffer 属性	获取或设置一个值，该值指示是否缓冲输出，并在完成处理整个响应之后将其发送
BufferOutput 属性	获取或设置一个值，该值指示是否缓冲输出，并在完成处理整个页之后将其发送
Charset 属性	将字符集名称附加到 Response 对象中 content-type 标题的后面
ContentEncoding 属性	获取或设置输出流的 HTTP 字符集
ContentType 属性	获取或设置输出流的 HTTP MIME 类型
Cookies 属性	获取响应的 Cookie 集合
Expires 属性	获取或设置在浏览器上缓存的页过期之前的分钟数。如果用户在页过期之前返回同一页，则显示缓存的版本
Output 属性	启用到输出 HTTP 响应流的文本输出
OutputStream 属性	启用到输出 HTTP 内容主体的二进制输出
Status 属性	设置返回到客户端的 Status 栏
Redirect()方法	用于将客户端重定向到新的 URL
Write()方法	用于将信息写入 HTTP 响应输出流，输出到客户端显示
BinaryWrite()方法	用于将一个二进制字符串写入 HTTP 输出流
Clear()方法	用于清除缓冲区流中的所有内容输出
ClearContent()方法	用于清除缓冲区流中的所有内容
ClearHeaders()方法	用于清除缓冲区流中的所有头信息
Close()方法	用于关闭到客户端的套接字连接
End()方法	用于将当前所有缓冲的输出发送到客户端，停止该页的执行，并引发 Application_EndRequest 事件
Flush()方法	用于向客户端发送当前所有缓冲的输出。Flush()方法和 End()方法都可以将缓冲的内容发送到客户端显示，但是 Flush()与 End()的不同之处在于，Flush()不停止页面的执行

5.3.2　Response 对象的应用

上节介绍了 Response 对象的常用属性和方法。本节将结合例子讲解 Response 对象在实际中的应用，以便使读者能够快速入门。

【例 5-3】Response 对象最常用的方法是 Write()，它用来将指定的字符串或者表达式的计算结果写入当前的 HTTP 输出流。本例就是利用该方法将计算的结果循环输出到网页上，计算 8 的 1～10 次方的值。

(1) 启动 Visual Studio 2019，创建一个 ASP.NET Web 应用程序，命名为"例 5-3"。

(2) 在网站根目录下创建一个名为 Default.aspx 的窗体文件。

(3) 双击 Default.aspx.cs 文件，编写代码如下：

```
1.  protected void Page_Load(object sender, EventArgs e){
2.      int basenum = 8;
3.      int result = 1;
4.      Response.Write("<h3>利用 Response.Write 方法输出数据</h3>");
5.      Response.Write("<hr>");
6.      for (int i = 1; i <= 10; i++){
7.          result *= basenum;
8.          Response.Write(basenum.ToString() + "的" + i.ToString() + "
            次方=" + result.ToString() + "<br>");
9.      }
10. }
```

代码说明： 第 1 行定义处理页面加载事件 Load 的方法。第 2 行定义整型变量 basenum 并赋值为 8。第 3 行定义整型变量 result 并赋值起始值为 1。第 4 行通过 Response 对象的 Write() 方法输出页面标题。第 5 行利用 Response 对象的 Write()方法输出分割线。第 6~9 行通过 for 循环语句依次输出 8 的 1~10 次方的值，使用了 Response 对象的 Write()方法。

(4) 按 Ctrl+F5 键运行程序，页面显示了计算的结果，如图 5-3 所示。

图 5-3　程序运行效果

5.4　Server 对象

Server 对象是 System.Web.HttpServerUtility 类的实例，它包含了一些与服务器相关的信息。开发人员使用它可以获得最新的相关错误信息、对 HTML 文本进行编码和解码、访问和读写服务器端文件等。

5.4.1　Server 对象的属性和方法

Server 对象的常用属性和方法如表 5-5 所示。

表 5-5　Server 对象的常用属性和方法

属性和方法	说　明
ScriptTimeout 属性	获取和设置请求超时(以秒计)
MachineName 属性	获取服务器的计算机名称
GetLastError()方法	用于获得前一个异常，当发生错误时可以通过该方法访问错误信息
Transfer()方法	用于终止当前页的执行，并为当前请求开始执行新页
MapPath()方法	用于返回与 Web 服务器上的指定虚拟路径相对应的物理文件路径
HtmlEncode()方法	用于对要在浏览器中显示的字符串进行编码

（续表）

属性和方法	说　　明
HtmlDecode()方法	用于对已进行 HTML 编码的字符串进行解码，是 HtmlEncode()方法的反操作
UrlEncode()方法	用于编码字符串，以便通过 URL 从 Web 服务器到客户端进行可靠的 HTTP 传输
UrlDecode()方法	用于对字符串进行解码，该字符串为了进行 HTTP 传输而进行编码并在 URL 中发送到服务器

5.4.2　Server 对象的应用

上节介绍了 Server 对象的常用属性和方法。本节通过实例来介绍 Server 对象的属性和方法在实际中的应用。

【例 5-4】通过 Server 对象的 GetLastError()方法获得最近遇到错误产生的异常对象。该方法在应用事件处理中应用很广泛，其中使用到了多个 Sever 对象的方法。

(1) 启动 Visual Studio 2019，创建一个 ASP.NET Web 应用程序，命名为 "例 5-4"。

(2) 在网站根目录下创建一个名为 Default.aspx 的窗体文件。

(3) 双击 Default.aspx.cs 文件，编写关键代码如下：

```
1.  protected void Page_Error(object sender, EventArgs e){
2.      StringBuilder sb = new StringBuilder();
3.      sb.Append("导致错误的 URL: <br/>");
4.      sb.Append(Server.HtmlEncode(Request.Url.ToString()));
5.      sb.Append("<br/><br/>");
6.      sb.Append("错误信息:<br/>");
7.      sb.Append(Server.GetLastError().ToString());
8.      Response.Write(sb.ToString());
9.      Server.ClearError();
10. }
11. protected void Page_Load(object sender, EventArgs e) {
12.     int i = int.Parse("28ec");
13. }
```

代码说明：第 1 行处理 Page 页面对象的错误事件 Error。第 2 行实例化了一个 StringBuilder 类对象 sb，用于字符串的动态拼接。第 4 行使用 Server 对象的 HtmlEncode()方法对字符串进行 HTML 编码，获得当前请求的地址并拼接到字符串对象 sb。第 7 行使用 Server 对象的 GetLastError()方法，获得最近的一个异常具体信息并拼接到字符串对象 sb。第 9 行使用 Server 对象的 ClearError()方法清除异常。第 11 行处理 Page 页面对象的加载事件 Load。为了演示运行结果，在第 12 行人为地为程序设置了一个异常代码，把一个字符串转换成 int 类型，将会抛出一个 FormatException 的异常。

(4) 按 Ctrl+F5 键运行程序，在浏览器中显示最近的一个异常具体信息，如图 5-4 所示。

图 5-4 程序运行效果

5.5 Cookie 对象

Cookie 对象是 System.Web 命名空间中 HttpCookie 类的对象。Cookie 对象为 Web 应用程序保存用户相关信息提供了一种有效的方法。当用户访问某个站点时,该站点可以利用 Cookie 保存用户首选项或其他信息,这样当用户下次再访问该站点时,应用程序就可以检索以前保存的信息。

5.5.1 Cookie 概述

Cookie 是一种能够让网站服务器把少量数据储存到客户端的硬盘或内存中,或是从客户端的硬盘读取数据的一种技术。Cookie 是当用户浏览某网站时,由 Web 服务器放置在用户硬盘上的一个非常小的文本文件,它可以记录用户的 ID、密码、浏览过的网页、停留的时间等信息。当用户再次来到该网站时,网站通过读取 Cookie 得知用户的相关信息,就可以做出相应的反应,如在页面显示欢迎用户的标语,或者让用户不用输入 ID、密码就直接登录等。

保存的信息片段以"键/值"对的形式储存,一个"键/值"对应一条命名的数据。一个网站只能取得它放在用户的电脑中的信息,它无法从其他的 Cookie 文件中取得信息,也无法得到用户的电脑中的其他任何信息。Cookie 中的内容大多数经过了加密处理,因此在一般用户看来只是一些毫无意义的字母和数字组合,只有服务器的处理程序才知道它们真正的含义。

使用 Cookie 会有一个缺点:一些用户可能在他们的浏览器中禁止 Cookie,这就会导致那些需要 Cookie 的 Web 应用程序出现问题。

在 ASP.NET 4.0 中,Cookie 是一个内置对象,但该对象并不是 Page 类的子类。这一点和下面将要讲述到的 Session 是不同的。

5.5.2 Cookie 对象的属性和方法

使用 Cookie 对象之前,需要了解它的常用属性和方法。Cookie 对象的常用属性和方法如表 5-6 所示。

表 5-6　Cookie 对象的常用属性和方法

属性和方法	说　明
Add()方法	添加一个 Cookie 变量
Clear()方法	清除 Cookies 集合中的变量
Remove()方法	通过 Cookie 变量名称来删除 Cookie 变量
Get()方法	通过索引或变量名得到 Cookie 变量值
GetKey()方法	以索引值获取 Cookie 变量名称
Item 属性	HttpCookie.Values 的快捷方式。此属性是为了与以前的 ASP 版本兼容而提供的。在 C# 中，该属性为 HttpCookie 类的索引器
Name 属性	获取或设置 Cookie 的名称
Path 属性	获取或设置输出流的 HTTP 字符集
Expires 属性	获取或设置此 Cookie 的过期日期和时间
Value 属性	获取或设置单个 Cookie 值
Values 属性	获取在单个 Cookie 对象中包含的键值对的集合

5.5.3　Cookie 对象的应用

Cookie 使用起来非常容易，在使用 Cookie 之前，需要在自己的程序里引用 System.Web 命名空间，代码如下：

```
using System.Web;
```

Request 和 Response 对象都提供了一个 Cookies 集合。可以利用 Response 对象设置 Cookie 的信息，而使用 Request 对象获取 Cookie 的信息。

为了设置一个 Cookie，只需要创建一个 System.Web.HttpCookie 类的实例，把信息赋予该实例，然后把它添加到当前页面的 Response 对象里面，创建 HttpCookie 实例的代码如下：

```
1.  HttpCookie cookie = new HttpCookie("Login");
2.  cookie.Values.Add("Name","John");
3.  Response.Cookies.Add(cookie);
```

代码说明： 第 1 行创建一个 cookie 实例。第 2 行添加要存储的信息，采用键/值结合的方式。第 3 行把 cookie 加入当前页面的 Response 对象里面。

采用以上方式添加一个 Cookie，该 Cookie 会保持到用户关闭浏览器。为了创建一个生命周期比较长的 Cookie，可以为 Cookie 设置一个生命期限，代码如下：

```
cookie.Expires = DateTime.Now.AddYears(2);
```

代码说明： 以上代码为 cookie 设置 2 年的生命期限。

开发人员可以利用 Cookie 的名字从 Request.Cookies 集合获取信息，代码如下：

```
1.  HttpCookie cookie1 = Request.Cookies["Login"];
2.  string name;
3.  if (cookie1 != null){
```

```
4.    name = cookie1.Values["Name"];
5. }
```

代码说明：第1行声明一个变量用来存储从 Cookie 中取出的信息。第3行判断 cookie1 是否为空(因为用户有可能禁止 Cookie，也可能用户把 Cookie 给删除掉)。第4行将 cookie1 中的值赋给 string 类型的变量。

有时可能需要修改某个 Cookie，更改其值或延长其有效期。修改某个 Cookie 实际上是指用新的值创建新的 Cookie，并把该 Cookie 发送到浏览器，覆盖客户机上旧的 Cookie。

删除 Cookie 是修改 Cookie 的另一种形式。由于 Cookie 位于用户的计算机中，所以无法直接将其删除，但可以将其有效期设置为过去的某个日期。当浏览器检查 Cookie 的有效期时，就会删除这个已过期的 Cookie。

【例 5-5】使用 Cookie 保存用户登录网站的信息。在首次登录后，将登录信息写入到用户计算机的 Cookie 中；当再次登录时，将用户计算机中的 Cookie 信息读出并直接登录到网站而不需要再次进入登录页面输入用户信息。

(1) 启动 Visual Studio 2019，创建一个 ASP.NET Web 应用程序，命名为"例 5-5"。

(2) 在网站根目录下创建一个 Default.aspx 窗体文件。

(3) 双击 Default.aspx 文件，进入"视图"编辑界面，打开"设计视图"，从工具箱中拖动 2 个 TextBox 控件、1 个 CheckBox 控件和 1 个 Button 控件到编辑区。切换到"源视图"编辑区，在<form></form>标记之间编写如下代码：

```
1. 用户名：<asp:TextBox ID="TextBox1" runat="server"></asp:TextBox>
2. 密  码：<asp:TextBox ID="TextBox2" runat="server" TextMode="Password"></asp:TextBox>
3. <asp:CheckBox ID="CheckBox1" runat="server" Text="记住我" />
4. <br />
5. <asp:Button ID="Button1" runat="server" onclick="Button1_Click" Text="登录" />
```

代码说明：第1行和第2行分别添加两个文本框控件 TextBox1 和 TextBox2。第3行添加了一个单选按钮控件 CheckBox1。第5行添加一个按钮控件 Button1 并设置其单击事件为 Click。

(4) 双击网站目录下的 Default.aspx.cs 文件，编写关键如下代码：

```
1.  protected void Page_Load(object sender, EventArgs e) {
2.      if (Request .Cookies ["ID"]!=null &&Request .Cookies ["PWD"]!=null ){
3.          string id = Request.Cookies["ID"].Value.ToString();
4.          string pwd = Request.Cookies["PWD"].Value.ToString();
5.          Response.Redirect("New.aspx?ID="+id+"&PWD="+pwd);
6.      }
7.  }
8.  protected void Button1_Click(object sender, EventArgs e) {
9.      if (CheckBox1.Checked){
10.         Response.Cookies["ID"].Expires = new DateTime(2019, 12, 30);
11.         Response.Cookies["PWD"].Expires = new DateTime(2019, 12, 30);
12.         Response.Cookies["ID"].Value = TextBox1.Text;
13.         Response.Cookies["PWD"].Value = TextBox2.Text;
```

```
14.            }
15.            Response.Redirect("New.aspx?ID=" +TextBox1.Text + "&PWD=" + TextBox2.Text);
16. }
```

代码说明: 第 1 行处理 Page 页面的加载事件 Load。第 2 行判断如果用户计算机 Cookie 中的用户和密码存在的话,则第 3 行和第 4 行通过 Request 对象的 Cookie 的 Value 属性获取用户名和密码值。第 5 行通过 Response 对象的 Redirect()方法跳转到 New.aspx 页面,并将用户名和密码值同时传递过去。第 8 行处理按钮控件 Button1 的单击事件 Click。第 9 行判断如果用户选择了复选框,则第 10 行、第 11 行设置用户名和密码 Cookie 的生命周期。第 12 行和第 13 行通过 Request 对象的 Cookie 的 Value 属性将两个文本框中的值保存到 Cookies 中。第 15 行跳转到 New.aspx 页面,并将两个文本框中的值同时传递过去。

(5) 在应用程序中添加一个 New.aspx 窗体页面。

(6) 双击网站目录下的 New.aspx.cs 文件,添加关键代码如下:

```
1. protected void Page_Load(object sender, EventArgs e){
2.     if (Request.QueryString["ID"] != null &&
       Request.QueryString["PWD"] != null){
3.         Response.Write("" + Request.QueryString["ID"] + "! 欢迎光临本网站");
4.     }
5. }
```

代码说明: 第 1 行处理 Page 页面的加载事件 Load。第 2 行判断如果 Request 对象的 QueryString 属性获得的用户名和密码不为空,则在页面显示用户名加"欢迎光临本网站"的欢迎辞。

(7) 按 Ctrl+F5 键运行程序,如图 5-5 所示,在登录页面中输入用户名和密码,选中复选框,单击"登录"按钮,跳转到 New.aspx 页面,显示欢迎光临的信息。

图 5-5　程序运行效果

(8) 此后再运行程序将直接进入 New.aspx 页面,而不再进入登录页面,这是因为用户名和密码已经保存到 Cookie 中,请读者运行验证。

5.6　Session 对象

Session 对象实际上操作 System.Web 命名空间中的 HttpSessionState 类。Session 对象可以为每个用户的会话存储信息。Session 对象中的信息只能被用户自己使用,而不能被网站的其他用户访问,因此可以在不同的页面间共享数据,但是不能在用户间共享数据。

5.6.1 Session 概述

在 ASP.NET 中可以使用 Session 对象存储特定用户会话所需的信息。这样，当用户在应用程序的 Web 页之间跳转时，存储在 Session 对象中的变量将不会丢失，而是在整个用户会话中一直存在下去。当会话过期或被放弃后，服务器将中止该会话。

利用 Session 进行状态管理是 ASP.NET 的一个显著特点。它允许编程人员把任何类型的数据存储在服务器上。当用户请求来自应用程序的 Web 页时，如果该用户还没有会话，则 Web 服务器将自动创建一个 Session 对象。ASP.NET 采用一个具有 120 位的标识符来跟踪一个 Session，这个特殊的标识符被称为 SessionID。

虽然 Session 解决了许多问题，但使用 Session 也有缺点。同其他形式的状态管理相比，它使服务器存储了额外的信息。这些额外的存储即使很小，但随着数百或数千名客户进入网站，也能快速积累到可以破坏服务器正常运行的水平。

5.6.2 Session 对象的属性和方法

Session 对象的常用属性和方法如表 5-7 所示。

表 5-7　Session 对象的常用属性和方法

属性和方法	说　　明
Count 属性	获取会话状态下 Session 对象的个数
TimeOut 属性	设置 Session 对象的生存周期
SessionID 属性	用于标识会话的唯一编号
Abandon()方法	取消当前会话
Add()方法	向当前会话状态集合中添加一个新项
Clear()方法	清空当前会话状态集合中所有键和值
Remove()方法	删除会话状态集合中的项
RemoveAll()方法	删除所有会话状态值

Session 对象还具有两个事件：Session_Start 事件和 Session_End 事件。前者在创建一个 Session 时被触发，后者在 Session 结束时被调用。可以在 Global.asax 文件中为这两个事件添加处理代码。

5.6.3 Session 对象的应用

Session 对象的使用很方便，比如在 Session 中要存储一个 Login，可以用以下代码：

```
Session["Login"] = login; // login 为 Login 的一个实例
```

然后，可以通过如下代码从 Session 中取得该 Login：

```
login = (Login ) Session["login "];
```

对于当前用户来说，Session 对象是整个应用程序的一个全局变量，编程人员在任何页面代码中都可以访问该 Session 对象。但在以下情况下，Session 对象有可能会丢失。

(1) 用户关闭浏览器或重启浏览器。

(2) 如果用户通过另一个浏览器窗口进入同样的页面，尽管当前 Session 依然存在，但在新开的浏览器窗口中将找不到原来的 Session，这和 Session 的机制有关。

(3) Session 过期。

(4) 编程人员利用代码结束当前 Session。

在前两种情况下，Session 实际上仍然在内存中，因为服务器可能不知道客户端已关闭浏览器或改变窗口，本次 Session 将保留在内存中，直到该 Session 过期。但是编程人员却无法再找到 Session，因为 SessionID 此时已经丢失，失去了 SessionID 就无法从 Session 集合里检索到该 Session。

【例 5-6】在网站中存在着不同的用户，他们各自有不同的权限，登录后可以进入的页面也因此不同。本例在用户登录时利用 Ssssion 对象记录登录用户的类别，然后根据不同的类别登录实现自动导航功能。

(1) 启动 Visual Studio 2019，创建一个 ASP.NET Web 应用程序，命名为 "例 5-6"。

(2) 在网站根目录下创建一个 Default.aspx 窗体文件。

(3) 双击 Default.aspx 文件，进入 "视图" 编辑界面，打开 "设计视图"，从工具箱中拖动 2 个 TextBox 控件和 1 个 Button 控件到编辑区。切换到 "源视图"，在<form></form>标记之间编写如下代码：

```
1. 用户类型: <asp:TextBox ID="TextBox1" runat="server"></asp:TextBox><br />
2. 密　码: <asp:TextBox ID="TextBox2" runat="server" TextMode="Password"></asp:TextBox><br/>
3. <asp:Button ID="Button1" runat="server" onclick="Button1_Click"Text="登录" />
```

代码说明：第 1 行和第 2 行分别添加两个文本框控件 TextBox1 和 TextBox2。第 3 行添加一个按钮控件 Button1 并设置其单击事件为 Click。

(4) 双击网站目录下的 Default.aspx.cs 文件，编写关键代码如下：

```
1. private static readonly string[] users = new string[] { "admin", "user" };
2. private int usertype(string userid){
3.         if (userid == users[0])
4.             return 1;
5.         if (userid == users[1])
6.             return 2;
7.         else
8.             return 0;
9. }
10. protected void Button1_Click(object sender, EventArgs e){
11.         string userid = TextBox1.Text.ToString();
12.         string pwd = TextBox2.Text.ToString();
13.         Session["UserType"] = usertype(userid);
14.         switch (Session["UserType"].ToString()){
15.             case "1": Response.Redirect("Admin.aspx?userid="+userid);
```

```
16.                    break;
17.           case "2": Response.Redirect("User.aspx?userid=" + userid);
18.                    break;
19.           default: Response.Write("<script>alert('对不起，您不是合法用户！')</script>");
20.                    break;
21.       }
22. }
```

代码说明: 第 1 行定义了一个只读的静态变量字符串数组，保存系统中已经注册用户的两种类型 admin 和 user。第 2 行定义了一个 usertype()方法，参数是用户类型。第 3～8 行判断用户类型如果存在于注册的用户中，则返回一个给定的整数。第 10 行处理按钮控件的单击事件 Click。第 11 行和第 12 行获得用户输入的值。第 13 行将用户类型保存到 Session 中。第 14～21 行使用 switch...case 语句判断 Session 中的值，并根据不同的值跳转到不同用户类型的页面。如果不存在该种类型，给出错误提示。

(5) 在应用程序中分别添加一个 Admin.aspx 页面和一个 User.aspx 页面，然后在 Admin.aspx.cs 和 User.cs 文件中添加如下代码:

```
1. protected void Page_Load(object sender, EventArgs e){
2.          string user = Request.QueryString["userid"].ToString();
3.          Response.Write(""+user+",欢迎您！");
4. }
```

代码说明: 第 1 行处理 Page 页面的加载事件 Load。第 2 行通过 Request 对象的 QueryString 属性获得传递进来的用户类型。第 3 行在页面显示用户类型和"欢迎您"。

(6) 按 Ctrl+F5 键运行程序，在显示的登录页面中输入用户类型 user 和密码，单击"登录"按钮，跳转至如图 5-6 所示的 User.aspx 页面。

(7) 如果在登录页面中输入用户类型 admin 和密码，单击"登录"按钮，页面会跳转至 Admin.aspx，显示"Admin,欢迎您！"。如果输入不存在的用户类型，单击"登录"按钮，会出现如图 5-7 所示的提示对话框。

图 5-6　程序运行效果

图 5-7　提示对话框

5.7　Application 对象

Application 对象是 HttpApplicationState 类的一个实例，用来定义 ASP.NET 应用程序中所有应用程序对象的通用方法、属性和事件。HttpApplicationState 类是用户在 Global.asax 文件中定义的应用程序基类。该类的实例对象是在 ASP.NET 基础结构中创建的，而不是由用户直接创建的。一个实例在其生存期内被用于处理多个请求，但它一次只能处理一个请求，这样，成员变量才可用于存储针对每个请求的数据。

　　Application 对象的原理是在服务器端建立一个状态变量来存储所需的信息。要注意的是，首先，这个状态变量是建立在内存中的，其次，这个状态变量是可以被网站的所有页面访问的。

　　Application 对象用来存储变量或对象，以便在网页再次被访问时(不管是不是同一个连接者或访问者)，所存储的变量或对象的内容还可以被重新调出来使用，也就是说 Application 对于同一网站来说是公用的，可以在各个用户间共享。访问 Application 对象变量的方法如下：

> 1. Application["变量名"]=变量值
> 2. 变量=Application["变量名"]

　　代码说明：第 1 行为 Application 对象设置一个名称并赋值。第 2 行获取该 Application 对象的值并赋给某个变量。

　　从 Application 对象中获取所保存变量的代码为：

> Label1.Text = (String)Application["变量名"]。

　　Application 对象的常用属性和方法如表 5-8 所示。

表 5-8　Application 对象的常用属性和方法

属性和方法	说　　明
Count 属性	获取 HttpApplicationState 集合中的对象数
Add()方法	新加一个 Application 对象的变量
Clear()方法	清除全部 Application 对象的变量
Get()方法	使用索引或者变量名称获取变量值
Lock()方法	锁定全部变量
Remove()方法	删除一个 Application 对象的变量
RemoveAll()方法	删除 Application 对象的所有变量
Set()方法	更新 Application 对象变量的内容
UnLock()方法	解锁 Application 对象的变量

　　Application 对象是一个集合对象，并在整个 ASP.NET 网站内可用，不同的用户在不同的时间都有可能访问 Application 对象的变量，因此 Application 对象提供了 Lock()方法用于锁定对 HttpApplicationState 变量的访问，以避免访问同步造成的问题。在对 Application 对象的变量访问完成后，需要调用 Application 的 UnLock()方法取消对 HttpApplicationState 变量的锁定。下面的代码通过 Lock()和 UnLock()方法实现对 Application 变量的修改操作。

> 1. Application.Lock();
> 2. Application["Online"] = 21;
> 3. Application["AllAccount"] = Convert.ToInt32(Application["AllAccount"]) + 1;
> 4. Application.UnLock();

　　代码说明：第 1 行在更改变量前执行 Lock()方法，避免其他用户存取 Online 和 AllAccount

变量，如果是读取变量而不是更改变量，就不需要 Lock()方法。在更改完成后，要及时调用 UnLock()方法，如第 4 行，以便让其他用户可以更改这些变量。

Application 对象还有两个比较重要的事件：Application_Start 和 Application_End 事件，前者在 ASP.NET 应用程序执行时被触发，后者在 ASP.NET 应用程序结束执行时被触发。一般在 Global.asax 文件添加这两个事件处理的代码。

5.8 综合练习

本练习使用 Application 对象实现简单的聊天室功能。首先用户要登录聊天室，在登录界面中输入用户名，验证通过进入聊天室。在聊天室页面可以看到在线的所有人以及聊天的相关信息。同时，可以实现向其他人发送自己的聊天信息。

(1) 启动 Visual Studio 2019，创建一个 ASP.NET Web 应用程序，命名为"综合练习"。

(2) 在网站根目录下创建一个 Default.aspx 窗体文件。

(3) 双击 Default.aspx 文件，进入"视图"编辑界面，打开"设计视图"，从工具箱中拖动 1 个 TextBox 控件、1 个 Label 控件和 1 个 Button 控件到编辑区。切换到"源视图"，在<form></form>标记之间编写如下代码：

```
1. 用户名：<asp:TextBox ID="TextBox1" runat="server"></asp:TextBox><br />
2. <asp:Button ID="Button1" runat="server" Text="进入聊天室" OnClick="Button1_Click1" /><br />
3. <asp:Label ID="Label2" runat="server" Text="该用户已存在，请重新输入!"></asp:Label>
```

代码说明： 第 1 行添加一个文本框控件 TextBox1。第 2 行添加一个按钮控件 Button1 并设置其显示的文本和单击事件 Click。第 3 行添加一个标签控件 Label2 并设置其显示的文本。

(4) 双击网站目录下的 Default.aspx.cs 文件，编写关键代码如下：

```
1. protected void Button1_Click1(object sender, EventArgs e){
2.     Application.Lock();
3.     int intUserNum;
4.     string strUserName;
5.     string tname;
6.     string users;
7.     string[] user;
8.     intUserNum = int.Parse(Application["userNum"].ToString());
9.     if (intUserNum >= 20) {
10.         Response.Write("<script>alert('人数已满，请稍后再登录!')</script>");
11.         Response.Redirect("Default.aspx");
12.     }
13.     else{
14.         strUserName = (TextBox1.Text).Trim();
15.         users = Application["user"].ToString();
16.         user = users.Split(',');
17.         for (int i = 0; i <= (intUserNum - 1); i++){
```

```
18.            tname = user[i].Trim();
19.            if (strUserName == tname){
20.                int value = 1;
21.                Response.Redirect("Default.aspx?value=" + value);
22.            }
23.        }
24.    if (intUserNum == 0)
25.        Application["user"] = strUserName.ToString();
26.    else
27.        Application["user"] = Application["user"] + "," +
                strUserName.ToString();
28.    intUserNum += 1;
29.    object obj = Convert.ToInt32(intUserNum);
30.    Application["userNum"] = obj;
31.    Session["user"] = strUserName.ToString();
32.    Application.UnLock();
33.    Response.Redirect("main.aspx");
34.    }
35. }
```

代码说明： 第 1 行定义处理进入聊天室按钮单击事件 Click 的方法。第 2 行使用 Application 对象的 Lock()方法锁定全部全局变量。第 3 行定义在线人数整型变量 intUserNum。第 4 行定义登录用户字符串对象 strUserName。第 5 行定义临时用户名字符串对象 tname。第 6 行定义已在线的用户名字符串对象 users。第 7 行定义用户在线数组对象 user。第 8 行获得 Application ["userNum"]中存放的在线用户数量。第 9 行判断如果在线用户数量超过 20 个人，则弹出第 10 行代码中聊天室人数已满的提示框。第 11 行跳转页面到 Default.aspx。否则第 14 行将用户登录输入文本框中的用户名赋给登录用户 strUserName 对象。第 15 行将 Application["user"]中存放的用户列表赋给已在线的用户对象 users。第 16 行将用户列表中的对象放到用户在线数组对象 user 中。第 17～23 行通过 for 循环判断登录用户在用户列表中是否已经存在，如果存在则返回跳转页面到 Default.aspx；如果不存在则在第 24 行再判断如果在线人数为 0，第 25 行将登录的用户名保存到放置用户列表的全局变量 Application["user"]中。如果在线人数不为 0，则第 27 行将原来用户列表再加上当前登录对象一起保存到放置用户列表的全局变量中。第 28 行将在线用户人数加 1。第 29 行将在线用户人数赋给 object 对象。第 30 行再将 object 对象保存到放置在线用户人数的全局变量 Application["userNum"]中。第 31 行将登录用户对象保存到用户的 Session["user"]中。第 32 行使用 Application 对象的 UnLock()方法对全部的全局变量解锁。第 33 行跳转页面到聊天室页面。

(5) 在网站根目录下创建一个 left.aspx 的窗体文件，双击该文件，进入"视图"编辑界面，打开"设计视图"，从工具箱中拖动 2 个 Label 控件和 1 个 ListBox 控件到编辑区，来显示欢迎用户进入聊天室、当前在线用户人数和在线用户名。

(6) 双击网站目录下的 left.aspx.cs 文件，编写关键代码如下：

```
1.   protected ArrayList ItemList = new ArrayList();
2.   protected void Page_Load(object sender, EventArgs e){
3.       if (!IsPostBack){
4.           Application.Lock();
5.           string users;
6.           string[] user;
7.           Label2.Text = Application["userNum"].ToString();
8.           if (Session["user"] != null){
9.               Label1.Text = Session["user"].ToString();
10.          }
11.          else{
12.              Response.Redirect("Default.aspx");
13.          }
14.          int num = int.Parse(Application["userNum"].ToString());
15.          users = Application["user"].ToString();
16.          user = users.Split(',');
17.          for (int i = (num - 1); i >= 0; i--) {
18.              ItemList.Add(user[i].ToString());
19.          }
20.          ListBox1.DataSource = ItemList;
21.          ListBox1.DataBind();
22.          Application.UnLock();
23.      }
24.  }
```

代码说明： 第 1 行定义一个 ArrayList 集合类 ItemList 对象来存放用户列表。第 2 行处理页面加载事件的方法。第 3 行判断加载的页面如果不是回传页面，第 4 行将锁定全部全局变量。第 5 行定义已在线用户的字符串对象 users。第 6 行定义用户在线数组对象 user。第 7 行将保存在在线用户数量全局变量中的值显示到文本框控件 Label2 上。第 8 行判断如果 Session["user"] 中有值的话，第 9 行将登录用户显示到文本框 Label1 上。否则，第 12 行将跳转到 Default.aspx 页面。第 14 行获得在线用户人数。第 15 行获得所有在线用户。第 16 行将所有在线用户放到用户在线数组中。第 17~19 行通过 for 循环将数组中的在线用户依次添加到集合类对象 ItemList 中。第 20 行和第 21 行将用户列表对象绑定到 ListBox1 列表。第 22 行对全部的全局变量解锁。

(7) 在网站根目录下创建一个 right.aspx 窗体文件，双击该文件，进入"视图"编辑界面，打开"设计视图"，从工具箱中拖动 1 个 TextBox 控件到编辑区来显示聊天的信息。

(8) 双击网站目录下的 right.aspx.cs 文件，编写关键代码如下：

```
1. protected void Page_Load(object sender, EventArgs e){
2.          Application.Lock();
3.          string OwnerName=Session["user"].ToString();
4.          if (!IsPostBack) {
```

```
5.          int intcurrent = int.Parse(Application["current"].ToString());
6.          string strchat = Application["chats"].ToString();
7.          string[] strchats = strchat.Split(',');
8.          for (int i = (strchats.Length - 1); i >= 0; i--) {
9.              if (intcurrent == 0){
10.                 TextBox1.Text =strchats[i].ToString();
11.             }
12.             else{
13.                 TextBox1.Text = TextBox1.Text + "\n" + strchats[i].ToString();
14.             }
15.         }
16.     }
17.     Application.UnLock();
18. }
```

代码说明：第 4 行判断如果加载的页面不是回传页面，第 5 行将获得当前聊天记录数。第 6 行获得聊天的记录。第 7 行将聊天记录放入聊天记录数值 strchats 中。第 8～15 行通过 for 循环将聊天记录显示到 TextBox1 中。

(9) 在网站根目录下创建一个 bottom.aspx 窗体文件，双击该文件，进入"视图"编辑界面，打开"设计视图"，从工具箱中拖动 1 个 DropDown 控件、1 个 TextBox 控件和 1 个 Button 控件到编辑区，用于选择聊天的对象并输入聊天内容后提交。

(10) 双击网站目录下的 bottom.aspx.cs 文件，编写关键代码如下：

```
1. protected void Button1_Click(object sender, EventArgs e){
2.          Application.Lock();
3.          string strTxt = TextBox2.Text.ToString();
4.          int intcurrent = int.Parse(Application["current"].ToString());
5.          if (intcurrent == 0 || intcurrent > 40) {
6.          intcurrent = 0;
7.          Application["chats"] = Session["user"].ToString() + "对" +
                DropDownList1.SelectedValue.ToString() + "说： " +
                strTxt.ToString() + "(" + DateTime.Now.ToString() + ")";
8.          }
9.          else{
10.             Application["chats"] = Application["chats"].ToString() + "," +
                Session["user"].ToString() + "对" + DropDownList1.
                SelectedValue.ToString() + "说： " + strTxt.ToString() +
                "(" + DateTime.Now.ToString() + ")";
11.         }
12.         intcurrent += 1;
13.         object obj = intcurrent;
```

```
14.         Application["current"] = obj;
15.         Application.UnLock();
16. }
```

代码说明: 第1行处理提交按钮的单击事件。第3行获得用户输入的聊天信息。第4行获得当前聊天记录数。第5行判断当前聊天记录数为0或者大于40条。第6行将当前聊天数设置为0。第7行将聊天人、对方聊天人、聊天内容和聊天时间保存到Application["chats"]对象中,否则将前40条聊天记录和当前的聊天记录一起保存到Application["chats"]对象中(第10行代码)。第12行将聊天记录数增加1。第13行和第14行将聊天记录数保存到Application["current"]中。

(11) 在网站根目录下创建一个Global.asax全局文件,双击该文件,编写关键代码如下:

```
1. void Application_Start(object sender, EventArgs e) {
2.      string user="";
3.      Application["user"] = user;
4.      Application["userNum"] = 0;
5.      string chats = "";
6.      Application["chats"] = chats;
7.      Application["current"] = 0;
8. }
```

代码说明: 第1行定义Application对象的Start事件,在应用程序开始时被执行。第2行定义一个内容为空的用户列表字符串对象user。第3行将user保存到Application["user"]全局变量中。第4行设置表示在线用户的Application["userNum"]全局变量并赋初始值为0。第5行定义内容为空的聊天记录字符串对象chats。第6行将chats保存到聊天记录全局变量Application["chats"]。第7行将聊天记录数全局变量Application["current"]设置初始值为0。

(12) 按Ctrl+F5键运行程序,在聊天室登录页面中输入用户名,单击"进入聊天室"按钮,进入如图5-8所示的聊天室页面,在下拉列表框中选择聊天对象,在文本框中输入聊天内容,单击"提交发言"按钮,聊天内容就出现在上方的文本框中。

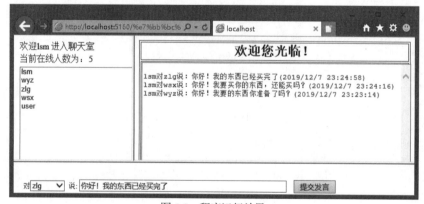

图5-8   程序运行效果

5.9　习题

一、填空题

1. 要获取服务器的名称可以利用_____对象。

2. Request 对象的_____属性可以返回 URL 后面的参数内容来实现页面传值。

3. ASP.NET 包含两个内部 Cookie 集合：_____对象的 Cookie 集合和_____对象的 Cookie 集合。

4. Application 对象的_____方法可以阻止其他客户修改储存在 Application 对象中的变量，以确保在同一时刻仅有一个客户可以修改和存取 Application 变量。

5. Response 对象中将指定的字符串或表达式的结果写到当前的 HTTP 输出的方法是_____。

二、选择题

1. 下面属于 ASP.NET 内置对象的是(　　)。

　　A. Response　　　　　　B. Session　　　　　　C. Server　　　　　　D. Cookie

2. Application 对象的特点包括(　　)。

　　A. 数据可以在 Application 对象内部共享

　　B. 一个 Application 对象包含事件，可以触发某些 Application 对象脚本

　　C. 个别 Application 对象可以通过对 Internet Service Manager(Internet 服务管理器)的设置来获得 Application 对象的不同属性

　　D. 单独的 Application 对象可以隔离出来，在它们自己的内存中运行

3. Session 对象有可能会丢失的情况包括(　　)。

　　A. 用户关闭浏览器或重启浏览器

　　B. 如果用户通过另一个浏览器窗口进入同样的页面

　　C. Session 过期

　　D. 编程人员利用代码结束当前 Session

4. 下面(　　)选项是 Session 的方法。

　　A. Abandon　　　　　　B. CopyTo　　　　　　C. RemoveAll　　　　　　D. Add

5. 下面(　　)选项不是 Request 的属性。

　　A. PhysicalApplication　　B. Cookies　　　　C. Flush　　　　　　D. IsSecureConnection

三、上机题

1. 创建并调试本章所有实例。

2. 利用 Request 对象的 Browser 属性来获取访问者的浏览器软件的相关信息。程序运行效果如图 5-9 所示。

3. 记录一个用户上一次访问网站的时间，对管理网站非常重要，因为可以由此分析获取该用户的访问规律。要求利用 Cookie 对象来实现这一功能，程序运行效果如图 5-10 所示。

您的当前使用的浏览器信息

浏览器的类型： IE
浏览器的版本号： 6.0
.NET FrameWork的版本： 2.0.50727
是否支持JavaScript：True
是否支持背景声音： True
是否支持Cookies： True
是否支持ActiveX控件：True

图5-9 题2运行效果

上次访问时间:2011-6-12 17:48:47

图5-10 题3运行效果

4. 在网站中常常需要记录用户的访问量，这样有利于网站管理员对网站访问情况进行统计。使用2个Application来存储2种用户类型的访问量，管理员通过登录进入显示访问量的页面。程序运行效果如图5-11所示。

5. 在页面中设计一个按钮，如图5-12所示，单击该按钮可以跳转到腾讯网的首页。

6. 扩展题3，编写程序，利用Application对象记录用户上次访问时间及当前系统的时间并显示在网页上。程序运行效果如图5-13所示。

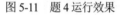

admin!欢迎您光临！

管理员的访问量是：1
用户的访问量是：0

图5-11 题4运行效果

去腾讯网

图5-12 题5运行效果

您是第一次光临，欢迎您！
当前时间：2011-6-12 17:53:08

图5-13 题6运行效果

7. 扩展本章综合练习中的聊天室程序，实现聊天室的私聊功能。当用户在下拉列表框中选择私聊选项，并选择聊天对象后，只有自己和对方看得到聊天记录而其他人无法看到。程序运行效果如图5-14所示。

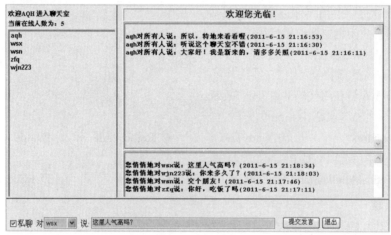

图5-14 题7运行效果

第6章
访问数据库

ASP.NET 4.0 提供了 ADO.NET 数据库访问技术，该访问技术是 ASP.NET 4.0 应用程序与数据库进行交互的有效方法。应用程序可以通过 ADO.NET 连接到各种数据源，并进行检索、操作和更新数据。ADO.NET 技术把对数据库的操作分为几个步骤，并为每个步骤提供对象来封装操作的过程。开发人员利用 ADO.NET 技术可以非常简单且快速地访问数据库。通过本章的学习，读者能够掌握对数据库进行访问的基本要领。

☑ **本章重点**

- 学会如何在 SQL Server 2008 R2 中创建数据库
- 掌握利用 DataReader 对象读取数据
- 掌握 DataSet 对象和 DataAdapter 对象配合使用访问数据库
- 掌握修改数据库数据的方法

6.1 创建数据库

在介绍 ADO.NET 数据库编程之前，首先要学会创建最基本的数据库。虽然 ADO.NET 可以用来访问任何类型的数据库，但由于 SQL Server 数据库是微软公司的主打产品，同 Visual Studio 开发环境有着先天的契合，所以本书使用 SQL Server 2008 R2 Management Studio。

【例 6-1】本例将详细介绍如何在 SQL Server 2008 R2 中创建数据库 Mobilephone 和数据表 MobilephoneInfo。本章中所有涉及数据库的操作都将使用该数据库和表。

(1) 打开 Microsoft SQL Server Management Studio，弹出如图 6-1 所示的"连接到服务器"对话框。

(2) 在"连接到服务器"对话框中，选择合适的服务器名称和身份验证方式后，单击"连接"按钮，连接到 SQL Server 服务器。连接成功后，进入如图 6-2 所示的程序的主界面。

图 6-1 "连接到服务器"对话框

(3) 在"对象资源管理器"中右击"数据库",在弹出的快捷菜单中选择"新建数据库"命令,出现如图 6-3 所示的"新建数据库"对话框。

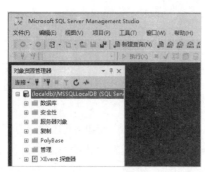

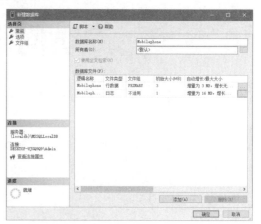

图 6-2　SQL Server Management Studio　　　　图 6-3　"新建数据库"对话框

(4) 在"数据库名称"文本框中输入想要创建的数据库,这里输入的名称为 Mobilephone,单击"确定"按钮,创建 Mobilephone 数据库。此时会发现在"对象资源管理器"的"数据库"节点中增加了一个如图 6-4 所示的名为 Mobilephone 的数据库。

(5) 展开 Mobilephone 节点,右击"表"节点,开始进行表编辑操作。在右侧的属性窗体中把表的名称改为 MobilephoneInfo,然后在编辑表的窗体中加入 ID、Name、Origin 和 Price 4 个字段,并定义它们的数据类型和是否可以为空。

(6) 右击 ID 列,在弹出的快捷菜单中选择"设置主键"命令,设置 ID 字段成为该表的主键。

(7) 在"对象资源管理器"中右击 Mobilephone 数据库的 MobilephoneInfo 表,在弹出的快捷菜单中选择"打开表"命令,向表中输入如图 6-5 所示的 8 条记录。

图 6-4　设置主键之后的 MobilephoneInfo 表　　图 6-5　向 MobilephoneInfo 表中添加记录

至此,就完成了数据库和数据表的基本创建过程。

6.2　ADO.NET 概述

ADO.NET 提供了平台互操作性和可伸缩的数据访问功能。在.NET 框架中,传送的数据采用可扩展标记语言(XML)格式,因此任何能够读取 XML 格式的应用程序都可以进行数据处理。

事实上,接收数据的组件不一定要是 ADO.NET 组件,它可以是一个基于 Microsoft Visual Studio 的解决方案,也可以是运行在其他平台上的任何应用程序。

6.2.1　ADO.NET 简介

在 Web 系统开发中,数据的操作占据了大量的工作,要操作的数据包括存储在数据库中的数据、存储在文件中的数据以及 XML 数据。其中,操作存储在数据库中的数据最为普遍。ASP.NET 提供了 ADO.NET 技术,它是一组向.NET 编程人员公开数据访问服务的类。ADO.NET 提供了对关系数据、XML 和应用程序数据的访问,所以是.NET Framework 不可缺少的一部分。ADO.NET 支持多种开发需求,包括创建由应用程序、工具、语言或 Internet 浏览器使用的前端数据库客户端和中间层业务对象。

ADO.NET 组件将数据访问与数据处理分离。它是通过.NET 数据提供程序(data provider)和 Dataset 两个主要组件来完成这一操作。图 6-6 说明了数据访问与数据处理分离的概念。

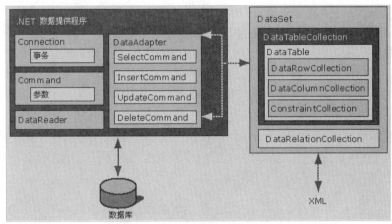

图 6-6　ADO.NET 组件结构图

从图 6-6 的 ADO.NET 组件结构图不仅可以清楚地看到其内部组成,还可以看出数据访问一般有两种方式:一种是通过 DataReader 对象来直接访问,另一种是通过 DataSet 和 DataAdapter 对象来访问。

ADO.NET 体系结构的一个核心元素是.NET 数据提供程序,它是专门为数据处理以及快速地只进、只读访问数据而设计的组件,包括 Connection、Command、DataReader 和 DataAdapter 对象的组件,如表 6-1 所示。

表 6-1　数据提供者的对象

对 象 名 称	描　　述
Connection	提供与数据源的连接
Command	用于返回数据、修改数据、运行存储过程及发送或检索参数信息的数据库命令
DataReader	从数据源中提供高性能的数据流
DataAdapter	提供连接 DataSet 对象和数据源的桥梁,使用 Command 对象在数据源中执行 SQL 命令,以便将数据加载到 DataSet 对象中,并使对 DataSet 对象中数据的更改与数据源保持一致

DataSet 是 ADO.NET 体系结构中另一个核心组件，它是专门为各种数据源的数据访问独立性而设计的，所以它可以用于多个不同的数据源、XML 数据或管理应用程序的本地数据，如内存中的数据高速缓存。DataSet 是包含一个或多个 DataTable 对象的集合，这些对象由数据行、数据列以及有关 DataTable 对象中数据的主键、外键、约束和关系信息组成。它本质上是一个内存中的数据库。

6.2.2　ADO.NET 命名空间

针对不同的数据源，ADO.NET 提供了不同数据提供程序，但连接数据源的过程具有类似的方式，可以使用几乎同样的代码来完成数据源连接。数据提供器类都继承自相同的基类，实现同样的接口和包含相同的方法与属性。尽管某个针对特殊数据源的提供器可能具有自己独有的特性，例如 SQL Server 的提供器能够执行 XML 查询，但用来获取和修改数据的成员是基本相同的。

.NET 主要包含如下 4 个数据提供程序。

(1) SQL Server 提供程序：用来访问 SQL Server 数据库。

(2) OLEDB 提供程序：用来访问所有拥有 OLEDB 驱动器的数据源。

(3) Oracle 提供程序：用来访问 Oracle 数据库。

(4) ODBC 提供程序：用来访问所有拥有 ODBC 驱动器的数据源。

此外，第三方开发者和数据库提供商也发布了他们自己的 ADO.NET 提供程序，按照与.NET 提供数据源提供器的同样公约和方式，这些 ADO.NET 提供器同样可以很方便地使用。

ADO.NET 组件包含在.NET 类库中的几个不同的命名空间里。表 6-2 列举了 ADO.NET 组件所在的命名空间。

表 6-2　ADO.NET 组件所在的命名空间

命 名 空 间	描　　述
System.Data	提供对表示 ADO.NET 结构的类的访问
System.Data.Common	包含由各种.NET 数据提供器共享的类
System.Data.OleDb	用于 OLEDB 的.NET 数据提供器
System.Data.SqlClient	用于 SQL Server 的.NET 数据提供器
System.Data.SqlTypes	为 SQL Server 2008 中的本机数据类型提供类，这些类为.NET 公共语言运行库所提供的数据类型提供了一种更为安全和快速的替代项。使用此命名空间中的类有助于防止出现精度损失造成的类型转换错误
System.Data.OracleClient	用于 Oracle 的.NET 数据提供器
System.Data.Odbc	用于 ODBC 的.NET 数据提供器

6.3　连接数据库

在对数据库中的数据进行操作前，首先要建立数据库的连接。在 ADO.NET 中，数据库的连接是借助于 Connection 对象来完成的。对于不同的数据源需要使用不同的类建立连接，Connection 对象根据不同的数据源可以分为以下几类。

- OleDBConnection：用于对支持 OLEDB 的数据库执行连接。
- SqlConnection：用于对 SQL Server 数据库执行连接。
- OdbcConnection：用于对支持 ODBC 的数据库执行连接。
- OracleConnection：用于对 Oracle 数据库执行连接。

本节主要讲解 SqlConnection，其他连接与此类似。SqlConnection 对象是通过 ConnectionString 属性的设置来连接数据库的，连接字符串的基本格式包括一系列由分号分隔的字符串参数列表构成。SqlConnection 连接字符串常用参数如表 6-3 所示。

表 6-3　SqlConnection 连接字符串参数表

参　数	说　明
Data Source|Server	SQL Server 数据库服务器的名称，可以是(local)、localhost，也可以是具体的名字
Initial Catalog	数据库的名称
Integrated Security	决定连接是否是安全的，取值可以是 True、False 或 SSPI
User ID	SQL Server 登录账户
Password	SQL Server 账户的登录密码

在使用 SqlConnection 连接数据库前，要使用构造函数来初始化 SqlConnection 对象。同时，在创建连接时需要引用 System.Data 和 System.Data.SqlClient 命名空间。创建一个数据库连接的步骤如下。

(1) 声明一个 Connection 对象。使用构造函数来初始化 SqlConnection 对象，在创建连接时，需要引用 System.Data 和 System.Data.SqlClient 命名空间。SqlConnection 的构造函数定义如下：

```
1. public SqlConnection(
2.     string connectionString
3. );
```

代码说明：第 1 行定义 SqlConnection 的构造函数的名称，第 2 行的参数 connectionString 指定了用于打开 SQL Server 数据库的连接。

(2) 为该对象的属性 ConnectionString 设定一个值。一般情况下，在一个网站项目中，所有创建数据库连接的代码都使用相同的数据库连接字符串，因此，可以使用一个类的成员存储这个字符串，代码如下：

```
1. public class ConString{
2.     public static string ConnectionString = "Data Source=.;Initial
        Catalog=WebShopping;User ID=sa;Password=585858";
3.  }
```

代码说明：第 1 行声明一个类 ConString。第 2 行声明一个静态的公开成员属性 ConnectionString，用于存储共用的数据库连接字符串。其中 Data Source 设置登录 SQL Server 数据库服务器为本地机器。Initial Catalog 设置数据库的名称为 WebShopping。User ID 设置 SQL Server 登录账户的账号，Password 设置 SQL Server 登录账户的密码。

(3) 创建数据库连接对象，可以采用如下代码：

```
SqlConnection connection = new SqlConnection (ConString. ConnectionString);
```

代码说明： 使用 SqlConnection 的构造函数实例化一个数据库连接对象 connection。

除了在程序中声明数据库连接字符串，还可以在配置文件 Web.config 中的<connectionStrings>节点中利用"键/值"对来存储数据库连接字符串，代码如下：

```
1. <configuration>
2.    <connectionStrings>
3.       <add name="Con" connectionString= " Data Source=.;Initial
          Catalog=Hotel;User ID=sa;Password=585858"/>
4.    </connectionStrings>
5. </configuration>
```

代码说明： 在第 2 行和第 4 行<connectionStrings></connectionStrings>节点必须包含在第 1 行和第 5 行的父节点<configuration></configuration>中。第 3 行添加了一个名为 Con 的数据连接字符串对象 connectionString，用来保存连接 SQL Server 2008 中 WebShopping 数据库的数据连接字符串。

为了获取配置文件中存储的数据库连接信息，需要使用 System.Web.Configuration 命名空间下包含的静态类 WebConfigurationManager，代码如下：

```
SqlConnection connection = new SqlConnection
(System.Web.Configuration.WebConfigurationManager.ConnectionStrings["Con"].ConnectionString.ToString());
```

(4) 利用上面的方法创建一个数据库连接后，在执行任何数据库操作之前，需要打开数据库连接，代码如下：

```
connection.Open();
```

代码说明： 调用 SqlConnection 的 Open()方法打开数据库。到这一步为止，已经成功地连接到了 SQL Server 数据库。

6.4 获取数据

成功连接到数据库后，就可以读取数据库中的表数据了。在 ADO.NET 中实现这样的功能，需要使用 Command 和 DataReader 两个对象。

6.4.1 Command 对象

Command 对象主要用来对数据库发出一些命令，比如对数据库下达查询、更新和删除数据等命令，以及调用存在于数据库中的预存程序等。Command 对象架构于 Connection 对象之上，所以 Command 对象是通过连接到数据源的 Connection 对象来下达命令。常用的 SELECT、INSERT、UPDATE、DELETE 等 SQL 命令都可以在 Command 对象中创建。根据不同的数据源，Command 对象可以分为 4 类。

(1) SqlCommand：用于对 SQL Server 数据库执行命令。

(2) OleDBCommand：用于对支持 OLEDB 的数据库执行命令。

(3) OdbcCommand：用于对支持 ODBC 的数据库执行命令。

(4) OracleComand：用于对 Oracle 的数据库执行命令。

本节主要讲解 SqlCommand 对象，其他对象与此类似。SqlCommand 对象的常用属性如表 6-4 所示。

表 6-4　SqlCommand 对象的常用属性

属　　性	说　　明
CommandText	类型为 String，命令对象包含 SQL 语句、存储过程或表
CommandType	枚举类型，有 3 个值：Text 值表示采用 SQL 语句，StoredProcedure 值表示使用存储过程，TableDirect 值表示要读取的表。默认值为 Text
Connection	获取 SqlConnection 实例，使用该对象对数据库通信
SqlParameterCollection	提供给命令的参数

SqlCommand 对象的常用方法如表 6-5 所示。

表 6-5　SqlCommand 对象的常用方法

方　　法	说　　明
Cancel()	类型为 Void，取消命令的执行
CreateParameter()	创建 SqlParameter 对象的实例
ExecuteNonQuery()	类型为 Int，执行不返回结果的SQL 语句，包括 INSERT、UPDATE、DEIETE、CREATE TABLE、CREATE PROCEDURE 以及不返回结果的存储过程
ExecuteReader()	类型为 SqlDataReader，执行 SELECT、TableDirect 命令或有返回结果的存储过程
ExecuteScalar()	类型为 Object，执行返回单个值的 SQL 语句，如 Count(*)、Sum()、Avg()等聚合函数

可以使用构造函数生成 SqlCommand 对象，也可以使用 SqlConnection 对象的 CreateCommand() 函数生成。

SqlCommand 对象的构造函数如表 6-6 所示。

表 6-6　SqlCommand 对象的构造函数

构　造　函　数	说　　明
SqlCommand()	不用参数创建 SqlCommand 对象
SqlCommand(string CommandText)	根据 SQL 语句创建 SqlCommand 对象
SqlCommand(string CommandText, SqlConnection conn)	根据 SQL 语句和数据源连接创建 SqlCommand 对象
SqlCommand(string CommandText, SqlConnection conn,SqlTransaction tran)	根据 SQL 语句、数据源连接和事务对象创建 SqlCommand 对象

创建 SqlCommand 对象有两个方式。

(1) 创建一个 Command 对象,指定 SQL 命令,并设置可以利用的数据库连接,代码如下:

```
1. SqlCommand myCommand = new SqlCommand();
2. myCommand.Connection = connection;
3. myCommand.CommandText = "Select * from DataTable":
```

代码说明:第 1 行使用不带参数的构造函数创建 SqlCommand 对象 myCommand。第 2 行使用 myCommand 对象的 Connection 属性设置可以利用的数据库连接。第 3 行通过 myCommand 对象的 CommandText 属性设置命令类型为 SQL 的查询语句。

(2) 在创建 Command 对象时,直接指定 SQL 命令和数据库连接,代码如下:

```
SqlCommand myCommand = new SqlCommand("Select * from DataTable", connection);
```

代码说明:通过使用一个带两个参数的 SqlCommand 构造函数,直接创建 SqlCommand 对象 myCommand。其中,第一个参数是 SQL 查询语句,第二个参数是数据库连接对象 connection。

6.4.2　DataReader 对象

DataReader 对象的作用是从数据库中检索只读、只进的数据流。所谓"只读",是指在数据阅读器 DataReader 上不可更新、删除、增加记录。所谓"只进",是指记录的接收是顺序进行且不可后退的,数据阅读器 DataReader 接收到的数据是以数据库的记录为单位的。查询结果在查询执行时返回,并存储在客户端的网络缓冲区中,直到用户使用 DataReader 的 Read()方法对它们发出请求。使用 DataReader 可以提高应用程序的性能,原因是它只要数据可用就立即检索数据,并且默认情况下一次只在内存中存储一行,减少了系统开销。根据不同的数据源,DataReader 对象可以分为 4 类。

(1) SqlDataReader:用于对 SQL Server 数据库读取数据行的只进流。

(2) OleDBDataReader:用于对支持 OLEDB 的数据库读取数据行的只进流。

(3) OdbcDataReader:用于支持 ODBC 的数据库读取数据行的只进流。

(4) OracleDataReader:用于支持 Oracle 的数据库读取数据行的只进流。

本节主要讲解 SqlDataReader 对象,其他对象与此类似。SqlDataReader 对象的常用属性如表 6-7 所示。

表 6-7　SqlDataReader 对象的常用属性

属　　性	说　　明
HasMoreResult	表示是否有多个结果
FieldCount	获取当前行中的列数
HasRows	获取一个值,该值指示 SqlDataReader 是否包含一行或多行
IsClosed	检索一个布尔值,该值指示是否已关闭指定的 SqlDataReader 实例
Item	获取以本机格式表示的列的值
Connection	获取与 SqlDataReader 关联的 SqlConnection

SqlDataReader 对象的常用方法如表 6-8 所示。

表 6-8 SqlDataReader 对象的常用方法

方 法	说 明
Close()	关闭 SqlDataReader 对象
GetDataTypeName()	获取源数据类型的名称
GetName()	获取指定列的名称
GetSqlValue()	获取一个表示基础 SqlDbType 变量的 Object
GetSqlValues()	获取当前行中的所有属性列
IsDBNull()	获取一个值，该值指示列中是否包含不存在或已丢失的值
NextResult()	当读取批处理 Transact-SQL 语句的结果时，使数据读取器前进到下一个结果
Read()	使 SqlDataReader 前进到下一条记录

在创建 Command 对象的一个实例之后，用户可以通过调用 ExecuteReader()方法来创建一个 DataReader 对象，该方法的作用是从 Command 对象指定的数据源中检索数据，当 ExecuteReader 方法执行完毕后，DataReader 就会被来自数据库的记录所填充。

以 SqlDataReader 对象为例，数据阅读器 DataReader 的定义和创建格式如下：

SqlDataReader 数据阅读器变量名＝Command 变量名.ExecuteReader();

以上代码中 ExecuteReader()是命令对象 Command 的一个方法，通过这一方法可以创建一个 SqlDataReader 对象的实例。

使用 DataReader 对象的 Read()方法可从查询结果中获取行。通过向 DataReader 传递列的名称或序号引用，可以访问返回行的每一列。不过，为了实现最佳性能，DataReader 提供了一系列方法，使用户能够访问其本机数据类型(GetDateTime、GetDouble、GetGuid、GetInt32 等)的列值。DataReader 提供未缓冲的数据流，该数据流使过程逻辑可以有效地按顺序处理从数据源中返回的结果。由于数据不在内存中缓存，所以在检索大量数据时，DataReader 是一种合适的选择。

如果返回的是多个结果集，DataReader 会提供 NextResult()方法按顺序循环访问这些结果集。当 DataReader 打开时，可以使用 GetSchemaTable()方法检索有关当前结果集的架构信息。架构表行的每一列都映射到在结果集中返回的列的属性，其中 ColumnName 是属性的名称，而列的值为属性的值。

由于 DataReader 允许对数据库进行直接、高性能的访问，它只提供对数据的只读和只进的访问，它返回的结果不会驻留在内存中，并且它一次只能访问一条记录，对服务器的内存要求较小，而且只使用 DataReader 就可以显示数据。所以，在只需要显示数据的应用程序中，可以尽量使用 DataReader，因为它将提供最佳的性能。

【例 6-2】使用 DataReader 对象获取 Mobilephone 数据库的 MobilephoneInfo 表内容，并把得到的结果显示在网页上。

(1) 启动 Visual Studio 2019，创建一个 ASP.NET Web 应用程序，命名为"例 6-2"。

(2) 在网站根目录下创建一个名为 Default.aspx 的窗体文件。

(3) 双击网站目录中的 Default.aspx.cs 文件，编写关键代码如下：

```
1. String sqlconn = "Server=.; DataBase=Mobilephone; user id=sa;password=585858 ";
2.    SqlConnection myConnection = new SqlConnection(sqlconn);
3.    myConnection.Open();
4.    SqlCommand myCommand = new SqlCommand("select * from
         MobilephoneInfo", myConnection);
5.    SqlDataReader myReader;
6.    myReader = myCommand.ExecuteReader();
7.    Response.Write("<h3>获取 MobilephoneInfo 数据表的内容</h3>");
8.    Response.Write("<table border=1 cellspacing=0 cellpadding=2>");
9.    Response.Write("<tr bgcolor=yellow>");
10.   for (int i = 0; i < myReader.FieldCount; i++){
11.        Response.Write("<td>" + myReader.GetName(i) + "</td>");
12.   }
13.   Response.Write("</tr>");
14.   while (myReader.Read()){
15.        Response.Write("<tr>");
16.        for (int i = 0; i < myReader.FieldCount; i++){
17.            Response.Write("<td>" + myReader[i].ToString() + "</td>");
18.        }
19.        Response.Write("</tr>");
20.   }
21.   Response.Write("</table>");
22.   myReader.Close();
23.   myConnection.Close();
```

代码说明： 第 1 行设置连接字符串，服务器为本地机器，数据库为 Mobilephone，用户名为 sa，密码为 585858。第 2 行创建一个 SqlConnection 对象 myConnection 并传递参数为连接字符串。第 3 行通过 SqlConnection 对象的 Open()方法打开数据库连接。第 4 行创建一个 SqlCommand 的实例 myCommand，并在参数中指定 SQL 查询语句，获得 MobilephoneInfo 表的所有数据信息。

第 5 行声明一个 SqlDataReader 对象 myReader。第 6 行通过调用 ExecuteReader()方法来为 myReader 填充 MobilephoneInfo 表的内容。第 10~12 行通过 for 循环遍历 myReader 对象中所有的行，通过 GetName()方法获得 MobilephoneInfo 表各列的名称。第 14 行调用了 SqlDataReader 对象的 Read() 方法，获取数据没有结束前，必须不断调用 Read()方法，它负责前进到下一条记录。第 16~18 行同样通过 for 循环遍历 myReader 对象中所有的行，使用 SqlDataReader 对象的下标将 MobilephoneInfo 表各行的数据值显示出来。第 22 行关闭 SqlDataReader 对象。第 23 行关闭与数据库的连接，释放使用的资源。

(4) 按 Ctrl+F5 键运行程序，效果如图 6-7 所示，在浏览器中显示数据表 MobilephoneInfo 的全部数据。

获取MobilephoneInfo数据表的内容

ID	Name	Origin	Price
00001	LG GT540	韩国	1200.0000
00002	三星 S8300	韩国	899.0000
00003	诺基亚 E72	芬兰	1790.0000
00004	黑莓 9630	加拿大	4900.0000
00005	摩托罗拉 XT702	中国	2160.0000
00006	Google Nexus S	韩国	2599.0000
00007	HTC Desire HD	中国	2699.0000
00008	HTC Wildfire	中国	1330.0000

图 6-7　程序运行效果

6.5 填充数据集

数据集 DataSet 是 ADO.NET 数据库组件中非常重要的一个控件,通过这个控件可以实现大多数数据库访问和操纵功能。DataSet 作为一个实体而单独存在,并可以被视作始终断开的记录集,这点是 ADO.NET 与以前数据结构之间的最大区别。DataSet 控件常和 DataAdapter 对象配合使用,通过 DataAdapter 对象向 DataSet 中填充数据。

6.5.1 DataAdapter 对象

DataAdapter 对象充当数据库和 ADO.NET 对象模型中非连接对象之间的桥梁,能够用来保存和检索数据。DataAdapter 对象类的 Fill()方法用于将查询结果引入 DataSet 或 DataTable 中,以便能够脱机处理数据。

根据不同的数据源,DataAdapter 对象可以分为 4 类。

(1) SqlDataAdapter:用于对 SQL Server 数据库执行命令。

(2) OleDBDataAdapter:用于对支持 OLEDB 的数据库执行命令。

(3) OdbcDataAdapter:用于对支持 ODBC 的数据库执行命令。

(4) OracleDataAdapter:用于对支持 Oracle 的数据库执行命令。

本节主要讲解 SqlDataAdapter 对象,其他对象与此类似。SqlDataAdapter 对象的常用属性如表 6-9 所示。

表 6-9 SqlDataAdapter 对象的常用属性

属　　性	说　　明
SelectCommand	从数据源中检索记录
InsertCommand	从 DataSet 中把插入的记录写入数据源
UpdateCommand	从 DataSet 中把修改的记录写入数据源
DeleteCommand	从数据源中删除记录

SqlDataAdapter 对象的常用方法如表 6-10 所示。

表 6-10 SqlDataAdapter 对象的常用方法

方　　法	说　　明
Fill(DataSet dataset)	类型为 Int,通过添加或更新 DataSet 中的行填充一个 DataTable 对象。返回值是成功添加或更新的行的数量
Fill(DataSet dataset,string datatable)	根据 DataTable 名填充 DataSet
Update(DataSet dataset)	类型为 Int,更新 DataSet 中指定表的所有已修改行。返回值是成功更新的行的数量

可以使用构造函数生成 SqlDataAdapter 对象,SqlDataAdapter 对象的构造函数如表 6-11 所示。

表 6-11　SqlDataAdapter 对象的构造函数

构 造 函 数	说　　明
SqlDataAdapter ()	不用参数创建 SqlDataAdapter 对象
SqlDataAdapter(SqlCommand cmd)	根据 SqlCommand 语句创建 SqlDataAdapter 对象
SqlDataAdapter(string sqlCommandText, SqlConnection conn)	根据 SqlCommand 语句和数据源连接创建 SqlDataAdapter 对象
SqlCommand(string sqlCommandText, string sqlConnection)	根据 SqlCommand 语句和 SqlConnection 字符串创建 SqlDataAdapter 对象

使用 SqlDataAdapter 对象的具体步骤如下。

(1) 创建一个 SqlDataAdapter 对象，代码如下：

```
SqlDataAdapter dataAdapter = new SqlDataAdapter ();
```

代码说明：使用表 6-11 中 SqlDataAdapter 类的第一种不带参数构造函数创建了一个 SqlDataAdapter 对象 dataAdapter。

(2) 把 Command 对象定义的操作赋给定义的对象 dataAdapter，代码如下：

```
dataAdapter.SelectCommand = "Select * from MobilephoneInfo";
```

代码说明：通过 dataAdapter 对象的属性 SelectCommand，设置 SQL 查询语句 Select * from MobilephoneInfo。

(3) dataAdapter 对象将数据填入数据集时调用方法 Fill()，代码如下：

```
dataAdapter.Fill(dataset. MobilephoneInfo);
```

或者

```
dataAdapter.Fill(dataset,"MobilephoneInfo");
```

代码说明：dataAdapter 是 SqlDataAdapter 的实例，dataset 是数据集 DataSet 的实例，MobilephoneInfo 则是数据库中的数据表名。当 dataAdapter 调用 Fill()方法时，将使用与之相关的命令组建所指定的 Select 语句从数据源中检索数据行。然后将行中的数据添加到 DataSet 对象的数据表中，如果数据表不存在，则自动创建该对象。

当执行 Select 语句时，与数据库的连接必须有效，但连接对象没有必要是打开的，在调用 Fill()方法时会自动打开关闭的数据连接，使用完毕后再自动关闭。如果调用前该连接就处在打开状态，则操作完毕后连接仍然保持原状。

一个数据集中可以放置多张数据表，但是每个 DataAdapter 对象只能够对应于一张数据表。

6.5.2　DataSet 对象

DataSet 对象是支持 ADO.NET 的断开式、分布式数据方案的核心对象。DataSet 对象在 ADO.NET 实现从数据库抽取数据中起到关键作用，在从数据库完成数据抽取后，DataSet 对象就是数据的存放地，它是各种数据源中的数据在计算机内存中映射成的缓存，所以有时说 DataSet 对象可以看成是一个数据容器。也有人把 DataSet 对象称为内存中的数据库，因为在

DataSet 对象中可以包含很多数据表以及这些数据表之间的关系。此外，DataSet 对象在客户端实现读取、更新数据库等过程中起到了中间部件的作用。

DataSet 对象从数据源中获取数据以后就断开了与数据源之间的连接。允许在 DataSet 对象中定义数据约束和表关系，增加、删除和编辑记录，对 DataSet 中的数据进行查询、统计等。当完成了各项操作以后还可以把 DataSet 对象中的数据送回数据源。

DataSet 对象的产生满足了多层分布式程序的需要，它能够在断开数据源的情况下对存放在内存中的数据进行操作，这样可以提高系统整体性能，而且有利于扩展。

创建 DataSet 对象的方式有两种，第一种方式代码如下：

```
DataSet dataSet = new DataSet();
```

这种方式使用 DataSet 不带参数的构造函数 DataSet()先建立一个空的数据集 dataSet，然后把建立的数据表放到该数据集里。

另一种方式则采用以下声明形式，代码如下：

```
DataSet dataSet = new DataSet("表名");
```

这种方式使用 DataSet 不带参数的构造函数 DataSet("表名")先建立数据表，然后建立包含数据表的数据集。

为了方便对 DataSet 对象的操作，DataSet 还提供了一系列的属性和方法。DataSet 对象的常用属性如表 6-12 所示。

表 6-12 DataSet 对象的常用属性

属　　性	说　　明
DataSetName	获取或设置当前 DataSet 的名称
DefaultViewManager	获取 DataSet 所包含的数据的自定义视图，以允许使用自定义的 DataViewManager 进行筛选、搜索和导航
HasErrors	获取一个值，指示在此 DataSet 中的任何 DataTable 对象中是否存在错误
Relations	获取用于将表连接起来并允许从父表浏览到子表的关系的集合
Tables	获取包含在 DataSet 中的表的集合

DataSet 对象的常用方法如表 6-13 所示。

表 6-13 DataSet 对象的常用方法

方　　法	说　　明
Clear()	通过移除所有表中的所有行来清除任何数据的 DataSet
Copy()	复制该 DataSet 的结构和数据
GetXml()	返回存储在 DataSet 中的数据的 XML 表示形式
HasChanges()	获取一个值，该值指示 DataSet 是否有更改，包括新增行、已删除的行或已修改的行
ReadXml()	将 XML 架构和数据读入 DataSet
ReadXmlSchema()	将 XML 架构读入 DataSet

(续表)

方　　法	说　　明
WriteXml()	从 DataSet 写 XML 数据，还可以选择写架构
WriteXmlSchema()	写 XML 架构形式的 DataSet 结构

【例 6-3】使用 DataSet 和 DataAdapter 对象填充数据的方法来访问 Mobilephone 数据库的 MobilephoneInfo 表内容，并把得到的结果显示在网页上。

(1) 启动 Visual Studio 2019，创建一个 ASP.NET Web 应用程序，命名为 "例 6-3"。

(2) 在网站根目录下创建一个名为 Default.aspx 的窗体文件。

(3) 双击网站根目录下的 Default.aspx.cs 文件，在 Page_Load 事件中编写代码如下：

```
1. string str = "Server=.; DataBase=Mobilephone; user id=sa;password=585858";
2. SqlConnection myConnection = new SqlConnection(str);
3. myConnection.Open();
4. SqlCommand myCommand = new SqlCommand("select * from Mobilephone Info", myConnection);
5. SqlDataAdapter Adapter = new SqlDataAdapter();
6. Adapter.SelectCommand = myCommand;
7. DataSet myDs = new DataSet();
8. Adapter.Fill(myDs);
9. DataTable myTable = myDs.Tables[0];
10. Response.Write("<h3>使用 DataSet 显示 MobilephoneInfo 数据表内容 </h3>");
11. Response.Write("<table border=1 cellspacing=0 cellpadding=2>");
12. Response.Write("<tr bgcolor=yellow>");
13. foreach (DataColumn myColumn in myTable.Columns){
14.     Response.Write("<td>" + myColumn.ColumnName + "</td>");
15. }
16. Response.Write("</tr>");
17. foreach (DataRow myRow in myTable.Rows){
18.     Response.Write("<tr>");
19.     foreach (DataColumn myColumn in myTable.Columns){
20.             Response.Write("<td>" + myRow[myColumn] + "</td>");
21.     }
22.     Response.Write("</tr>");
23. }
24. Response.Write("</table>");
25. myConnection.Close();
```

代码说明： 第 1 行设置连接字符串，服务器为本地机器，数据库为 Mobilephone，用户名为 sa，密码是 585858。第 2 行创建一个 SqlConnection 对象 myConnection 并传递参数为连接字符串 str。第 3 行通过 SqlConnection 对象的 Open() 方法打开数据库连接。第 4 行创建一个 SqlCommand 的实例 myCommand，并在参数中指定 SQL 查询语句，获得 MobilephoneInfo 表的所有数据信息。第 5 行实例化了一个 SqlDataAdapter 类型的对象 Adapter。第 6 行调用 Adapter 的属性 SelectCommand

获取 SQL 命令对象 myCommand。第 7 行实例化一个 DataSet 类型的对象 myDs。第 8 行调用 Adapter 的填充数据集的方法 Fill()，将查询结果保存到数据集中。第 9 行通过数据集对象实例化一个 DataTable 对象 MyTable，来获取数据集对象 Adapter 中表集合中第一个数据表。

第 11 行为了向页面输出表格，添加一个 table 的 HTML 开始标记并设置表格的边框颜色和大小。第 13 行使用 foreach 循环遍历数据表 MyTable 中数据列集合中的每一个数据列。第 14 行使用 DataColumn 对象 MyColumn 属性 ColumnName 向页面输出数据列的名称并显示在表格的单元格中。第 17~23 行使用了两个 foreach 循环遍历每一个行和列中的数据内容。其中，第 1 个 foreach 循环首先遍历每一行；第 2 个 foreach 循环遍历的是每一行中的每一个单元格中的数据，通过 myRow[myColumn]的方法输出。第 24 行添加一个表格的结束标记。第 25 行关闭数据库连接。

(4) 按 Ctrl+F5 键运行程序，效果如图 6-8 所示，在浏览器中显示数据表 MobilephoneInfo 的全部内容。

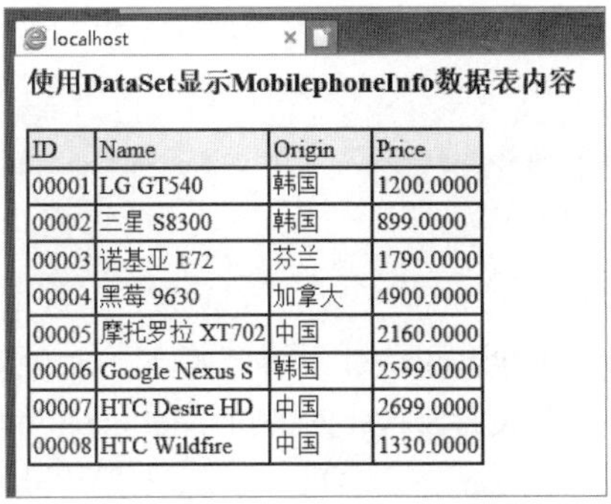

ID	Name	Origin	Price
00001	LG GT540	韩国	1200.0000
00002	三星 S8300	韩国	899.0000
00003	诺基亚 E72	芬兰	1790.0000
00004	黑莓 9630	加拿大	4900.0000
00005	摩托罗拉 XT702	中国	2160.0000
00006	Google Nexus S	韩国	2599.0000
00007	HTC Desire HD	中国	2699.0000
00008	HTC Wildfire	中国	1330.0000

使用DataSet显示MobilephoneInfo数据表内容

图 6-8　程序运行效果

6.6　修改数据库

获得了数据库的表数据后，就可以进行各种访问数据库的操作。其中，添加数据库记录的关键是在 SqlCommand 命令对象的 SQL 语句中使用 Insert-Into 语句，修改数据库记录的关键是在 SqlCommand 命令对象的 SQL 语句中使用 Update-Set 语句，删除数据库记录的关键是在 SqlCommand 命令对象的 SQL 语句中使用 Delete 语句，最后还要调用 SqlCommand 对象的 ExecuteNonQuery()方法完成修改操作。除了以上区别，修改数据库的其余代码和例 6-3 中的代码相同。

6.7　综合练习

本练习主要是实现对本章中创建的手机信息表 MobilephoneInfo 中的数据进行添加、更新和删除操作。

(1) 启动 Visual Studio 2019，创建一个 ASP.NET Web 应用程序，命名为"综合练习"。
(2) 在网站根目录下创建一个名为 Default.aspx 的窗体文件。

(3) 双击 Default.aspx 文件，进入"视图"编辑界面，打开"设计视图"，从工具箱中拖动 3 个 TextBox 控件到编辑区。切换到"源视图"编辑区，在<form></form>标记之间编写如下代码：

```
1. <asp:Button ID="Button1" runat="server" Text="添加"
      onclick="Button1_Click" />
2. <asp:Button ID="Button2" runat="server" Text="修改"
      onclick="Button2_Click" />
3. <asp:Button ID="Button3" runat="server" Text="删除"
      onclick="Button3_Click" />
```

代码说明： 第 1～3 行分别添加 3 个按钮控件，并设置它们的显示文本和按钮的单击事件 Click。

(4) 双击打开网站根目录下的 Web.config 文件，在<configuration>和</configuration>节点中添加一个<connectionStrings>子节点，并编写如下代码：

```
1. <connectionStrings>
2.    <add name="Con" connectionString="Server=.; DataBase=Mobilephone;
          User ID=sa;Password=585858"/>
3. </connectionStrings>
```

代码说明： 第 2 行在<connectionStrings>子节点中添加了一个名为 Con 的数据连接字符串对象 connectionString，用来保存连接 SQL Server 2008 中 Mobilephone 数据库的数据库连接字符串。

(5) 双击网站目录下的 Default.aspx.cs 文件，编写关键代码如下：

```
1. SqlConnection myConnection= new SqlConnection(System.Web.Configuration.
   WebConfigurationManager.ConnectionStrings["Con"].ConnectionString. ToString());
2. protected void Page_Load(object sender, EventArgs e){
3.     if (!IsPostBack){
4.         SelectInfo();
5.     }
6.  }
7. protected void Open(){
8.     myConnection.Open();
9. }
10. protected void SelectInfo(){
11.      Open();
12.      SqlCommand myCommand = new SqlCommand("select * from
             MobilephoneInfo", myConnection);
13.      SqlDataAdapter Adapter = new SqlDataAdapter();
14.      Adapter.SelectCommand = myCommand;
15.      DataSet myDs = new DataSet();
16.      Adapter.Fill(myDs);
17.      Response.Write("<h3>手机信息表</h3>");
18.      Response.Write("<table border=1 cellspacing=0 cellpadding=2>");
```

```
19.     DataTable myTable = myDs.Tables[0];
20.     Response.Write("<tr bgcolor=yellow>");
21.     foreach (DataColumn myColumn in myTable.Columns){
22.         Response.Write("<td>" + myColumn.ColumnName + "</td>");
23.     }
24.     Response.Write("</tr>");
25.     foreach (DataRow myRow in myTable.Rows){
26.         Response.Write("<tr>");
27.         foreach (DataColumn myColumn in myTable.Columns){
28.             Response.Write("<td>" + myRow[myColumn] + "</td>");
29.         }
30.         Response.Write("</tr>");
31.     }
32.     Response.Write("</table>");
33.     myConnection.Close();
34. }
35. protected void Button1_Click(object sender, EventArgs e){
36.     Open();
37.     string str = " insert into MobilephoneInfo values('00009',
        '苹果 IPHONE','美国','4888.00')";
38.     SqlCommand com = new SqlCommand(str,myConnection );
39.     com.ExecuteNonQuery();
40.     myConnection.Close();
41.     SelectInfo();
42. }
43. protected void Button2_Click(object sender, EventArgs e){
44.     Open();
45.     string str = "update MobilephoneInfo set Name='魅族 M9' ,
        Origin='中国',Price=2000.00    where ID='00009'";
46.     SqlCommand com = new SqlCommand(str, myConnection);
47.     com.ExecuteNonQuery();
48.     myConnection.Close();
49.     SelectInfo();
50. }
51. protected void Button3_Click(object sender, EventArgs e){
52.     Open();
53.     string str = "delete from    MobilephoneInfo where ID='00009'";
54.     SqlCommand com = new SqlCommand(str, myConnection);
55.     com.ExecuteNonQuery();
56.     myConnection.Close();
57.     SelectInfo();
58. }
```

代码说明：第 1 行通过调用 Web.config 文件中<connectionStrings>节点中保存的数据库连接字符串的值，创建 SqlConnection 对象 MyConnection。第 2 行定义处理页面加载事件 Load()方法。第 3 行判断如果加载页面不是回传页面，则第 4 行调用显示数据表内容的方法 SelectInfo()。

第 7 行定义一个打开数据库的方法 Open()。第 8 行调用 SqlConnection 对象 myConnection 的 Open()方法打开数据库的连接。

第 10 行定义一个显示数据表内容的方法 SelectInfo()。第 11 行调用 Open()方法打开数据库的连接。第 12 行创建一个 SqlCommand 的实例 myCommand，并在参数中指定 SQL 查询语句，获得 MobilephoneInfo 表的所有数据信息。第 13 行实例化一个 SqlDataAdapter 类型的对象 Adapter。第 14 行调用 Adapter 对象的属性 SelectCommand 获取 SQL 命令对象 myCommand。第 15 行实例化一个 DataSet 类型的对象 myDs。第 16 行调用 Adapter 的填充数据集的方法 Fill()，将查询结果保存到数据集中。第 18 行为了向页面输出表格，添加一个 table 的 HTML 开始标记并设置表格的边框颜色和大小。第 19 行通过数据集对象实例化一个 DataTable 对象 MyTable，来获取数据集对象 Adapter 的表集合的第一个数据表。第 21～23 行使用 foreach 循环遍历数据表中数据列集合中的每一个数据列标题。第 25～31 行使用两个嵌套的 foreach 循环遍历数据表每个数据列中的数据。第 33 行关闭数据库连接。

第 35 行定义处理"添加"按钮单击事件 Click()的方法。第 36 行调用 Open()方法打开数据库连接。第 37 行创建一个字符串 insert into 语句添加数据库数据。第 38 行创建一个 SqlCommand 的实例 com，并在参数中指定 SQL 添加语句和数据库连接对象 myConnection。第 39 行调用 ExecuteNonQuery()方法完成数据库添加操作。第 40 行关闭数据库连接。第 41 行调用 SelectInfo()方法反复显示添加手机信息后的数据表内容。

第 43～58 行定义了处理"修改"按钮和"删除"按钮单击事件的方法，具体代码和"添加"按钮单击事件大同小异，区别仅在于其中的第 45 行和第 53 行定义的 SQL 语句一个是 update-set 修改语句，一个是 delete 删除语句。

(6) 按 Ctrl+F5 键运行程序，如果用户单击页面中的"添加"按钮，MobilephoneInfo 表中会添加一条编号为 00009 新的手机记录；如果用户单击页面中的"修改"按钮，会修改刚才添加的手机信息的内容，如图 6-9 所示。单击"删除"按钮，能够将该条信息从数据表中删除。

手机信息表

ID	Name	Origin	Price
00001	LG GT540	韩国	1200.0000
00002	三星 S8300	韩国	899.0000
00003	诺基亚 E72	芬兰	1790.0000
00004	黑莓 9630	加拿大	4900.0000
00005	摩托罗拉 XT702	中国大陆	2160.0000
00006	Google Nexus S	韩国	2599.0000
00007	HTC Desire HD	中国大陆	2699.0000
00008	HTC Wildfire	中国大陆	1330.0000
00009	苹果 IPHONE	美国	4888.0000

添加　　修改　　删除

手机信息表

ID	Name	Origin	Price
00001	LG GT540	韩国	1200.0000
00002	三星 S8300	韩国	899.0000
00003	诺基亚 E72	芬兰	1790.0000
00004	黑莓 9630	加拿大	4900.0000
00005	摩托罗拉 XT702	中国	2160.0000
00006	Google Nexus S	韩国	2599.0000
00007	HTC Desire HD	中国	2699.0000
00008	HTC Wildfire	中国	1330.0000
00009	魅族 M9	中国	2000.0000

添加　　修改　　删除

图 6-9　程序运行效果

6.8 习题

一、填空题

1. ADO.NET 对象模型中，数据操作组件包括_____、_____、_____和_____。

2. 关闭数据库可以使用 Connecting 对象的_____方法和_____方法。

3. Command 对象提供的 3 个 Execute()方法是_____、_____和_____。

4. DataAdapter 对象可以通过它的_____方法将数据添加到 DataSet 中。

5. 连接数据库的字符串可以保存在 web.config 文件的_____配置节中。

二、选择题

1. 下面(   )选项不是 SqlCommand 命令对象提供的基本方法。

   A. ExecuteNonQuery   B. Execute

   C. ExecuteReader   D. ExecuteScalar

2. DataReader 可以对数据库进行(   )的访问。

   A. 只读   B. 只写   C. 只向前   D. 随机

3. 连接数据库的验证方式包括(   )。

   A. Forms 验证   B. Windows 验证

   C. SQL Server 验证   D. Windows 和 SQL Server 混合验证

4. 下面关于 SqlDataSource 控件的描述正确的是(   )。

   A. 在数据操作时，不能使用参数

   B. 可执行 SQL Server 中的存储过程

   C. 可插入、修改、删除和查询的操作

   D. 不可以连接 Access 数据库

5. ADO.NET 数据访问技术的一个突出优点是支持离线访问，下列(   )对象是实现离线访问的技术的核心。

   A. DataGrid   B. DataView   C. DataTable   D. DataSet

三、上机题

1. 创建并调试本章所有的实例。

2. 在 SQL Server 中创建数据库 Album，然后在该数据库中创建一个名为 AlbumInfo 的数据表，详细字段定义如表 6-14 所示。

表 6-14 AlbumInfo 的字段

字 段 名	类 型	大 小	说 明
ID	nvarchar	100	主键：专辑编号
Name	nvarchar	100	专辑名称
Artist	nvarchar	100	演唱者
Catagory	nvarchar	100	专辑类别
Price	money		价格

3. 使用ADO.NET对象向创建的AlbumInfo数据表中插入4条数据,然后使用SqlDataReader对象查询该表的信息并在页面显示。程序运行效果如图 6-10 所示。

4. 使用 SqlDataSet 对象和 SqlDataAdapter 对象查询 AlbumInfo 数据表的详细信息。程序运行效果如图 6-10 所示。

5. 使用 SqlCommand 对象把 AlbumInfo 数据表里最后一行的专辑名称修改为"金片子",演唱者修改为"蔡琴",类别修改为"经典",价格修改为 120.00,并显示修改后的 AlbumInfo 数据表。程序运行效果如图 6-11 所示。

图 6-10　题 3 和题 4 运行效果　　　　　　图 6-11　题 5 运行效果

6. 使用 SqlCommand 对象,查询 AlbumInfo 数据表中刚添加的专辑信息并显示在页面上。程序运行效果如图 6-12 所示。

7. 删除题 5 添加的唱片专辑信息,并显示删除信息后的 AlbumInfo 数据表。程序运行效果如图 6-13 所示。

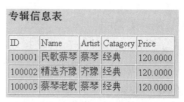

图 6-12　题 6 运行效果　　　　　　图 6-13　题 7 运行效果

第7章
数据绑定

在 ASP.NET 中除了 ADO.NET 以外还提供了一种访问数据的方法——数据绑定。它不但能够绑定到简单的数据源，也可以绑定到复杂的数据源。这使得数据的显示更加方便和高效，很大程度上提高了网站的开发进度。然而要做到一点，离不开 SqlDataSource 控件以及数据服务器控件。为此，本章将从数据绑定的基础知识开始，然后扩展到 SqlDataSource 控件以及开发中使用最多的 3 个数据服务控件 GridView、ListView 和 DetailsView 的配合使用。学习完本章内容，读者将体会到使用这些控件可以使页面数据的显示变得前所未有的轻松。

☑ **本章重点**

- 掌握简单和复杂的数据绑定
- 创建和配置 SqlDataSource 控件
- 使用 GridView 和 DetailsView 实现主从表
- 使用 ListView 控件中的模板

7.1 数据绑定概述

数据绑定是将 ASP.NET 控件中用于显示的属性和数据源绑定，从而在 Web 页面上显示数据的技术。这一技术非常灵活，数据源既可以是数据库中的数据，也可以是 XML 文档、其他控件信息，甚至可以是其他进程信息或运行过程。

ASP.NET 控件既可以绑定到简单的数据源，也可以绑定到复杂的数据源。ASP.NET 引入了新的数据绑定方法，可以轻松地将 Web 控件的属性绑定到数据源。语法定义如下：

```
<%#DataSource%>
```

DataSource 表示了各种的数据源，例如变量、属性、列表、表达式以及数据集等。

7.1.1 绑定到简单的数据源

简单的数据源包括代码中直接定义的变量、属性、表达式、数据集和方法等。它其实就是向 ASP.NET 页面文件中添加特殊的数据绑定表达式来实现动态文本的一种方法，主要有 4 种数据绑定表达式。

(1) <%=XXX %>：它是内联引用方式，可以引用 C#代码。

(2) <%# XXX %>：它可以引用.cs 文件中的代码字段，但这个字段必须初始化后在页面的 Load 事件中使用 Page.DataBind 方法来实现。

(3) <%#$ XXX %>：它可以引用 Web.config 文件中预定义的字段或已注册的类。

(4) <%# Eval(XXX) %>：它类似于 JavaScript，数据源也需要绑定。

【例 7-1】使用变量和表达式作为数据源，实现一个简单的网络算术计算器。考虑到篇幅，此处仅提供乘法的计算。

(1) 启动 Visual Studio 2019，创建一个 ASP.NET Web 应用程序，命名为"例 7-1"。

(2) 在网站目录下创建一个名为 Default.aspx 的窗体文件。

(3) 双击 Default.aspx 文件，进入"视图"编辑界面，打开"设计视图"，从工具箱中拖动 2 个 TextBox 控件、1 个 Button 控件到编辑区。然后切换到"源视图"，在编辑区中<form></form> 标记之间编写如下代码:

```
1. <strong>网络算术计算器</strong><br />
2. 第一个数值<asp:TextBox ID="TextBox1" runat="server"></asp:TextBox>
3. ×第二个数值<asp:TextBox ID="TextBox2" runat="server"></asp:TextBox>
4. <asp:Button ID="Button1" runat="server" Text="计算"onclick="Buttonl_Click"/><br />
5. <form>第一个操作数为: <%#oper1%>
6. 第二个操作数为: <%#oper2%>
7. 计算结果为: <%#oper1* oper2%>
8. </form>
```

代码说明: 第 2 行和第 3 行各添加一个文本框控件 TextBox，用于接收用户输入的两个计算的数字。第 4 行添加一个按钮控件 Button1，并设置该控件的显示文本和单击事件 Click。第 5 行使用绑定变量的语法<%#oper1%>获得变量 oper1 的值。第 6 行使用绑定变量的语法<%# oper2%>获得变量 oper2 的值。第 7 行使用绑定表达式的语法<%#oper1*oper2%>获得表达式 oper1*oper2 的计算结果。

(4) 双击网站目录下的 Default.aspx.cs 文件，编写关键代码如下:

```
1.  protected int oper1;
2.  protected int oper2;
3.  protected void Button1_Click(object sender, EventArgs e) {
4.      oper1 = System.Convert.ToInt32(TextBox1.Text);
5.      oper2 = System.Convert.ToInt32(TextBox2.Text);
6.      Page.DataBind();
7. }
```

代码说明: 第 1 行和第 2 行声明两个私有类型的整型变量来接收用户输入的值。第 3 行定义处理"计算"按钮 Button1 单击事件的 Click()方法。第 4 行和第 5 行获得用户的输入数字并赋值给 oper1 和 oper2。第 6 行调用页面对象 Page 的 DataBind()方法绑定数据到页面显示。

(5) 按 Ctrl+F5 键运行程序，效果如图 7-1 所示。

图 7-1 程序运行效果

7.1.2 绑定到复杂的数据源

复杂的数据源通常包括列表控件和支持数据绑定的控件，ASP.NET 提供了如下一系列的类控件。

- 列表控件：ListBox、DropDownList、CheckBoxList 和 RadioButtonList 等。
- 支持数据绑定的控件：GirdView、DetailsView、FormView 和 ListView 等。

绑定数据到复杂的数据源可以把多条数据一次绑定在以上控件中并显示在页面上。它们的常规绑定步骤如下。

(1) 将用于显示数据的 Web 服务器控件添加到 ASP.NET 页面中。

(2) 将数据源对象赋给控件的 DataSource 属性。

(3) 执行控件的 DataBind()方法。

在进行上面的第(2)步时，可以在后台代码通过设置控件的 DataSource 属性来绑定数据，也可以在.aspx 文件中通过直接修改控件标记来实现。经过以上步骤，列表控件或支持数据绑定的控件就会绑定上那些要显示的数据。

这种绑定方式可以使开发人员不用再写循环语句来把对象中的数据添加到控件中，还简化了支持复杂格式和模板选择的数据显示，使得数据能够自动被配置为控件中要显示的格式。

【例 7-2】将颜色列表通过集合的方式绑定到 DropDownList 的下拉列表中，用户可以根据自己的喜好加以选择。

(1) 启动 Visual Studio 2019，创建一个 ASP.NET Web 应用程序，命名为"例 7-2"。

(2) 在网站目录下创建一个名为 Default.aspx 的窗体文件。

(3) 双击 Default.aspx 文件，进入"视图"编辑界面，打开"设计视图"，从工具箱中拖动 1 个 DropDownList 控件和 1 个 Label 控件到编辑区。切换到"源视图"，在编辑区中<form></form>标记之间编写如下代码：

```
1. <h3>绑定复杂数据源</h3>
2. 请选择您喜欢的手机<br />
3. <asp:DropDownList ID="DropDownList1" runat="server" AutoPostBack="True"
4. onselectedindexchanged="DropDownList1_SelectedIndexChanged">
5. </asp:DropDownList>
6. <br /><br /><asp:Label ID="Label1" runat="server" Text=""></asp:Label>
```

代码说明：第 1 行显示标题文字。第 3 行添加了一个下拉列表控件 DropDownList1，并将 AutoPostBack 属性设置为 True 自动回传到服务器，同时第 5 行设置控件选项改变事件 SelectedIndexChanged。第 6 行添加一个标签控件 Label1。

(4) 双击网站目录下的 Default.aspx.cs 文件，编写代码如下：

```
1. protected void Page_Load(object sender, EventArgs e){
2.          if (!IsPostBack){
3.                  ArrayList array = new ArrayList();
4.                  array.Add("iphone4");
5.                  array.Add("HTC Design");
6.                  array.Add("Nokia N8");
7.                  DropDownList1.DataSource = array;
8.                  DropDownList1.DataBind();
9.          }
10.  }
11.    protected void DropDownList1_SelectedIndexChanged(object sender, EventArgs e){
12.            Label1.Text = "您喜欢的手机是:" + DropDownList1.SelectedValue;
13. }
```

代码说明: 第1行定义处理页面 Page 加载事件的 Load()方法。第2行判断当前加载的页面如果不是回传的页面,第3行将声明一个集合类 ArrayList 的对象 array。第4~6行分别调用 array对象的 Add()方法,将数据添加到集合中。第7行使用下拉列表控件 DropDownList1 的 DataSource属性,将集合对象 array 作为数据源。第8行调用下拉列表控件 DropDownList1 的 DataBind()方法,在页面中显示绑定的集合中的数据。第 11 行定义处理下拉列表控件选中项改变事件 SelectedIndexChanged()的方法。第 12 行调用下拉列表控件 DropDownList1 的 SelectedValue 属性,将选中项的值显示在标签控件的文本上。

(5) 按 Ctrl+F5 键运行程序,效果如图 7-2 所示。

图 7-2　程序运行效果

7.2　SqlDataSource 控件

SqlDataSource 控件是 ASP.NET 中最为常用的数据源控件,开发人员通过该控件可以使 Web控件访问位于某个关系数据库中的数据, 该数据库包括 Microsoft SQL Server 和 Oracle 数据库,以及 OLE DB 和 ODBC 数据源。开发人员可以将 SqlDataSource 控件和用于显示数据的服务器控件(如 GridView、FormView 和 DetailsView 控件)结合使用, 使用很少的代码或不使用代码就可以在 ASP.NET 网页中显示和操作数据。

在 ASP.NET 页面文件中, SqlDataSource 控件定义的标记同其他控件一样, 代码如下:

```
<asp:SqlDataSource ID="SqlDataSource1" runat="server" ... >
</ asp:SqlDataSource >
```

7.2.1　SqlDataSource 控件的功能

(1) 执行数据库操作命令。SelectCommand、UpdateCommand、DeleteCommand 和 InsertCommand 这 4 个属性对应数据库操作的 4 个命令：选择、更新、删除和插入。开发人员只需要把对应的 SQL 语句赋予这 4 个属性，SqlDataSource 控件即可完成对数据库的操作。

可以把带参数的 SQL 语句赋予这 4 个属性，例如：

> UpdateCommand="UPDATE [AlbumInfo] SET [Name] = @专辑名称, [Artist] = @ 演唱者,
> 　[Price] = @价格　WHERE [ID] = @专辑编号";

代码说明：以上代码中就是把代码参数的 SQL 语句赋予 UpdateCommand 属性。其中，@专辑名称、@演唱者、@价格为 SQL 语句的参数。

SQL 语句的参数值可以从其他控件或查询字符串中等获得，也可以通过编程方式指定参数值。参数的设置则是由属性 InsertParameters、SelectParameters、UpdateParameters 和 DeleteParameters 来进行设置。

(2) 返回 DataSet 或 DataReader 对象。SqlDataSource 控件可以返回两种格式的数据：作为 DataSet 对象或作为 ADO.NET 数据读取器。通过设置数据源控件的 DataSourceMode 属性，可以指定要返回的格式。

(3) 进行缓存。默认情况下不启用缓存。将 EnableCaching 属性设置为 True，便可以启用缓存。

(4) 如果要使用 SqlDataSource 控件从数据库中检索数据，需要设置以下属性。

- ProviderName：设置为 ADO.NET 提供程序的名称,该提供程序表示正在使用的数据库。
- ConnectionString：设置为用于数据库的连接字符串。
- SelectCommand：设置为从数据库中返回数据的 SQL 查询或存储过程。

7.2.2　SqlDataSource 控件的应用

上节提到 SqlDataSource 控件与用于显示数据的控件(如 GridView、FormView 和 DetailsView 控件)结合使用，能够用很少的代码或不编写代码就可以在 ASP.NET 网页中显示和操作数据。本节通过具体实例让读者有直观的认识。

【例 7-3】演示如何通过列表控件 ListBoxt 来创建并配置 SqlDataSource 控件，并使用该控件从数据库中检索数据，把表中的数据显示在列表控件上，其过程中几乎不用写一行代码，全部是可视化操作。数据表使用第 6 章创建的 Mobilephone 数据库中的 MobilephoneInfo。

(1) 启动 Visual Studio 2019，创建一个 ASP.NET Web 应用程序，命名为"例 7-3"。

(2) 在网站目录下创建一个名为 Default.aspx 的窗体文件。

(3) 双击 Default.aspx 文件，进入"视图"编辑界面，打开"设计视图"，从工具箱中拖动 1 个 ListBox 控件到编辑区。

(4) 将光标移到 ListBox 控件上，其右上方会出现一个向右的小三角，单击小三角，弹出"ListBox 任务"列表，如图 7-3 所示。

(5) 单击其中的"选择数据源"命令，弹出如图 7-4 所示的"数据源配置向导"对话框。

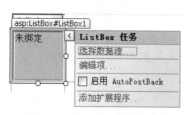

图 7-3　"ListBox 任务"列表　　　　　　　　图 7-4　"数据源配置向导"对话框

(6) 单击"选择数据源"下拉列表中的"新建数据源",弹出如图 7-5 所示的选择数据源类型界面。

(7) 在"应用程序从哪里获取数据"列表中选择"数据库",然后单击"确定"按钮,弹出如图 7-6 的"配置数据源"对话框。

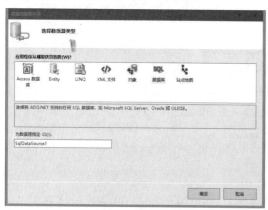

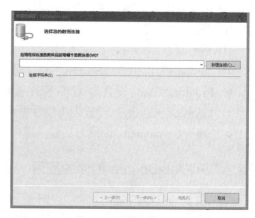

图 7-5　选择数据源类型　　　　　　　　　图 7-6　"配置数据源"对话框

(8) 单击"新建连接"按钮,进入如图 7-7 所示的"添加连接"对话框。

(9) 单击"更改"按钮,进入如图 7-8 所示的"更改数据源"对话框。

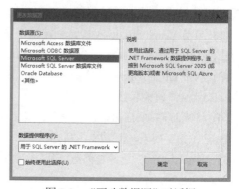

图 7-7　"添加连接"对话框　　　　　　　　图 7-8　"更改数据源"对话框

(10) 选择 Microsoft SQL Server 数据源后，单击"确定"按钮，进入"添加连接"对话框。

(11) 单击"浏览"按钮，选择数据库 Mobilephone，然后单击"确定"按钮，返回到"配置数据源"对话框中，单击"下一步"按钮，进入如图 7-9 所示的保存连接字符串界面。

(12) 单击"下一步"按钮，进入如图 7-10 所示的配置 Select 语句界面。

图 7-9　保存连接字符串

图 7-10　配置 Select 语句

(13) 单击"下一步"按钮，进入如图 7-11 所示的测试查询界面，单击"测试查询"按钮，如果数据源配置成功，就会在上面的列表中显示数据表中的所有数据内容。最后，单击"完成"按钮，结束创建和配置 SqlDataSource 数据源控件的过程。

(14) 进入"设计视图"界面，将光标移到 ListBox 控件上，单击右上方出现的向右小三角，弹出"ListBox 任务"列表。

(15) 选择"选择数据源"命令，弹出如图 7-12 所示的"数据源配置向导"对话框，在"选择数据源"下拉列表中选中 SqlDataSource 的控件 ID，在"选择要在 ListBox 中显示的数据字段"文本框中输入数据表 MobilephoneInfo 的字段 Name，在"为 ListBox 的值选择数据字段"文本框中同样输入 Name，最后单击"确定"按钮。

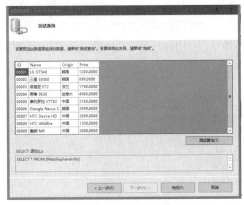

图 7-11　测试查询

图 7-12　"数据源配置向导"对话框

(16) 按 Ctrl+F5 键运行程序，页面上 ListBox 中显示了 MobilephoneInfo 表中所有的手机名称。

7.3 数据服务器控件

数据服务器控件就是能够显示数据的服务器控件,与简单格式的列表控件不同,这些控件属于比较复杂的服务器控件,不但能提供显示数据的丰富界面(可以显示多行多列数据,还可以根据用户定义来显示),还提供了修改、删除和插入数据的接口。

ASP.NET 4.0 提供了以下复杂数据服务器控件。

(1) GridView 控件:是一个全方位的网格控件,能够显示一整张表的数据,它是 ASP.NET 4.0 中最为重要的数据控件。

(2) DetailsView 控件:是用来一次显示一条记录的数据控件。

(3) FormView 控件:是用来一次显示一条记录的数据控件,与 DetailsView 不同的是,FormView 是基于模板的,可以使布局具有灵活性。

(4) DataList 控件:是用来自定义显示各行数据库信息的数据控件,显示的格式在创建的模板中定义。

(5) Repeater 控件:是一个数据列表绑定控件,它允许通过为列表中显示的每一项重复指定模板来自定义布局。

(6) ListView 控件:该数据控件可以绑定从数据源返回的数据并显示它们,它会按照使用模板和样式定义格式显示数据。

在以上控件中,最具代表性的是 GridView 控件、DetailsView 控件和 ListView 控件,其余控件和这 3 个控件大同小异。下面主要介绍这 3 个控件。

7.3.1 GridView 控件

GridView 控件以表格式布局显示数据。默认情况下,GridView 控件以只读模式显示数据,但是 GridView 控件也能在运行时完成大部分的数据处理工作,包括添加、删除、修改、选择和排序等功能。GridView 控件可以以尽可能少的数据实现双向数据绑定。该控件与数据源控件紧密结合,而且只要底层的数据源对象支持,它还可以直接处理数据源的更新。除了无代码的双向数据绑定,GridView 控件还支持多个主键字段、多种字段类型以及样式和模板选项。GridView 控件还有一个扩展事件模型,允许用户处理或撤销事件。

GridView 控件的常用属性如表 7-1 所示。

表 7-1 GridView 控件的常用属性

属　　性	说　　明
AllowPaging	获取或设置指示是否启用分页的值
AllowSorting	获取或设置指示是否启用排序的值
AutoGenerateColumns	获取或设置一个值,该值指示是否为数据源中的每一字段自动创建 BoundColumn 对象并在 GridView 控件中显示这些对象
Columns	获取表示 GridView 控件的各列的对象集合
PageIndex	获取或设置当前显示页的索引

(续表)

属　　　　性	说　　　　明
DataSource	获取或设置源，该源包含用于填充控件中的项的值列表
ForeColor	获取或设置 Web 服务器控件的前景色(通常是文本颜色)
HeaderStyle	获取 GridView 控件中标题部分的样式属性
PageCount	获取显示 GridView 控件中各项所需的总页数
PageSize	获取或设置要在 GridView 控件的单页上显示的项数
SelectedIndex	获取或设置 GridView 控件中选定项的索引
ShowFooter	获取或设置一个值，该值指示是否在 GridView 控件中显示页脚
ShowHeader	获取或设置一个值，值指示是否在 GridView 控件中显示页眉

正是由于 GridView 控件提供的以上属性，使得程序对它的操作具有很大的灵活性，用户不需要完全记住这些属性，可以在需要时进行查询。

GridView 控件的常用方法如表 7-2 所示。

表 7-2　GridView 控件的常用方法

方　　　法	说　　　　明
DataBind()	将数据源绑定到 GridView 控件
DeleteRow()	从数据源中删除位于指定索引位置的记录
Sort()	根据指定的排序表达式和方向对 GridView 控件进行排序
UpdateRow()	使用行的字段值更新位于指定行索引位置的记录

GridView 控件提供的方法很少，对其操作主要是通过属性和在事件处理程序中添加代码来完成的。

GridView 控件的常用事件如表 7-3 所示。

表 7-3　GridView 控件的常用事件

事　　　件	说　　　　明
PageIndexChanged	在 GridView 控件处理分页操作之后发生
PageIndexChanging	在单击导航按钮时，但在 GridView 控件处理分页操作之前发生
RowCancelingEdit	单击"取消"按钮以后，在该行退出编辑模式之前发生
RowCommand	当单击 GridView 控件中的按钮时发生
RowCreated	在 GridView 控件中创建行时发生
RowDataBound	在 GridView 控件中将数据行绑定到数据时发生
RowDeleted	在 GridView 控件删除该行之后发生
RowDeleting	在 GridView 控件删除该行之前发生
RowEditing	发生在 GridView 控件进入编辑模式之前
RowUpdated	发生在 GridView 控件对该行进行更新之后
RowUpdating	发生在 GridView 控件对该行进行更新之前

(续表)

事　　件	说　　明
SelectedIndexChanged	发生在 GridView 控件对相应的选择操作进行处理之后
SelectedIndexChanging	发生在 GridView 控件对相应的选择操作进行处理之前
Sorted	发生在 GridView 控件对相应的排序操作进行处理之后
Sorting	发生在 GridView 控件对相应的排序操作进行处理之前

【例 7-4】 使用数据源控件 SqlDataSource 和 GridView 控件读取数据库 Mobilephone 中数据表 MobilephoneInfo 的内容，同时实现排序和分页的功能，并且要求每页显示 5 条数据记录。

(1) 启动 Visual Studio 2019，创建一个 ASP.NET Web 应用程序，命名为"例 7-4"。

(2) 在网站目录下创建一个名为 Default.aspx 的窗体文件。

(3) 双击 Default.aspx 文件，进入"视图"编辑界面，打开"设计视图"，从工具箱中拖动 1 个 GridView 控件到编辑区。

(4) 按照例 7-3 中创建和配置 SqlDataSource 数据源控件的步骤绑定 MobilephoneInfo 数据表。

(5) 在"GridView 任务"列表中选择"自动套用格式"，弹出"自动套用格式"对话框。单击"选择架构"列表中的"大洋洲"选项，然后单击"确定"按钮。

(6) 双击网站目录下的 Default.aspx 文件，进入"视图"编辑界面，打开"源视图"，在编辑区中编写声明 GridView 控件的关键代码如下：

```
1. <asp:GridView ID="GridView1" runat="server" AllowPaging="True"
2. AllowSorting="True" AutoGenerateColumns="False"
3. DataKeyNames="ID" DataSourceID="SqlDataSource1" PageSize="5">
4. <Columns>
5. <asp:BoundField DataField="ID" HeaderText="手机编号" ReadOnly="True"
       SortExpression="ID" />
6. <asp:BoundField DataField="Name" HeaderText="手机名称"
       SortExpression="Name" />
7. <asp:BoundField DataField="Origin" HeaderText="手机产地"
       SortExpression="Origin" />
8. <asp:BoundField DataField="Price" HeaderText="手机价格"
       SortExpression="Price" />
9. </Columns>
10. </asp:GridView>
```

代码说明： 第 1 行添加了一个列表控件 GridView1 并设置 AllowPaging 属性启用分页功能。第 2 行设置 AllowSorting 属性使得该控件可以以字段标题进行排序，同时设置 AutoGenerateColumns 属性为 False 禁用自动生成列的功能。第 3 行通过 DataKeyNames 属性将 ID 字段作为主键；设置 DataSourceID 属性将数据源控件 SqlDataSource1 作为 GridView 的数据源；设置 PageSize 属性为 5，表示分页后，每页显示 5 条数据记录。

第 5～8 行分别定义 GridView 控件的 4 个列：Name、ID、Origin 和 Price，每一列的定义包括数据区域指定、列标题和排序表达式的设置。

(7) 按 Ctrl+F5 键运行程序，如图 7-13 所示。

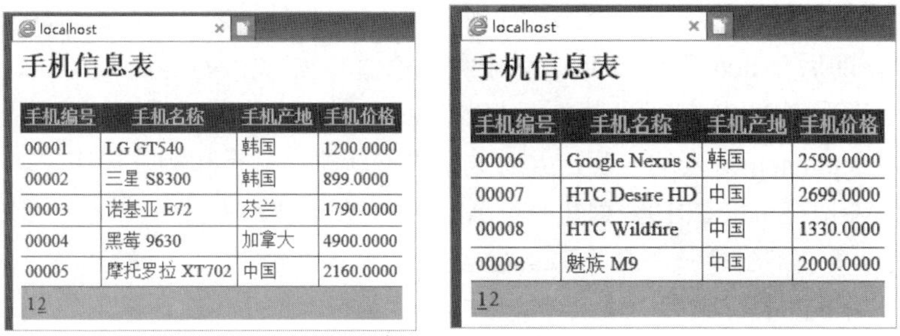

图 7-13　程序运行效果

7.3.2　ListView 控件

ListView 控件使用用户定义的模板显示数据源的值。它可以显示使用数据源控件或 ADO.NET 获得的数据。ListView 控件和 GridView 控件的区别在于，它可以使用模板和样式定义的格式显示数据。利用 ListView 控件，用户还能够逐项显示数据或按组显示数据，使控制数据的显示方式更加灵活。该控件同样支持选择、排序、分页、删除、编辑和插入记录。

ListView 控件常用的模板主要有以下几种。

(1) LayoutTemplate 模板：可以定义 ListView 控件的主要(根)布局。LayoutTemplate 模板必须包含一个充当数据占位符的控件。这些控件将包含 ItemTemplate 模板所定义的每个项的输出，可以在 GroupTemplate 模板定义的内容中对这些输出进行分组。

(2) ItemTemplate 模板：包含的控件通常已绑定到数据列或其他单个数据元素。

(3) GroupTemplate 模板：可以选择对 ListView 控件中的项进行分组。对项分组通常是为了创建平铺的表布局。在平铺的表布局中，各个项将在行中重复 GroupItemCount 属性指定的次数。

(4) EditItemTemplate 模板：可以提供已绑定数据的用户界面，从而使用户可以修改现有的数据项。使用 InsertItemTemplate 模板还可以定义已绑定数据的用户界面，以使用户能够添加新的数据项。

在 EditItemTemplate 模板中，通常需要向模板中添加一些按钮，以允许用户指定要执行的操作。例如，可以向模板中添加 Delete(删除)按钮，以允许用户删除该项；添加 Edit(编辑)按钮，可允许用户切换到编辑模式；还可以添加允许用户保存更改的 Update(更新)按钮。此外，还可以添加 Cancel(取消)按钮，以允许用户在不保存更改的情况下切换回显示模式。通过设置按钮的 CommandName 属性，可以定义按钮将执行的操作。下面列出了一些 CommandName 属性值，ListView 控件内置了针对这些值的行为。

- Select：显示所选项的 SelectedItemTemplate 模板的内容。
- Insert：在 InsertItemTemplate 模板中，将数据绑定控件的内容保存在数据源中。
- Edit：把 ListView 控件切换到编辑模式，并使用 EditItemTemplate 模板显示项。
- Update：在 EditItemTemplate 模板中，指定应将数据绑定控件的内容保存在数据源中。
- Delete：从数据源中删除项。
- Cancel：取消当前操作。显示 EditItemTemplate 模板时，如果该项是当前选定的项，则取消操作会显示 SelectedItemTemplate 模板；否则将显示 ItemTemplate 模板。显示

InsertItemTemplate 模板时，取消操作将显示空的 InsertItemTemplate 模板。

- 自定义值：默认情况下，不执行任何操作。用户可以为 CommandName 属性提供自定义值，随后在 ItemCommand 事件中测试该值并执行相应的操作。

【例7-5】使用 ListView 控件的模板，以 SqlDataSource 控件为数据源，实现显示 Mobilephone 数据库中 MobilephoneInfo 表的内容，并对数据进行新建、编辑和删除操作。

(1) 启动 Visual Studio 2019，创建一个 ASP.NET Web 应用程序，命名为"例 7-5"。

(2) 在网站目录下创建一个名为 Default.aspx 的窗体文件。

(3) 双击 Default.aspx 文件，进入"视图"编辑界面，打开"设计视图"，从工具箱中拖动 1 个 ListView 控件到编辑区。

(4) 创建和配置 SqlDataSource 数据源控件并绑定到 MobilephoneInfo 数据表。

(5) 在 ListView 控件右上方有一个向右的小三角，单击这个小三角打开"ListView 任务"列表，展开"选择数据源"下拉列表，从中选择 SqlDataSource1。

(6) 在"ListView 任务"列表中选择"配置 ListView"选项，弹出如图 7-14 所示的"配置 ListView"对话框。其中，"选择布局"列表中显示了控件可用的 5 种布局方式：网格以表格布局显示数据，平铺是使用组模板的平铺表格布局显示数据，项目符号列表是数据显示在项目符号列表中，流表示数据以使用 div 元素的流布局显示，单行是使数据显示在只有一行的表中。"选择样式"列表中显示了控件可用的 4 种外观样式。"选项"下的复选按钮提供控件可实现的功能，有编辑、插入、删除和分页。如果选择"启用分页"，必须在下面的下拉列表中选择分页的导航布局方式：一种是"下一页"/"上一页"页导航，另一种是数字页码导航。在这里布局选择"网格"，样式选择"专业型"，功能选择全部 4 种并在分页功能中使用"下一页"/"上一页"页导航，最后单击"确认"按钮。

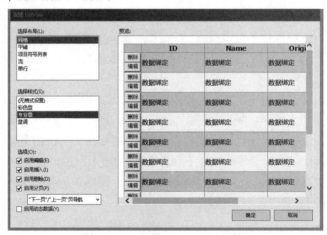

图 7-14　"配置 ListView"对话框

(7) 切换到"源视图"，在编辑区中设置分页的 PageSize 属性，让每页显示 5 条数据。编写如下代码：

```
<asp:DataPager ID="DataPager1" runat="server" PageSize="5"> </asp:DataPager>
```

代码说明： 在数据分页控件 DataPager1 的定义中，设置其 PageSize 属性为 5，表示每页显示 5 条数据。

(8) 按 Ctrl+F5 键运行程序，效果如图 7-15 所示。

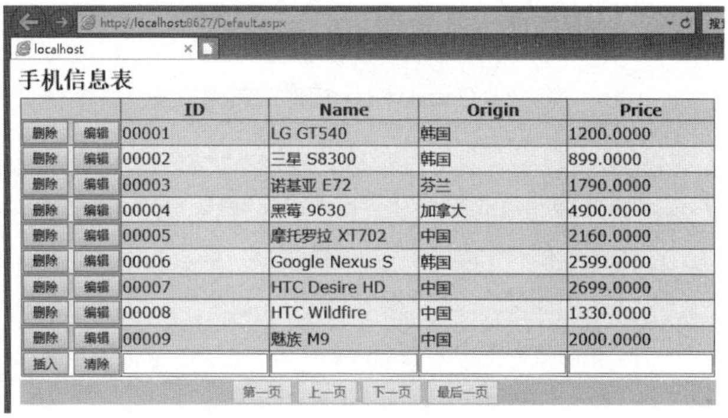

图 7-15 程序运行效果

7.3.3 DetailsView 控件

DetailsView 控件主要用来从与它联系的数据源中一次显示、编辑、插入或删除一条记录。通常，它与 GridView 控件一起使用在主/详细方案中。GridView 控件用来显示主要的数据目录，DetailsView 控件显示每条数据的详细信息。

DetailsView 控件的常用属性如表 7-4 所示。

表 7-4 DetailsView 控件的常用属性

属 性	说 明
AllowPaging	获取或设置一个值，该值指示是否启用分页功能
CurrentMode	获取 DetailsView 控件的当前数据输入模式
DataItem	获取绑定到 DetailsView 控件的数据项
DataItemCount	获取基础数据源中的项数
DataItemIndex	从基础数据源中获取 DetailsView 控件中正在显示项的索引
DataSource	获取或设置对象，数据绑定控件从该对象中检索其数据项列表
PageCount	获取在 DetailsView 控件中显示数据源记录所需的页数
PageIndex	获取或设置当前显示页的索引
PagerSettings	获取对 PagerSettings 对象的引用，使用该对象可以设置 DetailsView 控件中的页导航按钮的属性
Rows	获取表示 DetailsView 控件中数据行的 DetailsViewRow 对象的集合
SelectedValue	获取 DetailsView 控件中选中行的数据键值

默认情况下，在 DetailsView 控件中一次只能显示一行数据，如果有很多行数据的话，就需要使用 GridView 控件或分页显示。DetailsView 控件支持分页显示数据，即把来自数据源的控件利用分页的方式一次一行地显示出来，有时一行数据的信息过多的话，利用这种方式显示数据的效果可能会更好。

若要启用 DetailsView 控件的分页行为，则需要把属性 AllowPaging 设置为 True，而其页面大小则是固定，始终都是一行。当启用 DetailsView 控件的分页行为时，可以通过 PagerSettings 属性来设置控件的分页界面。

DetailsView 控件的常用方法如表 7-5 所示。

表 7-5 DetailsView 控件的常用方法

方　　法	说　　明
ChangeMode()	将 DetailsView 控件切换为指定模式
DeleteItem()	从数据源中删除当前记录
InsertItem()	将当前记录插入到数据源中
UpdateItem()	更新数据源中的当前记录

DetailsView 控件的常用事件如表 7-6 所示。

表 7-6 DetailsView 控件的常用事件

事　　件	说　　明
ItemCommand	当单击 DetailsView 控件中的按钮时发生
ItemCreated	在 DetailsView 控件中创建记录时发生
ItemDeleted	在单击 DetailsView 控件中的"删除"按钮时，但在删除操作之后发生
ItemDeleting	在单击 DetailsView 控件中的"删除"按钮时，但在删除操作之前发生
ItemInserted	在单击 DetailsView 控件中的"插入"按钮时，但在插入操作之后发生
ItemInserting	在单击 DetailsView 控件中的"插入"按钮时，但在插入操作之前发生
PageIndexChanged	当 PageIndex 属性的值在分页操作后更改时发生
PageIndexChanging	当 PageIndex 属性的值在分页操作前更改时发生

DetailsView 控件本身自带了编辑数据的功能，只要把属性 AutoGenerateDeleteButton、AutoGenerateInsertButton 和 AutoGenerateEditButton 设置为 True 就可以启用 DetailsView 控件的编辑数据功能，当然，实际的数据操作过程还是在数据源控件中进行。与 GridView 控件相比，DetailsView 控件中支持进行数据的插入操作。

7.4 综合练习

本练习通过 SqlDataSource 控件、GridView 控件和 DetailsView 控件的结合使用，实现主从表查询，并且在 DetailsView 控件中完成新建、编辑和删除数据的操作。

(1) 启动 Visual Studio 2019，创建一个 ASP.NET Web 应用程序，命名为"综合练习"。

(2) 双击网站根目录下的 Default.aspx 文件，进入"视图"编辑界面，打开"设计视图"，从工具箱中拖动 1 个 DetailsView 控件、1 个 GridView 控件和 1 个 SqlDataSource 控件到编辑区。

(3) 创建、配置 SqlDataSource 控件的数据源并绑定 MobilephoneInfo 数据表。

(4) 在 DetailsView 控件右上方有一个向右的小三角，单击这个小三角打开"DetailsView 任务"列表,在"选择数据源"下拉列表中选择 SqlDataSource1,如图 7-16 所示。

(5) 这时 DetailsView1 控件的外观会根据 SqlDataSource1 控件中设置的属性发生相应变化,如图 7-16 所示。然后选中"DetailsView 任务"列表中的"启用分页""启用插入""启用编辑""启用删除"4 个复选框按钮。

(6) 在"DetailsView 任务"列表中选择"自动套用格式"选项,弹出"自动套用格式"对话框。单击"选择架构"列表中的"专业型"选项,然后单击"确定"按钮。

(7) 在"DetailsView 任务"列表中选择"编辑字段",进入"字段"对话框,设置 DetailsView 控件中 4 个列字段: 手机编号、手机名称、手机产地和手机价格,以及要绑定的数据库表字段的值。最后设计好的 DetailsView 控件界面,如图 7-17 所示。

图 7-16 "DetailsView 任务"列表

图 7-17 DetailsView 控件界面

(8) 单击 GridView 控件右上方向右的黑色小三角,打开"GridView 任务"列表,在"选择数据源"下拉列表中选择 SqlDataSource1。然后单击"GridView 任务"列表中的"编辑列",进入如图 7-18 所示的"字段"对话框。选择"可用字段"列表中的 CommandField,单击"添加"按钮。在"选定的字段"列表中单击刚才选择的 CommandField,右边 CommandField 列表中可以设置相关的属性。这里设置 ShowSelectButton 属性为 True,在 GridView 控件添加一个操作选择数据行的列,显示"选择"按钮。最后单击"确定"按钮。

(9) 在"GridView 任务"列表中选择"自动套用格式",弹出"自动套用格式"对话框。单击"选择架构"列表中的"专业型"选项,然后单击"确定"按钮。

(10) 在 GridView 控件的"属性"窗口中设置 AllowPaging 属性为 True,PageSize 属性为 3,AutoGenerateColumns 属性为 False。

(11) 双击网站根目录下的 Default.aspx.cs,在打开的 Default.aspx.cs 文件中添加如下代码:

```
1. protected void GridView1_SelectedIndexChanged1(object sender, EventArgs e){
2.     this.DetailsView1.PageIndex =
           this.GridView1.SelectedRow.DataItemIndex;
3. }
```

代码说明: 第 1 行处理 GridView1 控件的 SelectedIndexChanged1 事件。第 2 行将控件中选择行的数据项的索引作为 DetailsView1 的页面索引。

(12) 按 Ctrl+F5 键运行程序，运行效果如图 7-19 所示。页面上面的主列表是 GridView1 控件，下面的从列表是 DetailsView1 控件。单击上表数据行中的"选择"按钮，下表显示相关数据行详细信息。

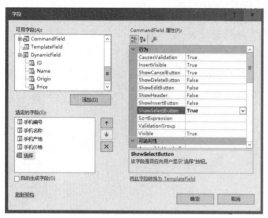

图 7-18　"字段"对话框

图 7-19　程序运行效果

7.5　习题

一、填空题

1. SqlDataSource 控件不呈现任何用户界面，而是充当_____与_____之间的桥梁。

2. 在实现了绑定的数据源之后，需要调用控件的_____方法来实现控件的数据绑定。

3. 要使用 GridView 控件的排序功能，需要将_____属性设为 True。

4. 在 ListView 控件中使用_____模板来添加操作按钮。

5. 与 GridView 控件相比，DetailsView 控件中支持进行数据的_____操作。

二、选择题

1. SqlDataSource 数据源控件用于连接(　　)。

　A. SQL Server 数据库　　　　　　　B. Oracle 数据库

　C. OLEDB 数据源　　　　　　　　　D. ODBC 数据源

2. 下面(　　)选项属于 GridView 控件的分页模式。

　A. NextPrevious　　　　　　　　　　B. NextPreviousFirstLast

　C. Numeric　　　　　　　　　　　　D. NumericFirst

3. GridView 控件中 Columns 集合的字段包括(　　)。

　A. BoundField　　　　　　　　　　　B. CommandField

　C. HyperLinkField　　　　　　　　　D. CheckBoxField

4. 在 ASP.NET 中，对于数据绑定的数据源而言，下列说法正确的是(　　)。

　A. 可以是来自数据库中的数据

　B. 可以是来自 XML 文档或其他控件的信息

　　C. 可以是来自其他进程的信息或者运行过程

　　D. A、B、C 都正确

5. 要使用 GridView 控件的选择功能，需要将(　　)属性设为 True。

　　A. AllowSorting　　　　　　　　　　B. AllowPaging

　　C. AutoGenerateSelectButton　　　　D. AutoGenerateColumns

三、上机题

1. 创建并调试本章所有的实例。

2. 利用第 6 章习题中上机题 2 创建的 Album 数据库中的 AlbumInfo 数据表，读取表的数据放在 DataSet 中，然后利用数据绑定的方法把数据显示在 GridView 控件中。程序运行效果如图 7-20 所示。

3. 在题 2 的基础上，通过 GridView 控件和数据源控件 SqlDataSource 实现 AlbumInfo 数据表的列表显示。程序运行效果如图 7-20 所示。

4. 在题 3 的基础上，使用 GridView 控件配合 SqlDataSource 数据源控件实现对所选择的某条用户数据进行编辑的操作。程序执行结果如图 7-21 所示。

图 7-20　题 2 和题 3 运行效果　　　　　　图 7-21　题 4 运行效果

5. 在题 4 的基础上，使用 GridView 控件配合 SqlDataSource 数据源控件实现对数据表进行分页和排序操作。程序运行效果如图 7-22 所示。

6. 完善题 5 的程序，使用 GridView 控件的删除功能，配合 SqlDataSource 数据源控件实现对所选择的某条专辑信息进行删除操作。程序运行效果如图 7-23 所示。

图 7-22　题 5 运行效果　　　　　　图 7-23　题 6 运行效果

第8章
网站设计

在 ASP 和 ASP.NET 早期版本中，开发人员要想使网站页面的设计变得简单而高效，可以说是一个不可能完成的任务。直到导航控件、主题和母版页机制的出现，才改变了这种情况。母版页可以为应用程序中的页面创建统一的布局，实现页面代码的重复使用；导航控件使编程人员对站点导航的管理变得非常简单，几乎不用编写代码；主题则让开发人员对页面控件的样式控制易如反掌。如果用户能够熟练地掌握这 3 种设计网站的技术，就会明显地感到网站设计也并非是美工的专利。

☑ **本章重点**

- 主题的创建和应用
- 3 种导航控件的灵活使用
- 用母版页对网站进行统一布局

8.1 网站导航

为了方便用户在网站中进行页面导航，几乎每个网站都会使用页面导航控件。有了页面导航功能，用户可以很方便地在一个复杂的网站中进行页面之间的跳转。ASP.NET 4.0 中提供了 3 种导航控件：TreeView 控件、Menu 控件和 SiteMapPath 控件，同时提供了一个用于连接数据源的 SiteMapDataSource 控件。利用 3 种导航控件与 SiteMapDataSource 控件，用户可以很轻松实现页面导航功能。

ASP.NET 的导航主要包含 3 部分。

(1) 使用 XML 结构形式的网站地图文件来存储导航结构信息。

(2) 使用 SiteMapDataSource 控件绑定到导航控件。

(3) 通过导航控件实现导航功能。

ASP.NET 4.0 提供了名为 XmlSiteMapProvider 的网站地图提供器，使用 XmlSiteMapProvider 可以从 XML 文件中获取网站地图信息。如果要从其他位置或从一个自定义的格式获取网站地图信息，就需要创建定制的网站地图提供器，或者寻找一个第三方解决方案。

XmlSiteMapProvider 会从根目录中寻找名为 Web.sitemap 的文件来读取信息，它解析了 Web.sitemap 文件中的网站地图数据后创建一个网站地图对象，而这个网站地图对象能够被

SiteMapDataSource 所使用，而 SiteMapDataSource 可以被页面中的导航控件所绑定，最后由导航控件把网站的导航信息显示在页面上。

8.1.1　网站地图

网站地图 Web.sitemap 是一个标准的、有固有格式的 XML 文件，它存储着网站的导航结构信息。网站地图的定义非常简单，可以直接使用文本编辑器进行编辑，还可以使用 Visual Studio 2019 创建，创建的站点地图文件可以自动生成组成网站地图的基本结构，代码如下：

```xml
<?xml version="1.0" encoding="utf-8" ?>
<siteMap xmlns="http://schemas.microsoft.com/AspNet/SiteMap-File-1.0" >
        <siteMapNode url="" title="" description="">
        <siteMapNode url="" title="" description="" />
        <siteMapNode url="" title="" description="" />
    </siteMapNode>
</siteMap>
```

以上代码是自动生成的网站地图的基本结构信息组成代码。在添加了站点地图文件后，就可以按照自动生成的网站地图的基本结构添加适合本网站的数据信息。

创建站点地图必须遵循以下原则。

1. 网站地图以<siteMap>元素开始

每一个 Web.sitemap 文件都是以<siteMap>元素开始，以与之相对的</siteMap>元素结束。其他信息则放在<siteMap>元素和</siteMap>元素之间，示例代码如下：

```xml
<siteMap xmlns="http://schemas.microsoft.com/AspNet/SiteMap-File-1.0" >
    ...
</siteMap>
```

以上代码中 xmlns 属性是必需的。如果使用文本编辑器编辑站点地图文件，必须把上面代码中的 xmlns 属性值完全复制过去，它告诉 ASP.NET 这个 XML 文件使用了网站地图标准。

2. 每一页由<siteMapNode>元素来描述

每一个站点地图文件定义了一个网站的页面组织结构，可以使用<siteMapNode>元素向这个组织结构插入一个页面，这个页面将包含一些基本信息：页面的名称(将显示在导航控件中)、页面的描述以及 URL(页面的链接地址)。示例代码如下：

```xml
<siteMapNode url="～/default.aspx" title="主页" description="网站的主页面" />
```

3. <siteMapNode>元素可以嵌套

一个<siteMapNode>元素表示一个页面，通过嵌套<siteMapNode>元素可以形成树形结构的页面组织结构。示例代码如下：

```xml
<siteMapNode url="～/Default.aspx" title="主页" description="主页面">
    <siteMapNode url="～/WebForm1.aspx" title="页面 1" description="页面 1" />
```

```
    <siteMapNode url="～/WebForm2.asp" title="页面 2" description="页面 2" />
</siteMapNode>
```

以上代码包含 3 个节点，其中主页为顶层页面，其他两个页面为下一级页面。

站点地图的创建有以下特点。

(1) 每一个站点地图都是以单一的<siteMapNode>元素开始的。

(2) 每一个站点地图都要包含一个根节点，而所有其他的节点都包含在根节点中。

(3) 不允许使用重复的 URL。

【例 8-1】创建一个图书馆网站的网站地图 Web.sitemap 文件来存放该网站导航层次的结构。

(1) 启动 Visual Studio 2019，创建一个 ASP.NET Web 应用程序，命名为"例 8-1"。

(2) 右击网站项目名称，在弹出的快捷菜单中选择"添加新项"命令。

(3) 弹出"添加新项"对话框中选择"已安装"模板下的 Visual C#模板，并在模板文件列表中选中"站点地图"，然后在"名称"文本框中输入该文件的名称 Web.sitemap，最后单击"添加"按钮，如图 8-1 所示。

(4) 此时在网站根目录下会创建一个如图 8-2 所示的 Web.sitemap 文件。

图 8-1 "添加新项"对话框

图 8-2 生成文件

(5) 双击打开 Web.sitemap 文件，编写代码如下:

```
1. <?xml version="1.0" encoding="utf-8" ?>
2. <siteMap xmlns="http://schemas.microsoft.com/AspNet/SiteMap-File-1.0" >
3. <siteMapNode url="" title=" " description="">
4. <siteMapNode url="" title="首页" description=""></siteMapNode>
5. <siteMapNode url="" title="本馆概况" description=" ">
6.      <siteMapNode url="MerchandiseSale.aspx" title="本馆简介" description="" />
7.      <siteMapNode url="IntegralMerchandise.aspx" title="地理位置" description="" />
8.      <siteMapNode url="Admin/IntegralUseRule.aspx" title="部门介绍" description="" />
9. </siteMapNode>
10. <siteMapNode url="" title="服务指南" description=" ">
```

```
11.    <siteMapNode url="Admin/CardReset.aspx?PageView=AddCardType"
              title="自助借还" description="" />
12.    <siteMapNode url="Admin/CardReset.aspx?PageView=UpdateCardType"
              title="开发时间" description="" />
13.    <siteMapNode url="Admin/CardReset.aspx?PageView=UpdateRule"
              title="上图一卡通" description="" />
14.    <siteMapNode url="Admin/CardReset.aspx?PageView=GetRule"
              title="读者须知" description="" />
15. </siteMapNode>
16. <siteMapNode url="" title="读者服务" description=" ">
17.    <siteMapNode url="AddUserMember.aspx" title="数字阅览" description="" />
18.    <siteMapNode url="MemberInfoSelect.aspx" title="新书点播" description="" />
19.    <siteMapNode url="MemberEdit.aspx" title="网上续借" description="" />
20. </siteMapNode>
21. <siteMapNode url="" title="特色服务" description=" ">
22.    <siteMapNode url="IntegralInfo.aspx" title="网上展览" description="" />
23.    <siteMapNode url="HistotySelect.aspx" title="英语沙龙" description="" />
24.    <siteMapNode url="History.aspx" title="培训讲座" description="" />
25. </siteMapNode>
26. </siteMapNode>
27. </siteMap>
```

　　代码说明：这段代码定义了一个具有 3 个层次的站点地图。第 3 行定义了网站地图的根节点，也就是第一个层次。第 4、5、10、16、21 行定义的是网站的"首页""本馆概况""服务指南""读者服务"和"特色服务"5 个父节点，它们是第二个层次。其中，"本馆概况"下在第 6～8 行分别定义了 3 个低一级的子节点；"服务指南"下在第 11～14 行分别定义了 4 个低一级的子节点；"读者服务"下在第 17～19 行分别定义了 3 个低一级的子节点；"特色服务"下在第 22～24 行分别定义了 3 个低一级的子节点。这些低一级的子节点构成了第三个层次。在每个层次中都有 3 个属性，url 属性用于设置页面导航的地址，title 属性用于设置节点的名称，description 属性用于设置节点的说明文字。

8.1.2　SiteMapDataSource 控件

　　SiteMapDataSource 控件是网站地图的数据源，Web 导航控件(如 TreeView、Menu 等)可以通过 SiteMapDataSource 控件和分层的网站地图数据绑定，而网站地图中的数据则由网站地图提供程序负责储存。这些 Web 导航控件将站点地图显示为一个分层的目录或者直接对站点进行主动式导航。

　　SiteMapDataSource 控件绑定到网站地图数据，并在网站地图层次结构中指定的起始节点显示其视图。默认情况下，起始节点是层次结构的根节点，但也可以是层次结构中的任何其他节点。

　　SiteMapDataSource 控件专用于导航数据，但不支持排序、筛选、分页或缓存之类的常规数据源操作，也不支持更新、插入或删除之类的数据记录操作。

在页面上添加一个 SiteMapDataSource 控件，可以从工具箱中把它直接拖动到页面中，定义该控件的代码如下：

```
<asp:SiteMapDataSource ID="SiteMapDataSource1" runat="server" />
```

以上代码定义一个服务器网站地图控件 SiteMapDataSource1 并设置它的 ID 属性。在页面的设计视图中，SiteMapDataSource 控件呈现为一个灰色的方框，但它不会呈现在浏览器中。

为了能够把导航控件与 SiteMapDataSource 控件联系起来，需要添加一个绑定到 SiteMapDataSource 控件的导航控件，关键是设置导航控件的 DataSourceID 属性为 SiteMapDataSource 控件的 ID。示例代码如下：

```
<asp:TreeView ID="TreeView1" runat="server"
    DataSourceID="SiteMapDataSource1">
```

以上代码显示了一个 TreeView 控件的定义，其 DataSourceID 属性为 SiteMapDataSource1。

8.1.3　导航控件

导航控件是 ASP.NET 中专门用于网站导航的 Web 服务器控件，主要包括 TreeView 控件、Menu 控件和 SiteMapPath 控件，这 3 种控件将以不同的形式在页面上显示网站的导航层次。

1. TreeView 控件

TreeView 控件以树形结构来对网站进行导航，它支持以下功能。

(1) 数据绑定，允许控件的节点绑定到 XML、表格或关系数据。

(2) 站点导航，通过与 SiteMapDataSource 控件集成实现。

(3) 节点文本既可以显示为纯文本，也可以显示为超链接。

(4) 借助编程方式访问 TreeView 对象模型，以动态地创建树、填充节点、设置属性等。

(5) 客户端节点填充。

(6) 在每个节点旁显示复选框的功能。

(7) 通过主题、用户定义的图像和样式可实现自定义外观。

TreeView 控件由节点组成，树中的每一项都称为一个节点，它由一个 TreeNode 对象表示。节点有如下几种类型。

- 父节点：包含其他节点。
- 子节点：被其他节点包含。
- 叶节点：不包含子节点。
- 根节点：不被其他节点包含，同时是所有其他节点的上级节点。

一个节点可以同时为父节点和子节点，但不能同时为根节点、父节点和叶节点。而节点的类型决定着节点的可视化属性和行为属性。

TreeView 控件的常用属性如表 8-1 所示。

表 8-1　TreeView 控件的常用属性

属　　性	说　　明
CheckedNodes	获取 TreeNode 对象的集合，表示在 TreeView 控件中显示选中的复选框节点
ExpandDepth	获取或设置第一次显示 TreeView 控件时所展开的层次数
ImageSet	获取或设置用于 TreeView 控件的图像组
LevelStyles	获取 Style 对象的集合，这些对象表示树中各个级上的节点样式
Nodes	获取 TreeNode 对象的集合，它表示 TreeView 控件中根节点
SelectedNode	获取表示 TreeView 控件中选定节点的 TreeNode 对象
SelectedNodeStyle	获取 TreeNodeStyle 对象，该对象控制 TreeView 控件中选定节点的外观
SeletedValue	获取选定节点的值
ShowCheckBoxes	获取或设置一个值，它指示哪些节点类型将在 TreeView 控件中显示复选框
ShowLines	获取或设置一个值，它指示是否显示连接子节点和父节点的线条
Target	获取或设置要在其中显示与节点相关联的网页内容的目标窗口或框架

【例 8-2】根据例 8-1 创建的 Web.sitmap 网站地图，使用 TreeView 控件、SiteMapDataSource 控件实现图书馆网站的树状网站导航。

(1) 在例 8-1 中创建的网站根目录下创建一个名为 Default.aspx 的窗体文件。

(2) 双击 Default.aspx 文件，进入"视图"编辑界面，打开"设计视图"，从工具箱中拖动 1 个 TreeView 控件和 1 个 SiteMapDataSource 控件到编辑区。切换到"源视图"，在编辑区的<form>和</form>节点中编写代码如下：

```
1.  <asp:TreeView ID="TreeView1" runat="server"
        DataSourceID="SiteMapDataSource1"></asp:TreeView>
2.  <asp:SiteMapDataSource ID="SiteMapDataSource1" runat="server"
        ShowStartingNode="False" />
```

代码说明：第 1 行添加一个 TreeView 控件并设置其 DataSourceID 属性为 SiteMapDataSource1 控件。第 2 行添加一个 SiteMapDataSource 控件并设置其根节点不显示。

(3) 按 Ctrl+F5 键运行程序，效果如图 8-3 所示。

图 8-3　程序运行效果

2. Menu 控件

Menu 控件以菜单的结构形式来对网站进行导航，可以采用水平方向或竖直方向的形式导航，它支持以下功能。

(1) 通过与 SiteMapDataSource 控件集成提供对站点导航的支持。

(2) 可以显示为可选择文本或超链接的节点文本。

(3) 通过编程访问 Menu 对象模型，使程序员可以动态地创建菜单、填充菜单项以及设置属性等。

(4) 能够采用水平方向或竖直方向的形式导航。

(5) 支持静态或动态的显示模式。

用户单击菜单项时，Menu 控件可以导航到所链接的网页或直接回发到服务器。如果设置了菜单项的 NavigateUrl 属性，则 Menu 控件导航到所链接的页；否则，该控件将页回发到服务器进行处理。默认情况下，链接页与 Menu 控件显示在同一窗口或框架中。若要在另一个窗口或框架中显示链接内容，可使用 Menu 控件的 Target 属性。

Menu 控件由菜单项(由 MenuItem 对象表示)树组成。顶级(级别 0)菜单项称为根菜单项。具有父菜单项的菜单项称为子菜单项。所有根菜单项都存储在 Items 集合中。子菜单项存储在父菜单项的 ChildItems 集合中。

每个菜单项都具有 Text 属性和 Value 属性。Text 属性的值显示在 Menu 控件中，而 Value 属性则用于存储菜单项的任何其他数据(如传递给与菜单项关联的回发事件的数据)。在单击时，菜单项可导航到 NavigateUrl 属性指示的另一个网页。

Menu 控件的常用属性如表 8-2 所示。

表 8-2　Menu 控件的常用属性

属　　性	说　　明
Items	获取 MenuItemCollection 对象，该对象包含 Menu 控件中的所有菜单项
Orientation	获取或设置 Menu 控件的呈现方向
PathSeparator	获取或设置用于分隔 Menu 控件的菜单项路径的字符
SelectedItem	获取选定的菜单项
SelectedValue	获取选定菜单项的值
SkipLinkText	获取或设置屏幕读取器读取的隐藏图像替换文字，提供跳过链接列表的功能
Target	获取或设置用来显示菜单项的关联网页内容的目标窗口或框架

【例 8-3】借助 SiteMapDataSource 控件将网站地图绑定到 Menu 控件，通过可视化方式创建图书馆网站的菜单控件导航。

(1) 启动 Visual Studio 2019，创建一个 ASP.NET Web 应用程序，命名为"例 8-3"。

(2) 在该网站中创建一个 Web.sitemap 文件，文件中的内容与例 8-1 中的同名文件相同。

(3) 在网站根目录下创建一个名为 Default.aspx 的窗体文件。

(4) 双击 Default.aspx 文件，进入"视图"编辑界面，打开"设计视图"，从工具箱中拖动 1 个 Menu 控件到编辑区。

(5) 将光标移到 Menu 控件上，其上方会出现一个向右的小三角，单击小三角弹出"Menu 任务"列表，如图 8-4 所示。

图 8-4　"Menu 任务"列表

(6) 展开"选择数据源"下拉列表，选择"新建数据源"命令，弹出如图 8-5 所示的"数据源配置向导"对话框。在"应用程序从哪里获取数据"列表中选择"站点地图"，单击"确定"按钮。

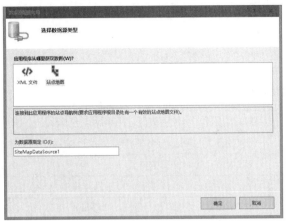

图 8-5　"数据源配置向导"对话框

(7) 在"Menu 任务"列表中选择"自动套用格式"选项，弹出"自动套用格式"对话框，选择"选择架构"列表中的"彩色型"，然后单击"确定"按钮。

(8) 进入 Menu 控件的"属性"窗口，设置 Orientation 属性为 Horizontal，表示菜单将以水平方向布局。

(9) 进入 SiteMapDataSource1 控件的"属性"窗口，设置 ShowStartingNode 属性为 False，表示不显示根节点。

(10) 按 Ctrl+F5 键运行程序，效果如图 8-6 所示。

3. SiteMapPath 控件

SiteMapPath 控件显示一个导航路径，此路径为用户显示

图 8-6　程序运行效果

当前页的位置，并显示返回到主页的路径链接。SiteMapPath 控件包含来自站点地图的导航数据，此数据包括有关网站中页的信息，如 URL、标题、说明和导航层次结构中的位置。

SiteMapPath 控件使用起来非常简单，但却解决了很大的问题，只需要将导航数据存储在一个地方，通过修改该导航数据，就可以方便地在网站的导航栏目中添加和删除项。

SiteMapPath 控件由节点组成。所谓节点就是路径中的每个元素，用 SiteMapNodeItem 对象表示。SiteMapPath 控件包含如下几种节点类型。

(1) 根节点：锚定节点分层组的节点。

(2) 父节点：有一个或多个节点但不是当前节点的节点。

(3) 当前节点：表示当前显示页的节点。

SiteMapPath 控件的常用属性如表 8-3 所示。

表 8-3　SiteMapPath 控件的常用属性

属　　性	说　　明
CurrentNodeStyle	获取用于当前节点显示文本的样式
CurrentNodeTemplate	获取或设置一个控件模板，用于代表当前显示页的站点导航路径的节点

(续表)

属　　　性	说　　　明
NodeStyle	获取用于站点导航路径中所有节点显示文本的样式
NodeTemplate	获取或设置一个控件模板，用于站点导航路径的所有功能节点
ParentLevelsDisplayed	获取或设置控件显示的相对于当前显示节点的父节点级别数
PathDirection	获取或设置导航路径节点的呈现顺序
PathSeparator	获取或设置一个字符串，字符串在呈现导航路径中分隔 SiteMapPath 节点
PathSeparatorTemplate	获取或设置一个控件模板，用于站点导航路径的路径分隔符
Provider	获取或设置与 Web 服务器控件关联的 SiteMapProvider
RootNodeStyle	获取根节点显示文本的样式
RootNodeTemplate	获取或设置一个控件模板，用于站点导航路径的根节点
ShowToolTips	获取或设置一个值，该值指示 SiteMapPath 控件是否为超链接导航节点编写附加超链接属性。根据客户端支持，在将光标悬停在设置了附加属性的超链接上时，将显示相应的工具提示
SiteMapProvider	获取或设置用于呈现站点导航控件的 SiteMapProvider 名称

【例 8-4】 使用站点地图 Web.sitemap 和 SiteMapPath 控件实现图书馆网站的路径网导航功能。

(1) 启动 Visual Studio 2019，创建一个 ASP.NET Web 应用程序，命名为"例 8-4"。

(2) 在该网站中创建一个 Web.sitemap 文件，文件中的内容与例 8-1 中的同名文件相同。

(3) 在网站根目录下创建一个名为 Default.aspx 的窗体文件。

(4) 双击 Default.aspx 文件，进入"视图"编辑界面，打开"设计视图"，从工具箱中拖动 1 个 SiteMapPath 控件到编辑区。

(5) 将光标移到 SiteMapPath 控件上，其上方会出现一个向右的小三角，单击小三角弹出 "SiteMapPath 任务"列表，如图 8-7 所示，选择"自动套用格式"命令。

(6) 在弹出的"自动套用格式"对话框中，选择"选择架构"列表中的"彩色型"，单击"确定"按钮。

(7) 分别创建两个窗体页面 MerchandiseSale.aspx 和 MemberEdit.aspx，用于显示本馆介绍和网上续借两个页面。

(8) 在新创建的两个页面中各自添加一个 SiteMapPath 控件并设置相同的格式。

(9) 右击网站目录中的 MerchandiseSale.aspx 文件，在弹出的菜单中选择"在浏览器中查看"命令，运行后的结果如图 8-8 所示。

(10) 右击网站目录中的 MemberEdit.aspx 文件，在弹出的菜单中选择"在浏览器中查看"命令，运行后的效果如图 8-9 所示。

图 8-7　"SiteMapPath 任务"列表

图 8-8　程序运行效果 1

图 8-9　程序运行效果 2

8.2 主题

在 ASP.NET 4.0 中内置了主题机制，使得开发人员可以很轻松地对页面的设置实现更多选择。主题机制有以下优点：在处理主题的设置时提供了清晰的目录结构，资源文件的层级关系非常清晰；在易于查找和管理的同时，提供了良好的扩展性。因此，使用主题可以提高设计和维护网站的效率。

8.2.1 主题简介

ASP.NET 4.0 提供了一个新功能——主题，用来集中制作每个页面、每个服务器控件或对象的外观样式，所以在 ASP.NET 4.0 中很容易实现个性化外观的定制。主题以文本的方式集中设置样式，有效解决了应用程序界面风格统一和多样化的矛盾。

主题至少包含一个外观文件(.skin 文件)，它是在网站或 Web 服务器上的特殊目录中定义的，一般把这个特殊目录称为专用目录，名字为 App_Themes。App_Themes 目录下可以包含多个主题目录，主题目录的命名由程序员自己决定。外观文件等资源放在主题目录下。主题的目录结构如图 8-10 所示，专用的目录 App_themes 下包含 3 个主题目录，每个主题目录下包含了一个外观文件。

图 8-10　主题目录结构

主题是有关页面和控件的外观属性设置的集合，由外观文件、级联样式表(CSS)、图像和其他资源组成。

1. 外观文件

外观文件是具有文件扩展名.skin 的文件。在外观文件里，可以定义控件的外观属性。外观文件的代码形式如下：

```
<asp:LinkButton runat="server" BackColor="Red"></asp: LinkButton >
```

上面的代码定义一个 LinkButton 控件，除了不包含 ID、Text 等属性外，和通常定义 LinkButton 控件的代码几乎一样。但就是这样一行简单代码就定义了 LinkButton 控件的一个外观，可以在网页引用该外观去设置 LinkButton 控件的外观。

2. 级联样式表

级联样式表(Cascading Style Sheet)简称样式表，即常用的 CSS 文件，是具有文件扩展名.css 的文件，也是用来存放定义控件外观属性的代码文件。在页面开发中，采用级联样式表，可以有效地对页面的布局、字体、颜色、背景和其他效果实现更加精确的控制，而且只要对相应的代码做一些简单的修改，就可以改变同一页面的不同部分外观属性，或者不同网页的外观和格式。正因为级联样式表具有这样的特性，所以在主题技术中综合了级联样式表的技术。

3. 图像和其他资源

图像就是图形文件，其他资源可以是声音文件、脚本文件等。有时候为了控件美观，只是靠颜色、大小和轮廓来定义并不能满足要求，这时候就会考虑把一些图片、声音等加到控件外观属性定义中。例如可以为 LinkButton 控件的单击加上特殊的音效，为 TreeView 控件的展开和收起按钮定义不同的图片。

主题的应用范围可以分为以下两种。

(1) 页面主题应用于单个 Web 应用程序，它是一个主题文件夹，其中包含控件外观、样式表、图形文件和其他资源，该文件夹是作为网站中的\App_Themes 文件夹的子文件夹创建的。每个主题都是\App_Themes 文件夹的一个不同的子文件夹。

(2) 全局主题可应用于服务器上的所有网站，全局主题与页面主题类似，它们都包括属性设置、样式表设置和图形文件。但是，全局主题存储在对 Web 服务器具有全局性质的名为 Themes 的文件夹中。服务器上的任何网站以及任何网站中的任何页面都可以引用全局主题。

【例 8-5】 在 Visual Studio 2019 的网站中创建一个主题和外观文件。

(1) 启动 Visual Studio 2019，创建一个 ASP.NET Web 应用程序，命名为 "例 8-5"。

(2) 右击网站项目名称，在弹出的快捷菜单中选择 "添加 ASP.NET 文件夹" | "主题" 命令，如图 8-11 所示，此时就会在该网站项目下添加一个名为 App_Themes 的文件夹，并在该文件夹中自动添加一个默认名为 "主题 1" 的主题文件夹。

(3) 右击 "主题 1" 文件夹，在弹出的快捷菜单中选择 "添加新项" 命令，如图 8-12 所示。

图 8-11 添加 ASP.NET 文件夹   图 8-12 添加新项

(4) 弹出如图 8-13 所示的 "添加新项" 对话框，选择 "已安装" 模板下的 Visual C#模板，并在模板文件列表中选中 "外观文件"，然后在 "名称" 文本框中输入该文件的名称 SkinFile.skin，最后单击 "添加" 按钮。

(5) 此时在 "主题 1" 文件夹中会生成一个如图 8-14 所示的 SkinFile.skin 外观文件。

图 8-13 "添加新项" 对话框   图 8-14 生成外观文件

(6) 双击 SkinFile.skin 文件，打开该文件，代码如下：

```
1. <%--
2. 默认的外观模板。以下外观仅作为示例提供。
3. 1. 命名的控件外观。SkinId 的定义应唯一，因为在同一主题中不允许一个控件类型有重复的 SkinId。
4. <asp: GridView runat="server" SkinId="gridviewSkin" BackColor="White" >
5. <AlternatingRowStyle BackColor="Blue" />
6. </asp:GridView>
7. 2. 默认外观。未定义 SkinId。在同一主题中每个控件类型只允许有一个默认的控件外观。
8. <asp:Image runat="server" ImageUrl="~/images/image1.jpg" />
9. --%>
```

代码说明： 这是一段对外观文件编写的说明性文字，告诉开发人员以何种格式来编写控件的外观属性定义。其中，第 4 行和第 8 行提供了两个外观定义的示例，一个是列表控件 GridView，另一个是图像控件 Image。

(7) 按照以上说明格式，在代码中添加一个 Button 控件的外观属性定义，代码如下：

```
<asp:Button runat="server" SkinID="Steady" BackColor="Black" ForeColor="White" ></asp:Button >
```

代码说明： 定义了一个按钮控件 Button 的外观，设置其 SkinID 属性的名称以及背景和文字的显示颜色。

通过以上步骤，一个可以应用于整个网站项目的主题就建立完成了。

8.2.2　主题的应用

在网页中使用某个主题都会在网页定义中加上"Theme=[主题目录]"的属性，代码如下：

```
<%@ Page Theme="主题 1" … %>
```

为了将主题应用于整个项目，可以在项目根目录下的 Web.config 文件中进行配置，代码如下：

```
1. <configuration>
2.     <system.web>
3.         <Pages Themes="主题 1"></Pages>
4.     </system.web>
5. </configuration>
```

代码说明： 主题的配置是在配置文件的 configuration 节点下的 system.web 节点中进行。第 3 行代码通过使用 Pages 节点把属性 Themes 设置为"主题 1"，从而将该主题应用于整个项目。

只有遵守上述配置规则，在外观文件中定义的显示属性才能够起作用。

在 ASP.NET 中属性设置的优先级规则是：如果设置了页的主题属性，则主题和页中的控件设置将进行合并，以构成控件的最终属性设置。如果同时在控件和主题中定义了同样的属性，则主题中的控件属性设置将重写控件上的任何页设置。使用这种属性规则的明显好处是：通过主题可以为页面上的控件定义统一的外观，如果修改了主题的定义，页面上控件的属性也会跟着做统一的变化。

ASP.NET 为 Web 控件提供了一个联系到外观的属性 SkinID，用来标识控件使用两种类型的控件外观：默认外观和命名外观。其中，默认外观自动应用于同一类型的所有控件；命名外观是设置了 SkinID 属性的外观。如果控件没有设置 SkinID 属性，则使用默认外观。例如，如果为 TextBox 控件创建一个默认外观，则该控件外观适用于使用本主题页面上所有的 TextBox 控件。

以下代码对 TextBox 控件定义了 3 种不同的外观：

```
1. <asp:Textbox runat="server" CssClass="commonText"></asp: Textbox >
2. <asp: Textbox runat="server" CssClass="MsgText" SkinID="MsgText"></asp: Textbox >
3. <asp: Textbox runat="server" CssClass="PromptText" SkinID="PromptText"></asp: Textbox >
```

代码说明： 第 1 行代码是默认外观定义，不包含 SkinID 属性，该定义作用于所有不声明 SkinID 属性的标签控件。第2行和第3行代码是命名外观，相应的为标签控件声明了不同的 SkinID 属性。

【**例 8-6**】使用外观文件对控件的外观进行定义，从而实现注册页面中 2 个 TextBox 控件和 2 个 Button 控件的主题显示。

(1) 启动 Visual Studio 2019，创建一个 ASP.NET Web 应用程序，命名为 "例 8-6"。

(2) 在网站中创建 1 个主题目录 "主题 1"，并在该目录下创建 1 个外观文件 SkinFile.skin。

(3) 在网站目录下创建一个名为 Default.aspx 的窗体文件。

(4) 双击 Default.aspx 文件，进入 "视图" 编辑界面，打开 "设计视图"，从工具箱分别拖动 2 个 TextBox 控件和 2 个 Button 控件到编辑区中。切换到 "源视图"，添加关键代码如下：

```
1. <%@ Page Language="C#" AutoEventWireup="true"
        CodeFile="Default.aspx.cs" Inherits="_Default" Theme="主题 1" %>
2. <h3>会员注册<span style="margin-left:150px;"> </span></h3>
3. <table width="300" border="1" cellspacing="0" cellpadding="0">
4.    <tr>
5.      <td style="width:100px;">会员名</td>
6.      <td> <asp:TextBox ID="TextBox1" SkinID ="Text1" runat="server"></asp:TextBox></td>
7.    </tr>
8.    <tr>
9.      <td style="width:100px;">密码</td>
10.      <td><asp:TextBox ID="TextBox2" SkinID ="Text2" TextMode
          ="Password" Text ="123456" runat="server"></asp:TextBox></td>
11.    </tr>
12. </table>
13. <p>
14.    <asp:Button ID="Button1" SkinID ="Button1" runat="server" Text="注册" /
15.    <asp:Button ID="Button2" SkinID ="Button2" runat="server" Text="取消" />
16. </p>
```

代码说明： 第1行定义@Page 指令，设置关键属性 Theme 的值为主题目录的名称 "主题 1"，表明把 "主题 1" 应用于该页面。第 2 行定义一个标题文本。第 3~12 行定义了一个 2 行 2 列的表格。其中，第 6 行定义一个文本框控件 TextBox1 并设置 skinID 的属性。第 10 行定义一个文本框控件 TextBox2 并设置 skinID 的属性和文本模式已经显示的文本。第 14 行和第 15 行各自定义一个服务器按钮控件并设置 SkinID 属性和显示文本。

(5) 双击新建的 SkinFile1.skin 文件，在其中添加如下代码：

```
1. <asp:TextBox runat="server" SkinID="Text1" Text="aqh223"
       style="width:180px; background-color:#9966CC;
       height:18px;color:#grid;"></asp:TextBox >
2. <asp:TextBox runat="server" SkinID="Text2" style="width:180px;
       background-color:#6699CC;height:18px;color:#FFFFFF;"></asp:TextBox >
3. <asp:Button runat="server" SkinID="Button1" style="width:50px;
       height:20px;background-color:#6666CC;border:#0000CC
       2px groove;cursor:pointer;"></asp:Button>
4. <asp:Button runat="server" SkinID="Button2" style="width:50px;
       height:20px;background-color:#CCFF00;border: #0000CC
       2px groove;cursor:pointer;color:#FFFFFF;"></asp:Button>
```

代码说明： 第 1 行定义文本框控件的外观，设置 SkinID 属性和页面控件 TextBox1 相关联，当使用其中一种样式定义时就需要在相应的控件里声明相应的 SkinID 属性；设置该控件显示的文字、大小、字体颜色和背景颜色。第 2 行同样是定义一个文本框控件的外观，设置 SkinID 属性和页面控件 TextBox2 相关联；设置该控件的大小、字体颜色和背景颜色。第 3 行定义按钮控件的外观，设置 SkinID 属性和页面控件 Button1 关联；设置该控件的大小、背景样式、边框的颜色、粗细、样式以及光标经过时显示的样式。第 4 行同样是定义按钮控件的外观，设置 SkinID 属性和页面控件 Button2 关联；设置该控件的大小、背景样式、边框的颜色、粗细、样式以及光标经过时显示的样式和控件的颜色。

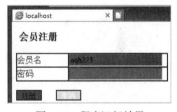

(6) 按 Ctrl+F5 键运行程序，如图 8-15 所示，可以看出 4 个控件的显示颜色或外观各不相同。

图 8-15　程序运行效果

8.2.3　禁用主题

使用主题时将重写页和控件外观的本地设置，而当控件或页已经有预定义的外观，且又不希望主题重写它时，就可以利用禁用方法来忽略主题的作用。

禁用页的主题通过设置@Page 指令的 EnableTheming 属性为 false 来实现，代码如下：

```
<%@ Page EnableTheming="false" %>
```

代码说明： 使用 EnableTheming 属性设置及主题的禁用。

禁用控件的主题则可以通过将控件的 EnableTheming 属性设置为 false 来实现，代码如下：

```
<asp:Calendar id="Calendar1" runat="server" EnableTheming="false" />
```

代码说明： 在控件中使用 EnableTheming 属性设置控件主题的禁用。

8.3 母版页

母版页是 ASP.NET 提供的一种重用技术,使用母版页可以为应用程序中的页面创建一致的布局。单个母版页可以为应用程序中的所有页(或一组页)定义所需的外观和标准行为,然后可以创建包含要显示的内容的各个内容页。当用户请求内容页时,这些内容页与母版页合并以将母版页的布局与内容页的内容组合在一起输出。

8.3.1 母版页简介

母版页是具有扩展名.master 的 ASP.NET 文件,它可以包括静态文本、HTML 元素和服务器控件的预定义布局。母版页由特殊的@Master 指令识别,该指令替换了用于普通.aspx 页的@Page 指令。该指令的声明如下:

```
<%@ Master Language="C#" %>
```

例如,下面的母版页指令包括一个隐藏代码文件的名称,并将一个类名称分配给母版页:

```
<%@ Master Language="C#" CodeFile="MasterPage.master.cs" Inherits= "MasterPage"%>
```

代码说明:声明一个@Master 指令,设置程序语言为 C#,设置 CodeFile 属性为隐藏代码文件的名称,设置 Inherits 属性为指定类名。

除了@Master 指令外,母版页还包含页的所有顶级 HTML 元素,如 html、head 和 form。可以在母版页中使用任何 HTML 元素和 ASP.NET 元素。

除了在所有页上显示的静态文本和控件外,母版页还包括一个或多个 ContentPlaceHolder 控件。ContentPlaceHolder 控件称为占位符控件,这些占位符控件定义可替换内容出现的区域。

MasterPage 页面与普通页面存在以下区别。

(1) 第 1 行代码不同,母版页使用的是 Master,而普通.aspx 文件使用的是 Page。除此之外,二者在代码头方面是相同的。

(2) 母版页中声明了控件 ContentPlaceHolder,而在普通.aspx 文件中是不允许使用该控件的。在 MasterPage.master 的源代码中,ContentPlaceHolder 控件本身并不包含具体内容设置,仅是一个控件声明。

8.3.2 内容页

所谓内容页,就是绑定到特定母版页的 ASP.NET 页(.aspx 文件以及可选的代码隐藏文件),通过创建各个内容页来定义母版页的占位符控件的内容,从而实现页面的内容设计。

在内容页的@Page 指令中通过使用 MasterPageFile 属性来指向要使用的母版页,从而建立内容页和母版页的绑定。例如,一个内容页可能包含@Page 指令,该指令将该内容页绑定到 Master.master 页,代码如下:

```
<%@ Page Language="C#" MasterPageFile="~/MasterPage.master "
    AutoEventWireup="true"%>
```

代码说明：声明一个@Page 指令，设置程序语言为 C#，设置母版页文件为 MasterPage.master，设置启用事件为自动连接。

在内容页中，通过添加 Content 控件并将这些控件映射到母版页上的 ContentPlaceHolder 控件来创建内容，代码如下：

```
1. <%@Page Language="C#" MasterPageFile="~/Master.master"
       AutoEventWireup="true" %>
2. <asp:Content ID="Content1" ContentPlaceHolderID="Main" runat="server">
3. 主要内容
4.   </asp:Content>
```

程序说明：第 1 行代码在 Page 指令中设置了 MasterPageFile 属性为 Master.master，表示该页面母版页为 Master.master。第 2 行声明 Content 控件并将这些控件映射到母版页上的 ContentPlaceHolder 控件。

创建 Content 控件后，可以向这些控件添加文本和控件。在内容页中，Content 控件外的任何内容(除服务器代码的脚本外)都将导致错误。在 ASP.NET 页中所执行的所有任务都可以在内容页中执行。母版页中标记为 ContentPlaceHolder 控件的区域，在新的内容页中都对应的显示为 Content 控件。

8.3.3　母版页和内容页的创建

母版页中包含的是页面公共部分，即网页模板。因此，在创建页面之前必须判断哪些内容是页面公共部分，这就需要从分析页面结构开始。页面结构可以根据网站的功能和要显示的效果进行合理的设计。图 8-16 所示的就是一种常用的页面结构。

图 8-16 中的页面结构由 4 个部分组成：页头、页尾、内容 1 和内容 2。其中，页头和页尾是所在网站中页面的公共部分，网站中许多页面都包含相同的页头和页尾。内容 1 和内容 2 是页面的非公共部分，是页面所独有的。结合母版页和内容页的内容可以知道，如果使用母版页和内容页来创建页面，那么必须创建一个母版页 MasterPage.master 和一个内容页。其中母版页包含页头和页尾等内容，内容页中则包含内容 1 和内容 2。

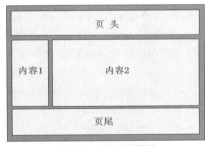

图 8-16　页面结构图

8.4　综合练习

本练习运用本章学习的内容，综合演示如何实现一个图书馆网站母版页的创建过程，并在页面中添加树状导航控件。

(1) 启动 Visual Studio 2019，创建一个 ASP.NET Web 应用程序，命名为"综合练习"。

(2) 在应用程序中创建一个 Images 文件夹，其中包含页头背景图片文件"图书馆.JPG"。

(3) 右击网站项目名称"综合练习"，在弹出的菜单中选择"添加新项"命令，如图 8-17 所示。

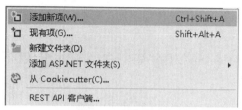

图 8-17　添加新项

(4) 如图 8-18 所示，在弹出的"添加新项"对话框中选择"已安装"模板下的 Visual C#模板，并在模板文件列表中选中"母版页"，然后在"名称"文本框中输入该文件的名称 MasterPage.master，最后单击"添加"按钮。

(5) 此时在网站根目录下会创建一个如图 8-19 所示的 MasterPage.master 文件和一个 MasterPage.master.cs 文件，前者是母版页页面设计文件，后者是母版页的后台代码编辑文件。

图 8-18　"添加新项"对话框

图 8-19　生成母版页文件

(6) 双击打开 MasterPage.master 文件，编写代码如下：

```
1. <%@ Master Language="C#" AutoEventWireup="true"
       CodeFile="MasterPage.master.cs" Inherits="MasterPage" %>
2. <!DOCTYPE html PUBLIC "-//W3C//DTD XHTML 1.0 Transitional//EN"
       "http://www.w3.org/TR/xhtml1/DTD/xhtml1-transitional.dtd">
3. <html xmlns="http://www.w3.org/1999/xhtml">
4. <head runat="server">
5.     <title></title>
6. </head>
7. <body leftmargin="0" topmargin="0" >
8. <form id="form1" runat="server">
9. <div align="center">
10. <table width="763" height="100%" border="0"
11.     cellpadding="0" cellspacing="0" bgcolor="#FFFFFF">
12.     <tr>
13.         <td width="763" align="right"
14.             valign="top" background="Images/图书馆.jpg" class="style1">
15.         </td>
16.     </tr>
```

```
17.        <tr>
18.        <td width="763" valign="top">
19.          <table width="100%" border="0"
20.                  cellspacing="0" cellpadding="0" style="height: 105px">
21.          <tr>
22.          <td width="244" valign="top">
23.          <asp:ContentPlaceHolder
24.                  ID="ContentPlaceHolder1" runat="server">
25.          <p style="height: 103px"><br /></p>
26.          </asp:ContentPlaceHolder>
27.          </td>
28.          <td valign="top" align="left">
29.          <asp:ContentPlaceHolder
30.                  ID="ContentPlaceHolder2" runat="server">
31.            <p style="height: 103px"><br /></p>
32.          </asp:ContentPlaceHolder>
33.          </td>
34.          </tr>
35.          </table>
36.        </td>
37.      </tr>
38.      <tr>
39.      <td width="763" height="35" align="center"
         class="baseline">Copyright <span>2010-2011</span>
40.      </td>
41.      </tr>
42. </table>
43. </div>
44. </form>
45. </body>
46. </html>
```

代码说明：第 1 行声明一个@Master 指令。第 10 行通过一个 Table 元素构成整个页面结构。第 12～16 行定义表格的第 1 行第 1 列，构成了页面中的页头，其中，第 14 行设置图片 "Images/图书馆.jpg" 作为页头的背景图片。

第 17～37 行定义表格的第 2 行，这一行中嵌套了 1 个从第 19～35 行的 Table 元素，将表格的第 2 行又分成了两列。其中，第 21～27 行构成了第 1 列，在第 23～26 行声明了控件 ContentPlaceHolder1，用于在页面模板中为内容 1 占位。第 28～33 行构成了第 2 列，在第 29～32 行声明了控件 ContentPlaceHolder2，用于在页面模板中为内容 2 占位。

第 38～41 行构成了页面中的页尾，显示一个网站的版本信息。

(7) 切换到 "源视图"，母版页的设计界面如图 8-20 所示。图中的两个矩形框表示 ContentPlaceHolder 控件。开发人员可以直接在矩形框中添加内容，所设置内容的代码将包含在

ContentPlaceHolder 控件声明代码中。

图 8-20　设计视图

(8) 右击网站名称，在弹出的快捷菜单中选择"添加新项"命令。

(9) 在弹出的"添加新项"对话框中选择"已安装"模板下的 Web 模板，并在模板文件列表中选中"Web 窗体"，然后在"名称"文本框中输入该文件的名称 Default.aspx，最重要的是选中"选择母版页"复选按钮，最后单击"添加"按钮。

(10) 在弹出的"选择母版页"对话框中，选择"文件夹内容"列表中创建的母版页文件 MasterPage.master，单击"确定"按钮，新创建的内容页就放入母版页中。

(11) 双击 Default.aspx 文件，进入"视图"编辑界面，打开"设计视图"，从"工具箱"拖动 1 个 TreeView 控件、1 个 Label 控件和 1 个 SiteMapDataSource 控件到编辑区。切换到"源视图"，添加如下代码:

```
1. <asp:Content ID="Content2"
       ContentPlaceHolderID="ContentPlaceHolder1" runat="server">
2. <asp:TreeView ID="TreeView1" runat="server"
       DataSourceID="SiteMapDataSource1"></asp:TreeView>
3. <asp:SiteMapDataSource ID="SiteMapDataSource1" runat="server" ShowStartingNode="False" />
4. </asp:Content>
5. <asp:Content ID="Content3"
       ContentPlaceHolderID="ContentPlaceHolder2" runat="server">
6. <asp:Label ID="Label1" runat="server" Font-Size="XX-Large"
       style="color :#00345a; font-weight: 700;" Text="欢迎来到图书馆网站！"></asp:Label>
7. </asp:Content>
```

代码说明：第 1 行通过添加 1 个 Content 控件 Content2，并将这些控件映射到母版页上的 ContentPlaceHolder1 控件来创建显示的内容。在内容页面上不必指定内容的位置，因为在母版页中已经定义了，所以只需要将适当的内容放在所提供的内容区域上。第 2~3 行添加要显示的内容，定义了 1 个 TreeView 控件和 1 个 SiteMapDataSource 控件显示树状导航列表。第 5 行同样添加 1 个 Content 控件 Content3，并将控件映射到母版页上的 ContentPlaceHolder2 控件来创建内容。第 6 行定义一个标签控件 Label1 来显示欢迎进入网站的信息。在这个页面的代码中没有发现任何 HTML 标记，是因为它们都被包含在了 Master.master 页面中。

(12) 在该网站中创建一个 Web.sitemap 文件，文件中的内容与本章例 8-1 中同名文件的内容相同。

(13) 按 Ctrl+F5 键运行程序，运行效果如图 8-21 所示。

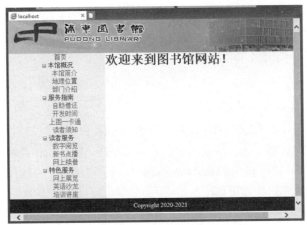

图 8-21　程序运行效果

8.5　习题

一、填空题

1. 在内容页中，通过添加_____控件并将这些控件映射到母版页上的_____控件来创建内容。

2. 使用 TreeView 控件进行网站导航要通过与_____控件集成实现。

3. 除了 ASP.NET 默认的网站地图提供程序之外，Web.sitemap 文件还可以引用_____或
_____。

4. 母版页文件的扩展名是_____。

5. SiteMapDataSource 控件是_____的数据源，_____则由为站点配置的网站地图提供程序
进行存储。

二、选择题

1. 下面(　　)选项是@Master 指令中可以设置的属性。

   A. CodeFile　　　　　　　B. Debug　　　　　　　C. Application　　　　　　D. Inherits

2. Menu 控件用于显示 Web 窗体页中的菜单，该控件支持下面的(　　)功能。

   A. 数据绑定　　　　　　　　　　　　　B. 网站导航

   C. 显示表内容　　　　　　　　　　　　D. 对 Menu 对象模型的编程访问

3. 下面网站导航控件需要添加数据源控件的是(　　)。

   A. TreeView　　　　　　　　　　　　　B. Menu

   C. SiteMapPath　　　　　　　　　　　　D. SiteMapDataSource

4. 隐藏根节点的显示需要通过设置(　　)的属性来实现。

   A. 导航控股　　　　　　　　　　　　　B. Web.sitemap

   C. SiteMapDataSource 控件　　　　　　D. A、B、C 都正确

5. 下面描述不正确的是(　　)。

   A. 一个网站地图中只能有一个<siteMapNode>元素

B. 网站导航文件不能嵌套使用

C. 网站导航控件都必须通过 SiteMapDataSource 控件来访问网站地图数据

D. 母版页中不能添加导航控件

三、上机题

1. 创建并调试本章中的所有实例。

2. 通过主题外观文件创建控件的主题。要求为 3 个 TextBox 控件设置不同的外观，其中一个不设置外观保持默认的外观，其余两个设置命名外观。程序运行效果如图 8-22 所示。

3. 使用 TreeView 控件和 SiteMapDataSource 控件，以绑定站点地图的方法实现供求关系网站中的页面导航。程序运行效果如图 8-23 所示。

图 8-22　题 2 运行效果　　　　　　　　　　　图 8-23　题 3 运行效果

4. 利用 Menu 控件设计一个供求关系网站的页面菜单导航，程序运行效果如图 8-24 所示。

5. 使用 MasterPage 母版页和内容页模仿拍拍网设计一个购物网站的登录页面，程序运行效果如图 8-25 所示。

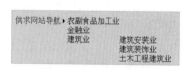

图 8-24　题 5 运行效果　　　　　　　　　　　图 8-25　题 6 运行效果

第9章
LINQ技术

LINQ 是微软公司提供的一种统一数据查询模式，与.NET 开发语言进行了高度的集成，很大程度上简化了数据查询的编码和调试工作，提高了数据处理的性能。借助 LINQ 中的丰富组件，配合专用于 LINQ 查询的数据源控件 LinqDataSoure，开发人员可以在代码编写量很少的情况下方便地实现对数据库的各类查询操作。本章主要学习 LINQ 的相关技术。

☑ **本章重点**

- 掌握 LINQ 查询的基本语法
- 学会使用 LINQ to SQL 访问数据库
- 学会 LinqDataSoure 与数据绑定控件的配合使用

9.1 LINQ 简介

LINQ(Language Integrated Query，语言集成查询)，最初在 Visual Studio 2008 中发布。LINQ 引入了标准的、易于学习的查询模式和更新模式，可以对其进行扩展以便支持几乎任何类型的数据存储。它提供给开发人员一个统一的编程概念和语法，用户不需要关心将要访问的是关系数据库还是 XML 数据，或是远程的对象，它都采用同样的访问方式。Visual Studio 2019 包含 LINQ 提供程序的程序集，这些程序集支持 LINQ 与.NET Framework 4.0、SQL Server 数据库、ADO.NET 数据集以及 XML 文档一起使用。

LINQ 包含了一系列查询技术。其中 LINQ 到对象是对内存的操作，LINQ 到 SQL 是对数据库的操作，LINQ 到 XML 是对 XML 数据的操作，LINQ 到实体是对实体对象模型数据的操作。由于篇幅有限，本章主要介绍最为常用的 LINQ 到 SQL 的查询操作技术。

图 9-1 描述了 LINQ 技术的体系结构。

由于 LINQ 的出现，开发人员可以使用关键字和运算符实现针对强类型化对象集的查询

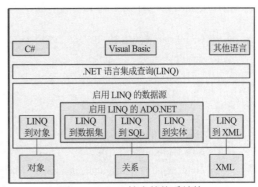

图 9-1　LINQ 技术的体系结构

操作。在编写查询过程时,可以获得编译时的语法检查、元数据、智能感知和静态类型等强类型语言所带来的优势。它还可以方便地查询内存中的信息,而不只是外部数据。

在 Visual Studio 2019 中,可以使用 C#语言为各种数据源编写 LINQ 查询,包括 SQL Server 数据库、XML 文档、ADO.NET 数据集以及支持 IEnumerable 接口(包括泛型)的任意对象集合。除了这几种常见的数据源之外,.NET 4.0 还为用户扩展 LINQ 提供支持,用户可以根据需要实现第三方的 LINQ 支持程序,然后通过 LINQ 获取自定义的数据源。

LINQ 查询既可在新项目中使用,也可在现有项目中与非 LINQ 查询一起使用。唯一的要求是项目必须与.NET Framework 4.0 版本相兼容。

9.2 LINQ 入门

LINQ 作为一种数据查询方式,本身并不是独立的开发语言,也不能进行应用程序的开发。但是在 ASP.NET 4.0 中,通过 C#语言集成 LINQ 查询代码,可以在任何源代码文件中使用。但要注意的是,使用 LINQ 查询功能必须引用 System.Linq 命名空间。

9.2.1 LINQ 查询步骤

查询是一种从数据源检索数据的表达式,通常使用专门的查询语言来表示。随着编程技术的不断发展,人们已经为各种数据源开发了不同的语言,编程人员不得不对每种数据源或数据格式进行有针对性的学习。而 LINQ 的出现则改变了这种情况,它可以使用通用的基本编码模式来查询和转换不同的数据源,如 XML 文档、SQL 数据库、ADO.NET 数据集和.NET 集合中的数据等。这样就可以让开发人员从不断的查询语言学习中解脱出来,专注于业务功能的开发。

使用 LINQ 查询通常由以下 3 个操作步骤组成:①获得数据源;②创建查询;③执行查询。

下面通过一个简单的控制台应用程序来看一下 LINQ 的查询步骤是如何进行的。

【例 9-1】通过使用标准的 LINQ 查询语句获得整型数组中元素值大于 30 的元素,并输出到控制台屏幕。

(1) 启动 Visual Studio 2019,创建一个控制台应用程序,命名为"例 9-1"。

(2) 双击网站根目录下的 Program.cs 文件,在 Main()函数中编写代码如下:

```
1. int[] numbers = {18,28,38,48,58,68,78,88,98};
2. foreach (int number in numbers){
3.         Console.Write(number);
4.         Console.Write(" ");
5. }
6. Console.WriteLine("");
7. Console.WriteLine("以上数字中大于 30 的有");
8. var numberQuery=from number in numbers where number>30 select number;
9. foreach (int number in numberQuery){
```

```
10.    Console.WriteLine(number);
11. }
```

代码说明: 第 1 行定义了 int 类型的数组 numbers 并给数组赋值。这个数组就是 LINQ 查询操作中的第一步,获得数据源。第 2～5 行将数组输出到控制台显示。第 8 行通过关键字 from、where 和 select 创建 LINQ 查询语句,并定义隐式类型的变量 numberQuery 来获得查询结果。第 9～11 行利用 foreach 循环语句将查询的结果输出到页面显示,这是 LINQ 查询操作中的第三步,执行查询。

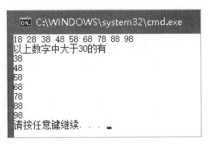

(3) 按 Ctrl+F5 键运行程序,输出在控制台屏幕的效果如图 9-2 所示。

图 9-2 程序运行效果

9.2.2 LINQ 的基本查询

对于编写查询的开发人员来说,LINQ 最明显的“语言集成”部分是查询表达式。查询表达式使用 C# 3.0 中引入的声明性查询语法编写。通过使用查询语法,开发人员可以使用最少的代码对数据源执行复杂的筛选、排序和分组操作,也可以查询和转换 SQL 数据库、ADO.NET 数据集、XML 文档、流以及.NET 集合中的数据。

查询表达式是由查询关键字和对应的操作数组成的表达式整体,其中,查询关键字是常用的查询运算符。C#为这些运算符提供对应的关键字,从而能更好地与 LINQ 集成。

查询表达式必须以 from 关键字的子句开头,并且必须以 select 或 group 关键字的子句结尾。在第一个 from 子句和最后一个 select 或 group 子句之间,查询表达式可以包含一个或多个由下列关键字组成的可选子句:where、orderby、join、select 等关键字。同时还可以使用 into 关键字将 join 或 group 子句的结果作为同一查询表达式中附加查询子句的数据源。

1. from 子句

查询表达式必须以 from 子句开头,它同时指定了数据源和范围变量。在对数据源进行遍历的过程中,范围变量表示数据源中的每个元素,并根据数据源中元素类型对范围变量进行强类型化。

2. select 子句

使用 select 子句可以查询所有类型的数据源。简单的 select 子句只能查询与数据源中所包含的元素具有相同类型的对象。例如以下代码:

```
1. var MobilephoneQuery =
2.     from Mobilephone in Mobilephones
3. orderby Mobilephone.ID
4. select Mobilephone;
```

代码说明: 第 1 行定义查询变量 MobilephoneQuery。第 2 行定义数据源 Mobilephones 和范围变量 Mobilephone。第 3 行的 orderby 子句将根据编号 ID 重新排序。第 4 行的 select 子句查询出已经重新排序后的集合元素。

3. group 子句

使用 group 子句可以获得按照指定的键进行分组的元素，键可以采用任何数据类型。例如根据 ID 属性进行分组查询的代码如下：

```
1. var MobilephoneQuery ByName =
2.     from Mobilephone in Mobilephones
3. group Mobilephone by Mobilephone.ID;
4. foreach (var MobilephoneGroup in MobilephoneByName){
5.     Console.WriteLine(MobilephoneGroup.Key);
6.     foreach (Mobilephone m in MobilephoneGroup){
7.     Console.WriteLine(" {0}", m.Name);
8.     }
9. }
```

代码说明： 第 3 行根据编号 ID 对查询结果进行分组。第 4～9 行通过 foreach 循环遍历查询结果。

在使用 group 子句结束查询时，结果保存在嵌套的集合中，即集合中的每个元素又是另一集合，该子集合中包含根据 Key 划分的每个分组对象。在循环访问生成分组的对象时，必须使用嵌套的 foreach 循环。外部循环用于循环访问每个分组对象，内部循环用于循环访问每个组的成员。

如果必须引用分组操作的结果，可以使用 into 关键字来创建进一步的查询。下面的查询只返回那些包含两个以上的客户分组：

```
1. var MobilephoneQuery =
2.     from Mobilephone inMobilephones
3. group Mobilephone by Mobilephone.ID into MobilephoneGroup
4. where Mobilephone.Count() > 1
5. orderby MobilephoneGroup.Key
6. select MobilephoneGroup;
```

代码说明： 第 3 行使用 into 关键字把 group 分组的结果保存在 MobilephoneGroup 中。第 4 行设置查询的条件为返回手机数量大于 1 个的分组。

4. where 子句

where 子句通过条件设定对查询的结果进行过滤，从数据源中排除指定的元素。在下面的示例中，只返回名称是 iphone4 的手机：

```
1. var queryMobilephone =
2.     from Mobilephone in Mobilephones
3. where Mobilephone.Name == "iphone4"
4. select Mobilephone;
```

代码说明： 第 3 行设置查询的条件，手机名称是否为 iphone4，通过 where 子句排除 iphone4

以外的手机。

如果要使用多个过滤条件的话，需要使用逻辑运算符号，如&&、||等。例如，下面的代码只返回编号是 10002 且价格为 120 的手机：

```
where Mobilephone.ID=="10002" && Mobilephone.Price == "120"
```

5. orderby 子句

使用 orderby 子句可以很方便地对返回的数据进行排序。orderby 子句对查询返回的元素根据指定的排序类型进行排序。例如根据 age 属性对查询返回的结果进行排序：

```
1. var queryStudent =
2.     from s in Students
3. where s.age == 20
4. orderby s.age ascending
5. select s;
```

代码说明：第 4 行使用 orderby 关键字进行排序。Students 类型的 age 属性是整型值，执行学生的年龄从大到小排序。ascending 关键字表示以默认方式按递增的顺序进行排列，descending 关键字则表示把查询出的数据进行逆序排列。

6. 联接

在 LINQ 中，join 子句可以将来自不同数据源中没有直接关系的元素进行关联，但是要求两个不同数据源中必须有一个相等元素的值。例如下面对两个数据集 arry1 和 arry2 进行联接查询：

```
1. int arry1={7,17,27,33,35,51}
2. int arry2={13,23,33,53,63,73,83}
3. var query=from val1 in arry1
4. join val2 in arry2 on val1%6 equals val2%16
5. select new {VAL1= val1,VAL2= val2};
```

代码说明：第 1 行创建整型数组 arry1 作为数据源。第 2 行创建整型数组 arry2 作为数据源。第 3 行表示联接的第一个集合为arry1。第 4 行表示联接的第 2 个集合为arry2。第 5 行表示当val1%6和 val2%16 有相同的值时，select 子句将 val1 和 val2 选择为查询结果。

7. 投影

投影操作和 SQL 查询语句中的 SELECT 子句基本类似，投影操作能够指定数据源并选择相应的数据源，将集合中的元素投影到新的集合中，并能够指定元素的类型和表现形式。例如以下代码：

```
1. int[] arry={5,6,7,8,9,10,11,12,13,14}
2. var lint =arry.Select(i=>i);
3. foreach(var a in lint){
4.     Console.WriteLine(a.ToString())
5. }
```

代码说明：第 1 行创建整型数组 arry 作为数据源。第 2 行使用 Select 进行同行投影操作，将符合条件的元素投影到新的集合 lint 中。第 3～5 行循环遍历集合并输出对象。

【**例 9-2**】使用 LINQ 基本的查询操作从手机集合类中查找产地为"中国"的手机，并将查询结果显示在页面。

(1) 启动 Visual Studio 2019，创建一个 ASP.NET Web 应用程序，命名为"例 9-2"。

(2) 右击网站项目名称，在弹出的快捷菜单中选择"添加新项"命令。

(3) 打开"添加新项"对话框，选择"已安装"模板下的 Visual C#模板，并在模板文件列表中选中"类"，然后在"名称"文本框中输入该文件的名称 Mobilephone.cs，最后单击"添加"按钮。目录下自动生成一个"App.Code 文件夹"，在文件夹中添加了一个 Mobilephone.cs 文件。

(4) 双击 Mobilephone.cs 文件，编写代码如下：

```
1. public class Mobilephone{
2.       public string name { get; set; }
3.       public int price { get; set; }
4.       public string origin { get; set; }
5. }
```

代码说明：第 1 行定义了一个 Mobilephone 的手机类。第 2～4 行定义了 3 个私有的属性代表手机的名称、价格和产地。

(5) 在网站根目录下创建一个名为 Default.aspx 的窗体文件。

(6) 双击网站目录下的 Default.aspx.cs 文件，编写关键代码如下：

```
1. protected void Page_Load(object sender, EventArgs e){
2.       List< Mobilephone > m = new List< Mobilephone >{
3.             new Mobilephone { name ="iphone4",price =4888,origin ="美国"},
4.             new Mobilephone { name ="Nokia N8",price =4580,origin ="中国"}
5.             new Mobilephone { name ="HTC Design",price =4688,origin ="中国"},
6.             new Mobilephone { name ="黑莓 136",price =3888,origin ="中国"},
7.             new Mobilephone { name ="LG 5780",price =2888,origin ="中国"},
8.             new Mobilephone { name ="摩托罗拉 里程碑",price =4568,origin =" 欧洲"}
9.       }
10.       var MobilephoneQuery=
11.       from s in m
12.       where s.origin == "中国"
13.       orderby s.price descending
14.       select s.name;
15.       Response.Write("产地在中国的手机有："+ "<br>");
16.       foreach (var mobilephone in MobilephoneQuery) {
17.       Response.Write(mobilephone + "<br>");
18.       }
19. }
```

代码说明：第 1 行定义处理页面 Page 加载事件 Load 的方法。第 2～9 行初始化一个 List 类型的手机类集合 m，其中定义了 6 个手机对象。第 10～14 行定义了一个查询表达式，其中，第 10 行定义了一个查询变量 MobilephoneQuery，第 11 行定义了查询表达式的 from 子句，m 是由 Mobilephone 组成的集合，这里被指定为查询的数据源，s 是范围变量，因为 m 是 Mobilephone 对象组成的，所以范围变量 s 也被类型化为 Mobilephone，这样就可以在第 12 行使用 "." 运算符来访问该类型的 origin 成员。第 13 行设置查询的排序方式是按照手机的价格降序排列。第 14 行查询返回的结果是符合产地在中国的所有手机的名称。第 16～18 行通过 foreach 循环遍历符合要求的变量，并把符合要求的手机名称显示到网页上。

图 9-3　程序运行效果

（7）按 Ctrl+F5 键运行程序，效果如图 9-3 所示。

9.3　LINQ to SQL

LINQ 查询技术主要用于操作关系型数据库，其中 LINQ 和 ADO.NET 结合形成的 LINQ to SQL 是操作数据库中最重要的技术。它提供运行时的基础结构，将关系数据库作为对象进行管理。本节将着重介绍有关 LINQ to SQL 的使用方法。

9.3.1　LINQ to SQL 简介

LINQ to SQL 是 ADO.NET 和 LINQ 结合的产物。它将关系数据库模型映射到编程语言所表示的对象模型。开发人员通过使用对象模型来实现对数据库数据的操作。在操作过程中，LINQ to SQL 会将对象模型中的语言集成查询转换为 SQL，然后将它们发送到数据库进行执行。当数据库返回结果时，LINQ to SQL 会将它们转换成相应的编程语言处理对象。

使用 LINQ to SQL 可以完成的数据库操作包括查询、插入、更新和删除。这 4 大操作几乎包含了数据库应用程序的所有功能，LINQ to SQL 都能够实现。因此，在掌握了 LINQ 技术后，用户不需要再针对特殊的数据库学习特别的 SQL 语法。

LINQ to SQL 的使用主要可以分为两大步骤。

1. 创建对象模型

要实现 LINQ to SQL，首先必须根据现有关系数据库的元数据创建对象模型。对象模型是按照开发人员所用的编程语言来表示的数据库。有了这个表示数据库的对象模型，才能创建查询语句操作数据库。

2. 使用对象模型

在创建对象模型后，就可以在该模型中请求和操作数据了。使用对象模型的基本步骤如下。

（1）创建查询以便从数据库中检索信息。

（2）重写 Insert、Update 和 Delete 的默认方法。

(3) 设置适当的选项以便检测和报告可能产生的并发冲突。

(4) 建立继承层次结构。

(5) 提供合适的用户界面。

(6) 调试并测试应用程序。

以上只是使用对象模型的基本步骤，其中很多步骤都是可选的，在实际应用中，有些步骤可能不会每次都需要。

9.3.2 创建对象模型

对象模型是关系数据库在编程语言中表示的数据模型，对对象模型的操作就是对关系数据库的操作。表 9-1 列举了 LINQ to SQL 对象模型中的基本元素与关系数据库中元素的对应关系。

表 9-1　LINQ to SQL 对象模型中的基本元素与关系数据库中元素的对应关系

LINQ to SQL 对象模型的基本元素	关系数据库元素
实体类	表
类成员	列
关联	外键关系
方法	存储过程或函数

在实际开发过程中，使用对象关系设计器(O/R 设计器)来创建对象模型，它提供了一个可视化设计界面，用于在应用程序中创建映射到数据库中的对象模型。同时，它还生成一个强类型 DataContext，用于在实体类与数据库之间发送和接收数据。强类型 DataContext 对应于 DataContext 类，它表示 LINQ to SQL 框架的主入口点，充当 SQL Server 数据库与映射到数据库的 LINQ to SQL 实体类之间的管道。

DataContext 类包含用于连接数据库以及操作数据库数据的连接字符串信息和方法，也可以将新方法添加到 DataContext 类。DataContext 类提供了如表 9-2 和表 9-3 所示的属性和方法。

表 9-2　DataContext 类的属性

属　　性	说　　明
CommandTimeout	增大查询的超时期限，如果不增大则会在默认超时期限间出现超时
Connection	返回由框架使用的连接
Log	指定要写入 SQL 查询或命令的目标
Mapping	返回映射所基于的 MetaModel
Transaction	为.NET 框架设置要用于访问数据库的本地事务

表 9-3　DataContext 类的方法

方　　法	说　　明
CreateDatabase()	在服务器上创建数据库
DatabaseExists()	确定是否可以打开关联数据库
DeleteDataBase()	删除关联数据库
ExecuteCommand()	直接对数据库执行 SQL 命令
ExecuteDynamicDelete()	向 LINQ to SQL 重新委托生成和执行删除操作的动态 SQL 的任务
ExecuteDynamicInsert()	向 LINQ to SQL 重新委托生成和执行插入操作的动态 SQL 的任务
ExecuteDynamicUpdate()	向 LINQ to SQL 重新委托生成和执行更新操作的动态 SQL 的任务
ExecuteQuery()	已重载，直接对数据库执行 SQL 查询
GetChangeSet()	提供对由 DataContext 跟踪的已修改对象的访问
GetCommand()	提供有关由 LINQ to SQL 生成的 SQL 命令的信息
GetTable()	已重载，返回表对象的集合
Refresh()	已重载，使用数据库中数据刷新对象状态
SubmitChanges()	已重载，计算要插入、更新或删除的已修改对象的集合，并执行相应命令以实现对数据库的更新
Translate()	已重载，将现有 IDataReader 转换为对象

【例 9-3】使用对象关系设计器来创建 LINQ to SQL 实体类，并创建一个 MobilephoneInfo 对象。数据库使用本书第 6 章中所创建的 Mobilephone。

(1) 启动 Visual Studio 2019，创建一个 ASP.NET Web 应用程序，命名为"例 9-3"。

(2) 执行菜单栏上的"视图"|"服务器资源管理器"命令，弹出如图 9-4 所示的"服务器资源管理器"窗口。右击"数据连接"，在弹出的菜单中选择"添加连接"的命令。

(3) 在弹出的"添加连接"对话框中单击"浏览"按钮，选择 Mobilephone.mdf 的数据库文件。单击"测试连接"按钮，如果连接成功，会弹出连接成功的对话框，然后单击该对话框中的"确定"按钮。最后回到"添加连接"对话框中单击"确定"按钮，如图 9-5 所示。

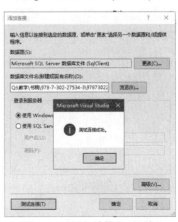

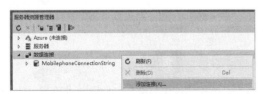

图 9-4　"服务器资源管理器"窗口　　　　图 9-5　"添加连接"对话框

(4) 在"服务器资源管理器"窗口中的"数据连接"节点下会出现刚才添加的 Mobilephone.mdf 数据库。展开 Mobilephone.mdf | "表"节点，可以看到如图 9-6 所示的 MobilephoneInfo 数据表。

(5) 右击网站项目名称，在弹出的快捷菜单中选择"添加新项"命令，弹出如图 9-7 所示的"添加新项"对话框，选择"已安装"模板下的 Visual C#模板，并在模板文件列表中选中"LINQ to SQL 类"，然后在"名称"文本框中输入该文件的名称 DataClasses.dbml，最后单击"添加"按钮。

图 9-6　生成连接　　　　　　　　　　　图 9-7　"添加新项"对话框

(6) 此时在网站根目录下会生成如图 9-8 所示的 App_Code 文件夹，在该文件夹中会自动生成一个 DataClasses.dbml 文件，该文件又包含了一个 DataClasses.dbml.layout 文件和一个 DataClasses.designer.cs 文件。

(7) 双击 DataClasses.dbml 文件，出现 LINQ to SQL 类的"对象关系设计器"界面。在此界面中可以通过拖动方式来定义与数据库相对应的实体和关系。将"服务器资源管理器"窗口中 Mobilephone.mdf | "表"节点下的 MobilephoneInfo 表拖动到"对象关系设计器"的界面上，这时就会生成一个如图 9-9 所示的实体类，该类包含了与表 MobilephoneInfo 的字段对应的属性。

(8) 打开文件 DataClasses.designer.cs，可以看到该文件自动生成了包含 LINQ to SQL 实体类以及强类型 DataClassesDataContext 的定义。至此，实体类 MobilephoneInfo 就创建完毕了，在页面代码中就可以像使用其他类型的类一样使用它。

图 9-8　生成 DataClasses.dbml 文件　　　　　　图 9-9　对象关系设计器

9.3.3　LINQ 查询数据库

创建对象模型后，就可以查询数据库了。LINQ to SQL 会将编写的查询转换成等效的 SQL 语句，然后把它们发送到服务器进行处理。具体来说，应用程序将使用 LINQ to SQL API 来请求查询执行，LINQ to SQL 提供程序随后会将查询转换成 SQL 文本，并委托 ADO 提供程序执行。ADO 提供程序将查询结果作为 DataReader 返回，而 LINQ to SQL 提供程序将 ADO 结果转换成用户对象的 IQueryable 集合。

LINQ to SQL 中的查询与 LINQ 中的查询使用相同的语法，只不过它们操作的对象有所差异，LINQ to SQL 查询中引用的对象是映射到数据库中的元素，示例代码如下：

```
1. DataClassesDataContext data = new DataClassesDataContext();
2. var MobilephoneQuery = from m in data. MobilephoneInfo
3. select m;
```

代码说明： 第 1 行定义声明强类型 DataClassesDataContext 的对象 data。第 2、3 行定义隐藏变 MobilephoneQuery，通过 LINQ 查询从实体类 Mobilephone 中获取查询到的数据。

9.3.4　LINQ 更改数据库

开发人员可以使用 LINQ to SQL 对数据库进行更改操作，包括插入、更新和删除操作。在 LINQ to SQL 中执行插入、更新和删除操作的方法是：向对象模型中添加对象、更改和移除对象模型中的对象，然后 LINQ to SQL 会把所做的操作转化成 SQL，最后把这些 SQL 提交到数据库执行。默认情况下，LINQ to SQL 会自动生成动态 SQL 来实现插入、更新和删除操作。用户也可以自定义 SQL 来实现一些特殊的功能。

1. LINQ 插入数据库

使用 LINQ 向数据库插入行的操作步骤如下。

(1) 创建一个要提交到数据库的新对象。

(2) 将这个新对象添加到与数据库中目标数据表关联的 LINQ to SQL Table 集合。

(3) 将更改提交到数据库。

以下是插入数据库中手机信息表 MobilephoneInfo 的示例代码：

```
1. DataClassesDataContext da = new DataClassesDataContext();
2. MobilephoneInfo m = new MobilephoneInfo ();
3.    m.ID = 10009;
4.    m. Name ="Nokia N8";
5.    m.Origin= "芬兰";
6.    m.Price =3888;
7. da. MobilephoneInfo.InsertOnSubmit(m);
8. da.SubmitChanges();
```

代码说明： 第 1 行定义声明强类型 DataClassesDataContext 的对象 da。第 2 行声明了一个 MobilephoneInfo 实体类的对象 m，这是第一步。第 3～6 行为对象 m 的 4 个属性赋值。第 7 行调用 InsertOnSubmit()方法向 LINQ to SQL Table(TEntity)集合中插入手机的数据，这是第二步。第 8 行调用 SubmitChanges()方法提交更改，这是第三步。

2. LINQ 修改数据库

使用 LINQ 修改数据库数据的操作步骤如下。

(1) 查询数据库中要更新的数据行。

(2) 对得到的 LINQ to SQL 对象中成员值进行更改。

(3) 将更改提交到数据库。

以下是修改数据库中手机信息表 MobilephoneInfo 的示例代码:

```
1. DataClassesDataContext da = new DataClassesDataContext();
2. var rusult = from s in da. MobilephoneInfo where s. Name =="Nokia N8" select s;
3. foreach (MobilephoneInfo m in rusult){
4.     m.ID =10009 ;
5.     m.Name ="LG 888";
6.     m.Origin ="中国";
7.     m.Price = 4000;
8.  }
9. da.SubmitChanges();
```

代码说明: 第1行定义声明强类型 DataClassesDataContext 的对象 da。第2行利用 LINQ to SQL 从数据库查询需要修改的手机对象,这是第一步。第3~8行通过 foreach 循环更新查询对象的属性值,这是第二步。第9行把更新提交到数据库以对数据库进行更新,这是第三步。

3. LINQ 删除数据库

可以通过将对应的 LINQ to SQL 对象从相关的集合中删除来实现删除数据库中的行。不过,LINQ to SQL 不支持且无法识别级联删除操作。如果要在对行有约束的表中删除数据,则必须符合下面的条件之一。

● 在数据库的外键约束中设置 ON DELETE CASCADE 规则。

● 编写代码先删除约束表的级联关系。

删除数据库中数据行的操作步骤如下。

(1) 查询数据库中要删除的行。

(2) 调用 DeleteOnSubmit()方法。

(3) 将更改提交到数据库。

以下是删除数据库中手机信息表 MobilephoneInfo 信息的示例代码:

```
1. DataClassesDataContext da = new DataClassesDataContext();
2. var result = from m in da. MobilephoneInfo
3.     where s. Name == "Nokia N8"
4.     select s;
5. da. MobilephoneInfo.DeleteAllOnSubmit(result);
6. da.SubmitChanges();
```

代码说明: 第1行定义声明强类型 DataClassesDataContext 的对象 data。第2~4行利用 LINQ to SQL 从数据库查询到要删除的手机对象。第5行调用 DeleteOnSubmit()方法删除获得对象。第6行把更改提交到数据库对数据进行删除。

9.4　LinqDataSource 控件

LinqDataSource 控件为开发人员提供了一种将数据控件连接到多种数据源的方法，其中包括数据库数据、数据源类和内存中的集合。通过使用 LinqDataSource 控件，开发人员可以针对所有这些类型的数据源指定类似于数据库检索的任务(选择、筛选、分组和排序)，也可以指定针对数据库表的修改任务(更新、删除和插入)。

如果要显示 LinqDataSource 控件中的数据，可将数据绑定控件绑定到 LinqDataSource 控件。例如，将 DetailsView 控件、GridView 控件或 ListView 控件绑定到 LinqDataSource 控件。为此，必须将数据绑定控件的 DataSourceID 属性设置为 LinqDataSource 控件的 ID。

数据绑定控件将自动创建用户界面，以显示 LinqDataSource 控件中的数据。它还提供用于对数据进行排序和分页的界面。在启用数据修改后，数据绑定控件会提供用于更新、插入和删除记录的界面。

通过将数据绑定控件配置为不自动生成数据控件字段，可以限制显示的数据(属性)。然后可以在数据绑定控件中显式定义这些字段。虽然 LinqDataSource 控件会检索所有属性，但数据绑定控件仅显示指定的属性。

LinqDataSource 控件的常用属性如表 9-4 所示。

表 9-4　LinqDataSource 控件的常用属性

属　　性	说　　明
AutoPage	获取或设置一个值，该值指示控件是否支持在运行时对数据的各部分进行导航
AutoSort	获取或设置一个值，该值指示控件是否支持在运行时对数据排序
ClientID	获取由 ASP.NET 生成的服务器控件标识符
Context	为当前 Web 请求获取与服务器控件关联的 HttpContext 对象
Controls	获取 ControlCollection 对象，该对象表示 UI 层次结构中指定服务器控件的子控件
DeleteParameters	获取在删除操作过程中使用的参数集合
EnableDelete	获取或设置一个值，该值指示是否可以通过控件删除数据记录
EnableInsert	获取或设置一个值，该值指示是否可以通过控件插入数据记录
EnableUpdate	获取或设置一个值，该值指示是否可以通过控件更新数据记录
GroupBy	获取或设置一个值，指定用于对检索到的数据进行分组的属性
GroupByParameters	获取用于创建 Group By 子句的参数集合
ID	获取或设置分配给服务器控件的编程标识符
InsertParameters	获取在插入操作过程中使用的参数集合
OrderBy	获取或设置一个值，该值指定对检索到的数据进行排序的字段
OrderByParameters	获取用于创建 Order By 子句的参数集合
OrderGroupsBy	获取或设置用于对分组数据进行排序的字段
OrderGroupsByParameters	获取用于创建 Order Groups By 子句的参数集合

(续表)

属　性	说　明
Select	获取或设置属性和计算值，它们包含在检索到的数据中
SelectParameters	获取在数据检索操作过程中使用的参数集合
UpdateParameters	获取在更新操作过程中使用的参数集合
Visible	获取或设置一个值，该值指示是否以可视化方式显示控件
Where	获取或设置一个值，该值指定要将记录包含在检索到的数据中必须为真的条件
WhereParameters	获取用于创建 Where 子句的参数集合

9.5　综合练习

本练习演示如何利用 LinqDataSource 控件来使用例 9-3 中创建的对象模型 DataClasses DataContext，从实体类 MobilephoneInfo 中获得数据，通过 LinqDataSource 数据源控件将获得的数据绑定到 GridView 控件，同时实现数据的编辑、更新和删除功能。

(1) 启动 Visual Studio 2019，创建一个 ASP.NET Web 应用程序，命名为"综合练习"。

(2) 按照例 9-3 的步骤，创建数据库实体映射类 MobilephoneInfo。

(3) 在网站根目录下创建一个名为 Default.aspx 的窗体文件。

(4) 双击 Default.aspx 文件，进入"视图"编辑界面，打开"设计视图"，从工具箱拖动一个 GridView 控件到编辑区中。

(5) GridView 控件右上方有一个向右的小三角，单击该小三角打开"GridView 任务"列表。在"选择数据源"下拉列表中选择"新建数据源"，弹出图 9-10 所示的"数据源配置向导"对话框。

(6) 在"应用程序从哪里获取数据"列表中选择 LINQ 数据源，将生成的 LinqDataSource 控件的 ID 属性命名为 LinqDataSource1，单击"确定"按钮，弹出如图 9-11 所示的"配置数据源"—"选择上下文对象"对话框。

(7) 由于创建了数据库实体映射类 MobilephoneInfo，会自动生成一个上下文对象 DataBase-DataContext，通常在一个项目中只有一个数据库上下文对象，选择这一对象，单击"下一步"按钮，弹出如图 9-12 所示的"配置数据源"—"配置数据选择"对话框。

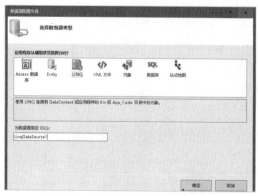

图 9-10　"数据源配置向导"对话框

图 9-11　"选择上下文对象"对话框

(8) 单击"高级"按钮，弹出如图 9-13 所示的"高级选项"对话框。选中所有的复选框，启用 LinqDataSource 控件的自动删除、插入和更新功能，然后单击"确定"按钮，回到图 9-12 "配置数据选择"对话框，单击"完成"按钮，结束数据源的配置。完成配置后，自动生成一个名为 LinqDataSource1 的数据源配置控件，它支持添加、删除和修改操作。

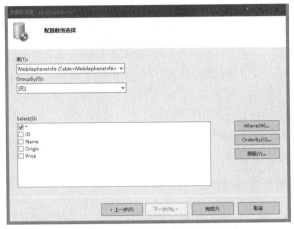

图 9-12　"配置数据选择"对话框

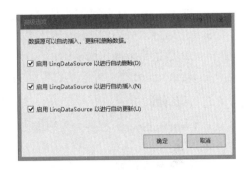

图 9-13　"高级选项"对话框

(9) 打开如图 9-14 所示的"GridView 任务"列表，选中"启用分页""启用排序""启用编辑"和"启用删除"4 个复选框。

(10) 打开"GridView 任务"列表，选择"自动套用格式"，弹出"自动套用格式"对话框，在左边的选择架构列表中选中"简明型"，单击"确定"按钮。

(11) 按 Ctrl+F5 键运行程序，单击表中第一行数据中的"编辑"按钮，进入如图 9-15 所示的编辑操作，每一列可编辑的数据都以文本框的形式出现，这样用户就可以修改其中的数据。输入新的手机信息后，如果要取消更新操作可以单击"取消"按钮，如果确认要进行更新操作，就单击"更新"按钮。如果要删除表中手机信息，只要单击信息前面的"删除"按钮即可。

图 9-14　"GridView 任务"列表

	ID	Name	Origin	Price
更新 取消	00001	LG GT540	韩国	1200.0000
编辑 删除	00002	三星 S8300	韩国	899.0000
编辑 删除	00003	诺基亚 E72	芬兰	1790.0000
编辑 删除	00004	黑莓 9630	加拿大	4900.0000
编辑 删除	00005	摩托罗拉 XT702	中国	2160.0000
编辑 删除	00006	Google Nexus S	韩国	2599.0000
编辑 删除	00007	HTC Desire HD	中国	2699.0000
编辑 删除	00008	HTC Wildfire	中国	1330.0000
编辑 删除	00009	魅族 M9	中国	2000.0000

图 9-15　程序运行效果

9.6 习题

一、填空题

1. _____提供了一个可视化设计界面，用于创建基于数据库中对象的 LINQ to SQL 实体类和关联(关系)。

2. 使用_____子句可产生按照指定的键进行分组的序列。键可以采用任何数据类型。

3. LINQ 技术采用的语法结构是以_____开始，结束与_____和_____子句。

4. LINQ 的查询操作通常由_____、_____、_____三个步骤组成。

5. DataContext 类中能够将已更新的数据从 LINQ to SQL 类发送到数据库的方法是_____。

二、选择题

1. LinqDataSource 控件为用户提供了一种将数据控件连接到多种数据源的方法，其中包括(   )。

    A. 数据库数据　　　　B. 数据源类　　　　　C. 内存中集合　　　D. 数据对象

2. 根据数据源的不同，LINQ 可分为(   )。

    A. LINQ to SQL　　　　B. LINQ to Object　　C. LINQ to XML　　D. LINQ to DataSet

3. LINQ 查询表达式返回结果的数据类型有(   )。

    A. IEnumerable<T>　　B. IQueryable<T>　　　C. DataSet　　　　　D. DataTable

4. 下面关于LINQ描述正确的是(   )。

    A. LINQ 到对象是对内存进行操作，LINQ to SQL 是对数据库的操作，LINQ to XML 是对 XML 数据进行操作

    B. Visual Studio 2019 包含了 LINQ 提供程序的程序集，这些程序集将支持 LINQ 与.NET Framework、SQL Server 数据库、ADO.NET 数据集以及 XML 数据一起使用

    C. .NET Framework 4 还为用户扩展 LINQ 提供支持，用户可以根据需要实现第三方的 LINQ 支持程序

    D. LINQ 查询既可在新项目中使用，也可在现有项目中与非 LINQ 查询一起使用。唯一的要求是项目必须与.NET Framework 4 版本相兼容

5. join 子句可以为数据源之间建立的联接关系有(   )。

    A. 右外部联接　　　　B. 左外部联接　　　　C. 分组联接　　　　　D. 内部联接

三、上机题

1. 创建并调试本章所有的实例。

2. 使用第 6 章习题中上机题 2 创建的数据库的 AlbumInfo 专辑信息表，通过对象模型 DataClassesDataContext，把该表的信息映射到内存中并生成一个数据库实体类 AlbumInfo。

3. 利用题 2 创建的对象模型 DataClassesDataContext，查询出专辑信息表 AlbumInfo 中包含的所有数据，并显示在 GridView 控件中，运行效果如图 9-16 所示。

4. 使用 LINQ to SQL 技术，通过 LinqDataSource 控件和 DetailView 控件实现添加专辑信息

表 AlbumInfo 中数据的功能并显示在 GridView 控件上。运行代码后的效果如图 9-17 所示。

图 9-16　题 3 运行结果　　　　　　　图 9-17　题 4 运行结果

5. 使用 LINQ to SQL 技术，通过 LinqDataSource 控件和 ListView 控件实现修改专辑信息表 AlbumInfo 中数据的功能，将编号为 100001 的专辑名称修改为"呼唤"、演唱者修改为"齐秦"、类别修改为"流行"、价格修改为 100。运行代码后的效果如图 9-18 所示。

6. 使用 LINQ to SQL 技术，通过 LinqDataSource 控件和 ListView 控件实现删除专辑信息表 AlbumInfo 中数据的功能。运行代码后的效果如图 9-19 所示。

图 9-18　题 5 运行结果　　　　　　　图 9-19　题 6 运行结果

第10章
Web服务

Web 服务英文为 Web Service，它的功能与 Windows 系统中应用程序通过 API 接口函数使用系统提供的服务类似，区别是 Web 服务专用在网络中。在 Web 站点之间，如果想要使用其他站点资源，就需要其他站点提供服务，这个服务就是 Web 服务。本章主要介绍 Web 服务的基本概念、协议和应用以及如何实现 Web 服务功能。

☑ **本章重点**

- 理解 Web 服务的基本构成
- 掌握创建 Web 服务的方法
- 熟练调用网上的 Web 服务资源
- 掌握对 Web 服务的自定义和调用

10.1 Web 服务简介

很多编程人员初次接触 Web 服务，会认为这是一个新的系统架构和编程环境。其实，虽然 Web 服务是一个新的概念，但它的系统架构、实现技术却是完完全全继承已有的技术，绝对不会将现有的应用推倒重来，而是现有技术在 Internet 网络上的一个延伸扩充。

10.1.1 Web 服务的概念

Web 服务是一种无须购买并部署的组件，它是被一次部署到 Internet 中，然后可以随时使用的一种新型组件，只要能够接入 Internet 网络，就可以使用和集成 Web 服务。Web 服务基于一套描述软件通信语法和语义的核心标准。XML 提供表示数据的通用语法，简单对象访问协议(SOAP)提供数据交换的语义，Web 服务描述语言(WSDL)提供描述 Web 服务功能的机制。其他规范统称为 WS-*体系结构，用于定义 Web 服务发现、事件、附件、安全性、可靠的消息传送、事务和管理方面的功能。

简言之，Web 服务就是一种远程访问的标准。它的优点首先是跨平台，HTTP 和 SOAP 等是互联网上通用的协议；其次是可以解决防火墙的问题，如果使用 DCOM 或 CORBA 来访问 Web 组件，将会被挡在防火墙外面，而使用 SOAP 则不会有防火墙的问题。若要发展 Web 服务则需要更多的软件厂商来参与开发，让基于 Web 服务的软件服务数量和规模逐渐多起来。

虽然远程访问数据和应用程序逻辑不是一个新概念，但是以松耦合的方式执行这种操作却是一个全新的概念。以前的操作(例如 DCOM、IIOP 和 Java/RMI)要求在客户端和服务器之间进行紧密集成，并要求使用特定的平台和二进制数据格式。虽然这些协议要求特定组件技术或对象调用约定，但现在的 Web 服务却不需要这样做。它在客户端和服务器之间所做的唯一假设就是接收方可以理解收到的消息。换句话说，客户端和服务器同意一个协定(在此所述的情况下，使用 WSDL 和 XSD)，然后通过在指定的传输协议(例如 HTTP)之上生成遵守该协定的消息来进行通信。因此，用任何语言编写、使用任何组件模型并在任何操作系统上运行的程序，都可以访问 Web 服务。此外，使用文本格式(如 XML)的灵活性，使消息交换随时间的推移以一种松耦合的方式进行成为可能。

下面来看一个实际应用的例子。目前许多网站，特别是门户网站或者是网址导航的网站都提供各个城市的天气预报，如图 10-1 所示，用户可以通过定制省份和相应的城市来获取该城市的天气预报信息。事实上，这种天气预报并非该网站本身实现的功能，只是使用了互联网上其他提供天气预报网站的 Web 服务。

使用浏览器通过百度搜索引擎打开如图 10-2 所示的页面，在文本框中输入一个城市名称，然后单击“调用”按钮。浏览器的网页中显示如图 10-3 所示的一个 XML 文件，内容是用户所选城市的天气预报详细情况。

图 10-1　提供天气预报的网站

图 10-2　天气查询 Web 服务

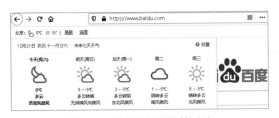

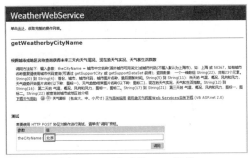

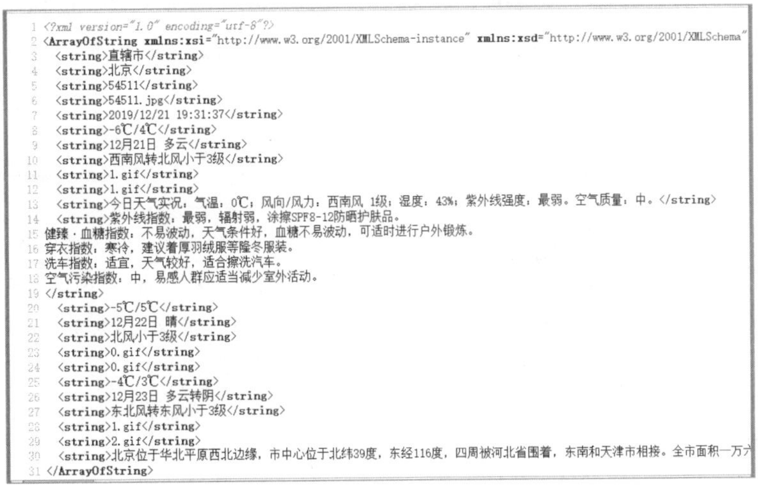

```
<?xml version="1.0" encoding="utf-8"?>
<ArrayOfString xmlns:xsi="http://www.w3.org/2001/XMLSchema-instance" xmlns:xsd="http://www.w3.org/2001/XMLSchema"
  <string>直辖市</string>
  <string>北京</string>
  <string>54511</string>
  <string>54511.jpg</string>
  <string>2019/12/21 19:31:37</string>
  <string>-6℃/4℃</string>
  <string>12月21日 多云</string>
  <string>西南风转北风小于3级</string>
  <string>1.gif</string>
  <string>1.gif</string>
  <string>今日天气实况：气温：0℃；风向/风力：西南风 1级；湿度：43%；紫外线强度：最弱。空气质量：中。</string>
  <string>紫外线指数：最弱，辐射弱，涂擦SPF8-12防晒护肤品。
健臻·血糖指数：不易波动，天气条件好，血糖不易波动，可适时进行户外锻炼。
穿衣指数：寒冷，建议着厚羽绒服等隆冬服装。
洗车指数：适宜，天气较好，适合擦洗汽车。
空气污染指数：中，易感人群应适当减少室外活动。
</string>
  <string>-5℃/5℃</string>
  <string>12月22日 晴</string>
  <string>北风小于3级</string>
  <string>0.gif</string>
  <string>0.gif</string>
  <string>-4℃/3℃</string>
  <string>12月23日 多云转阴</string>
  <string>东北风转东风小于3级</string>
  <string>1.gif</string>
  <string>2.gif</string>
  <string>北京位于华北平原西北边缘，市中心位于北纬39度，东经116度，四周被河北省围着，东南和天津市相接。全市面积一万六
</ArrayOfString>
```

图 10-3　天气预报详细信息

现在大家知道了在互联网上还存在这样一种提供信息的途径,接下来学习如何利用这些信息,以用户需要的形式运用于自己的程序中。这种方式提供的信息不但可以应用于 Web 应用程序,还可用于 Windows 应用程序。返回的信息采用 XML 格式,这样做的好处是可以在不同的系统之间传递数据。

Web 服务就像组件一样,类似于一个封装了一定功能的黑匣子,用户可以重复使用它而不用关心它是如何实现的。Web 服务提供了定义良好的接口,这些接口描述了它所提供的服务,用户可以通过这些接口来调用 Web 服务提供的功能。开发人员可以通过把远程服务、本地服务和用户代码结合在一起来创建应用程序。

Web 服务既可以在内部由单个应用程序使用,也可以通过 Internet 供任意数量的应用程序使用。由于可以通过标准接口访问,因此 Web 服务使异构系统能够作为一个计算网络协同运行。作为 Internet 的下一个革命性的进步,Web 服务将成为把所有计算设备连接到一起的基本结构。

10.1.2　Web 服务的基本构成

Web 服务在涉及操作系统、对象模型和编程语言的选择时,不能带有任何的倾向性。要做到这一点,必须使 Web 服务能够像其他基于 Web 的技术一样被广泛采用,所以它要符合下列前提条件。

(1) 松耦合:如果对两个系统的唯一要求是能彼此理解自我描述的文本消息,那么这两个系统就可以被认为是松耦合的。而紧耦合系统要求用大量自定义系统开销来进行通信,以实现系统之间有更多的了解。

(2) 提供常见的通信:当今的计算机操作系统都是能够连接到 Internet 的,因此,需要提供常见的网络通信信道,并尽可能地具有能够将所有系统或设备连接到 Internet 的能力。

(3) 通用的数据格式:通过用现有的开放式标准而不是专用的通信方法,使任何支持同样开放式标准的系统都能够理解 Web 服务。同时,Web 服务在利用 XML 获得自我描述的文本消息时,它和客户端都不需要知道每个基础系统的构成就可以共享消息,这使得不同系统之间的通信成为一种可能。

Web 服务采用的基本结构提供了下列内容:定位 Web 服务的发现机制,定义如何使用这些服务的服务描述,以及通信时使用的标准联网形式。Web 服务基本结构中的组件如表 10-1 所示。

表 10-1　Web 服务基本结构的组件

组　　件	角　　色
Web 服务目录	Web 服务目录(如 UDDI 注册表)用于定位其他组织提供的 Web 服务
Web 服务发现	Web 服务发现是定位(或发现)使用 Web 服务描述语言(WSDL)描述特定 Web 服务的一个或多个相关文档的过程。DISCO 规范定义定位服务描述的算法。如果 Web 服务客户端知道服务描述的位置,则可以跳过发现过程
Web 服务描述	要了解如何与特定的 Web 服务进行交互,需要提供定义该 Web 服务支持交互功能的服务描述。Web 服务客户端必须知道如何与 Web 服务进行交互才可以使用该服务

（续表）

组　　件	角　　色
Web 服务联网形式	为实现通用通信，Web 服务使用开放式联网形式进行通信，这些格式是任何能够支持最常见的 Web 标准的系统都可以理解的协议。SOAP 是 Web 服务通信的主要协议

　　Web 服务的设计是基于兼容性很强的开放式标准。为了确保最大限度的兼容性和可扩展性，Web 服务体系被建设得尽可能通用。这意味着需要对用于向 Web 服务发送和获取信息的格式和编码进行一些假设。而所有这些细节都是以一个灵活的方式来界定，使用诸如 SOAP 和 WSDL 标准来定义。为了使客户端能够连接 Web 服务，后台需要完成很多烦琐工作以便能够执行和解释 SOAP 和 WSDL 信息。这些烦琐工作会占用一些性能上的开销，但它不会影响一个设计良好的 Web 服务。表 10-2 列举了 Web 服务的标准。

表 10-2　Web 服务的标准

标　　准	说　　明
WSDL	告诉客户端一个 Web 服务里提供的方法，这些方法包含的参数、将要返回的值，以及如何与这些方法进行交互
SOAP	在信息发送到一个 Web 服务之前，提供对信息进行编码的标准
HTTP	所有 Web 服务交互发生时所遵循的协议。比如，SOAP 信息通过 HTTP 通道被发送
DISCO	该标准提供包含对 Web 服务的链接或以一种特殊的途径来提供 Web 服务的列表
UDDI	该标准提供创建业务的信息。比如，公司信息、提供的 Web 服务和用于 DISCO 或 WSDL 的相应标准

　　Web 服务体系结构有 3 种角色：服务提供者(服务供应商)、服务注册中心和服务需求者，这三者之间的交互包括发布、查找和绑定等操作，其工作原理如图 10-4 所示。

　　服务提供者是服务的拥有者，它为用户提供服务功能。服务提供者首先要向服务注册中心注册自己的服务描述和访问接口(发布操作)。服务注册中心可以把服务提供者和服务需求者绑定在一起，提供服务发布和查询功能。服务需求者是 Web 服务功能的使用者，它首先向注册中心查找所需要的服务，注册服务中心根据服务需求者的请求对相关的 Web 服务和服务需求者进行绑定，这样服务需求者就可以从服务提供者获得需要的服务。

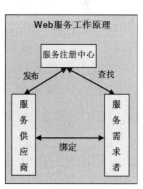

图 10-4　Web 服务工作原理

10.1.3　实现一个基本的 Web 服务

　　上面介绍了 Web 服务的基本概念，下面通过实现一个简单的 Web 服务来加深对理论的理解。

1. 创建 Web 服务

【例 10-1】创建一个简单的 Web 服务，在应用程序中通过调用创建的 Web 服务来获得 Web

服务中具体内容并显示在网页中。

(1) 启动 Visual Studio 2019,创建一个 ASP.NET Web 应用程序,命名为"例 10-1"。

(2) 右击网站项目名称"例 10-1",在弹出的快捷菜单中选择"添加新项"命令。进入如图 10-5 所示的"添加新项"对话框,选择"已安装"模板下的 Visual C#模板,并在模板文件列表中选中"Web 服务",然后在"名称"文本框中输入该文件的名称 WebService.asmx,最后单击"添加"按钮。

(3) 在"解决方案资源管理器"中出现如图 10-6 所示的 Web 服务文件。我们会发现多了 App_Code 文件夹下的 WebService.cs 文件。该文件是 Web 服务的后台代码文件,并且这个文件自动被放在了 App_Code 文件夹中。

图 10-5 "添加新项"对话框

图 10-6 解决方案资源管理器

(4) 双击进入 WebService.cs 文件,文件中生成的代码如下:

```
1. [WebService(Namespace = "http://tempuri.org/")]
2. [WebServiceBinding(ConformsTo = WsiProfiles.BasicProfile1_1)]
3. //若要允许使用 ASP.NET AJAX 从脚本中调用此 Web 服务,请取消对下行的注释
4. // [System.Web.Script.Services.ScriptService]
5.    public class WebService : System.Web.Services.WebService {
6.       public WebService () {
7.            //如果使用设计的组件,请取消注释以下行
8.            //InitializeComponent();
9.       }
10.      [WebMethod]
11.      public string HelloWorld() {
12.           return "Hello World";
13.      }
14. }
```

代码说明: 第 1 行指出这个类是一个 Web 服务,并使用 Namespace 指出服务的唯一标识符即命名空间。第 2 行中 ConformsTo 属性指出了这个 Web 服务遵循的标准。第 5 行定义了一个名为 WebService 的类,该类继承于 System.Web.WebService。在 ASP.NET 中,所有的 Web 服务类都会继承于 System.Web.WebService 类。该类包含一个构造函数,一般情况下不需要该构造函数。第 11~13 行包含一个服务方法 HelloWorld(),这其实是一段示例代码,告诉开发人员如何编写 Web 服务的方法。HelloWorld()方法很简单,和一般类的方法没有太大区别。

删除第 12 行代码，编写新的代码如下：

return "太棒了！这是您创建的首个 Web 服务程序！"

以上代码，返回一个字符串文本对象。

这里要注意的是，HelloWorld()方法上面第 10 行添加了一个名为 WebMethod 的属性，该属性用来标志方法可以被远程的客户端访问。WebMethod 包含 6 个属性用来提供描述它所标识的方法的接口，WebMethod 的属性如表 10-3 所示。

表 10-3　WebMethod 的属性

属　　性	说　　明
Description	Web 服务的方法描述信息。对 Web 服务的方法功能注释，可以让调用者看见的注释
EnableSession	指示 Web 服务是否启动 Session 标志，主要通过 Cookie 完成，默认值为 false
MessageName	主要实现方法重载后的重命名
TransactionOption	指示 XML Web Services 方法的事务支持
CacheDuration	指定缓存时间的属性
BufferResponse	指示配置 Web 服务的方法是否等到响应被完全缓冲完，才发送信息给请求端

(5) 双击打开 WebService.asmx 文件，生成的代码如下：

```
<%@ WebService Language="C#" CodeBehind="~/App_Code/Service.cs" Class="WebService" %>
```

代码说明： 在文件中只有一句代码，其中，@WebService 指令说明这是一个 Web 服务，Language 属性设置后台代码采用 C#来编写，CodeBehind 属性设置后台代码在程序中的目录地址，Class 属性设置 Web 服务类的名字。

2. 测试 Web 中的操作

创建好了一个 Web 服务后，下面来测试这个 Web 服务是否可用。

(1) 按 Ctrl+F5 键运行程序，出现如图 10-7 所示页面。图 10-7 和图 10-2 很相似，页面都显示了服务的名称和所有的操作列表，即服务的目录。

(2) 单击图 10-7 中名为 Hello World 的操作，弹出如图 10-8 所示的测试 Hello World 的操作页面。

图 10-7　显示服务页面

图 10-8　Web 服务测试页面

(3) 单击"调用"按钮，显示该操作的结果，呈现一个包含的 XML 文档信息的页面，如图 10-9 所示。返回字符串"太棒了！这是您创建的首个 Web 服务程序！"，这是通过 WebService.cs

文件中定义的 HelloWorld()方法实现的。

图 10-9　获得操作结果

3. 引用和调用 Web 服务

至此一个完整的 Web 服务已经创建成功，接下来需要把该服务添加到应用程序中。

(1) 右击网站根目录，在弹出的快捷菜单中选择"服务引用"命令，如图 10-10 所示。

(2) 在"添加服务引用"对话框中单击"高级..."按钮，在弹出的对话框中单击"添加 Web 引用"按钮，弹出"添加 Web 引用"对话框，其中，"此解决方案中的 Web 服务"选项用于添加创建在应用程序中的 Web 服务；"本地计算机上的 Web 服务"用于添加在本地机器中存在的 Web 服务；"浏览本地网络上的 UDDI 服务"用于添加在互联网中存在的 Web 服务。由于前面创建的 WebService.asmx 是保存在应用程序中，所以此处选择"此解决方案中的 Web 服务"选项，如图 10-11 所示。

图 10-10　选择"服务引用"

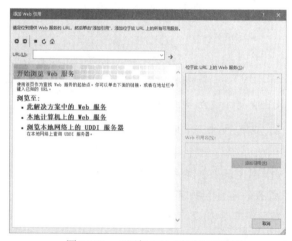

图 10-11　"添加 Web 引用"对话框

(3) 在"添加 Web 服务"对话框中可以看到如图 10-12 所示的本解决方案中所有存在的 Web 服务，选择 WebService 服务名称。

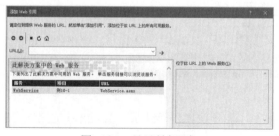

图 10-12　显示所有服务

（4）打开如图 10-13 所示的显示操作目录页面。其中，可以看到 Web 服务所在的 URL 路径，Visual Studio 2019 能够根据这个路径找到这个 Web 服务。可以修改 Web 引用名为 localhost，最后，单击"添加引用"按钮。

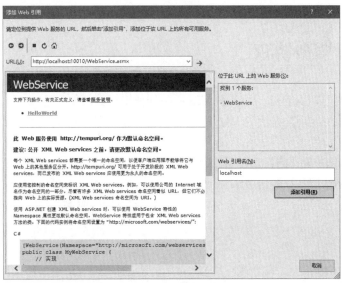

图 10-13　显示操作目录

（5）这时网站文件目录结构发生了如图 10-14 所示的变化。在"解决方案资源管理器"中多了一个文件夹 App_WebReferences，其中还包含一个子文件夹，里面有 3 个文件，它们都以服务的名字为文件名，分别以.disco、discomap、wsdl 为扩展名。这三个文件和前面介绍的 Web 服务标准相对应，它们的作用在下面的章节会进行说明。

图 10-14　解决方案资源管理器

（6）在网站根目录下创建一个名为 Default.aspx 的窗体文件。

（7）双击 Default.aspx 文件，进入"视图"编辑界面，打开"设计视图"，从工具箱中拖动 1 个 Label 控件到编辑区中。切换到"源视图"，编写关键代码如下：

```
<asp:Label ID="Label1" runat="server" Text=""></asp:Label>
```

代码说明： 定义一个标签控件 Label1。

（8）双击网站目录下的 Default.aspx.cs 文件，在窗体加载事件 Page_Load 中添加如下代码：

```
1. localhost.WebService lw = new localhost.WebService();
2. Label1.Text = lw.HelloWorld();
```

代码说明： 第 1 行先实例化 Web 服务对象 lw，然后在第 2 行通过调用服务中的 HelloWorld() 方法就能实现使用 Web 服务的功能。

（9）按 Ctrl+F5 键运行程序，效果如图 10-15 所示。

图 10-15　程序运行效果

10.2　Web 服务协议

通过上面的例子，我们初步了解了 Web 服务的作用和如何使用 Web 服务。Web 服务之所以能够在应用程序中实现，是因为 Web 服务协议的存在。在 Web 服务体系结构中主要包括以下 3 个核心服务，分别表示了 3 种 Web 服务协议。

(1) SOAP(简单对象访问协议)：用于数据传输。

(2) WSDL(Web 服务描述语言)：用于描述服务。

(3) UDDI(统一描述、发现和集成协议)：用于获取可用的服务。

10.2.1　SOAP

以前，在.NET 框架中，客户端在与 Web 服务交互时有两种协议能够使用。

(1) HTTP GET：使用该协议与 Web 服务交互时，会把客户端发送的信息编码放在查询字符串中，而客户端获取 Web 服务的信息则是以一个基本的 XML 文档形式存在。

(2) HTTP POST：使用该协议与 Web 服务交互时，会把参数放在请求体中，而获取的信息则是以一个基本的 XML 文档形式存在。

但是，随着信息的丰富化，需要传输的数据往往是结构化的，这样就出现了简单对象访问协议 SOAP(Simple Object Access Protocol)，这是一种轻量的、简单的、基于 XML 的协议，它被设计成在 Web 上交换结构化的和固化的信息。SOAP 可以和现存的许多 Internet 协议和格式结合使用，包括超文本传输协议(HTTP)、简单邮件传输协议(SMTP)和多用途网际邮件扩充协议(MIME)。HTTP 是 SOAP 消息反复发送的结果，它好比一个邮递员拿着 SOAP 信封去目的地一样。SOAP 消息基本上是从发送端到接收端的单向传输，但它们常常结合起来执行类似于请求/应答的模式。SOAP 使用基于 XML 的数据结构和超文本传输协议(HTTP)的组合，定义了一个标准的方法来使用 Internet 上各种不同操作环境中的分布式对象。

SOAP 作为对应用共享的消息进行包装的标准协议，在 Web 服务技术层次中有一定的作用。SOAP 规范定义了简单的基于 XML 包装传递信息和将与平台相关的应用数据类型转化成 XML 表示的一些规则。SOAP 的设计非常适合处理多种应用消息传递和集成模式，这一点是使用 SOAP 非常普遍的主要原因。

SOAP 规范主要定义了 3 个部分。

(1) SOAP 信封规范：SOAP XML 信封(SOAP XML Envelope)对在计算机间传递的数据如何封装定义了具体的规则。这包括应用特定的数据，如要调用的方法名、方法参数或返回值；还包括谁将处理封装内容，失败时如何编码错误消息等信息。

(2) 数据编码规则：为了交换数据，计算机必须在编码特定数据类型的规则上达成一致。SOAP 必须有一套自己的编码数据类型的约定，大部分约定都基于 W3C XML Schema 规范。

(3) RPC 协定：SOAP 能用于单向和双向等各种消息接发系统。SOAP 为双向消息接发定义了一个简单的协定来进行远程过程调用和响应，这使得客户端应用可以指定远程方法名，获取任意多个参数并接收来自服务器的响应。

关于 SOAP 标准的更多、更详细的信息，读者可以到 http://www.w3.org/TR/SOAP 阅读全部规范。

10.2.2　WSDL

在图 10-14 中有 3 个文件，它们都以服务的名字为文件名，分别以.disco、discomap、wsdl 为扩展名。开发者通过 disco 文件能够发现每个 Web 服务的功能(通过文档)，以及如何与它们进行交互(通过 WSDL)。该文件是 Visual Studio 2019 在 "添加 Web 引用" 时自动生成的。它是一个 XML 文档，只包含了该 Web 服务链接到其他资源的地址，代码如下：

```
<?xml version="1.0" encoding="utf-8"?>
<discovery xmlns:xsi=http://www.w3.org/2001/XMLSchema-instance
    xmlns:xsd="http://www.w3.org/2001/XMLSchema"
    xmlns="http://schemas.xmlsoap.org/disco/">
<contractRef ref=http://localhost:1856/Sample/Service.asmx?wsdl
    docRef="http://localhost:1856/Sample/Service.asmx"
    xmlns="http://schemas.xmlsoap.org/disco/scl/" />
<soap address=http://localhost:1856/Sample/Service.asmx
    xmlns:q1="http://tempuri.org/" binding="q1:ServiceSoap"
    xmlns="http://schemas.xmlsoap.org/disco/soap/" />
<soap address=http://localhost:1856/Sample/Service.asmx
    xmlns:q2="http://tempuri.org/" binding="q2:ServiceSoap12"
    xmlns="http://schemas.xmlsoap.org/disco/soap/" />
</discovery>
```

以上代码中，<discovery>元素中指出了它对其他资源的应用。<contractRef>元素的 ref 属性指向 Web 服务的 WSDL 文档，用来描述这个服务。用户根据 disco 文件获得了 WSDL 文档。

WSDL 是一个基于 XML 的标准，它指定客户端如何与 Web 服务进行交互，包括诸如一条信息中的参数和返回值如何被编码，以及在互联网上传输时应该使用何种协议等。目前，有 3 种标准支持实际的 Web 服务信息的传送：HTTP GET、HTTP POST 和 SOAP。

在 http://www.w3.org/TR/wsdl 可以看到完全的 WSDL 标准。这个标准相当复杂，但是这个标准背后的逻辑，对于进行 ASP.NET 开发的编程人员来说是隐藏的，这就像 ASP.NET 的 Web 控件抽象行为被封装一样。开发人员不需要知道这个标准具体的逻辑关系，只需要知道如何使用这个标准即可，把那些复杂逻辑行为留给系统和框架来解释执行。ASP.NET 可以创建一个基于 WSDL 文档的代理类。这个代理类允许客户端调用 Web 服务，而不用担心网络或格式的问题。很多非.NET 平台提供了相似的工具来完成同样的事务，例如 Visual Basic 6.0 和 C++程序员也可以使用 SOAP 工具包。

WSDL 是一种规范，它定义了如何用共同的 XML 语法描述 Web 服务。WSDL 描述了 4 种关键的数据。

(1) 描述所有公用函数的接口信息。

(2) 所有消息请求和消息响应的数据类型信息。

(3) 所使用的传输协议的绑定信息。

(4) 用来定位指定服务的地址信息。

总之，WSDL 在服务请求者和服务提供者之间提供一个协议。WSDL 独立于平台和语言，主要用于描述 SOAP 服务。客户端可以用 WSDL 找到 Web 服务，并调用其任何公用函数；还能够使用可识别 WSDL 的工具自动完成这个过程，使应用程序只需少量甚至不需手工编码就可以容易地连接新服务。WSDL 为描述服务提供了一种共同的语言，并为自动连接服务提供了一个平台，因此，它是 Web 服务结构中的基石。

WSDL 是描述 Web 服务的 XML 语法。这个规范本身分为以下主要元素。

(1) definitions：definitions 元素是所有 WSDL 文档的根元素。它定义 Web 服务的名称，声明文档其他部分使用的多个名称空间，并包含这里描述的所有服务元素。

(2) types：types 元素描述在客户端和服务器之间使用的所有数据类型。虽然 WSDL 没有专门被绑定到某个特定的类型系统上，但它以 XML Schema 规范作为其默认的选择。如果服务只用到诸如字符串型或整型等 XML Schema 内置的简单类型，它就不需要 types 元素。

(3) message：message 元素描述一个单向消息，无论是单一的消息请求还是单一的消息响应。message 元素中定义了消息名称，它可以包含零个或更多的引用消息参数 part 元素。

(4) portType：portType 元素结合多个 message 元素，形成一个完整的单向或往返操作。一个 portType 可以定义多个操作。

(5) binding：binding 元素描述了在 Internet 上实现服务的具体细节。WSDL 包含定义 SOAP 服务的内置扩展，因此，SOAP 特有的信息会转到这里。

(6) service：service 元素定义调用指定服务的地址。一般包含调用 SOAP 服务的 URL。

(7) documentation：documentation 元素用于提供一个可阅读的文档，可以将它包含在任何其他的 WSDL 元素中。

除了上述主要的元素，WSDL 规范还定义了其他实用元素，但是没有以上这些元素用得多，这里省略介绍。

WSDL 文件中最重要的部分也是对类型的定义。这一部分使用 XML 模式去描述数据交换的格式，数据交换的格式要通过使用 XML 元素和元素之间的关系来定义。

要查看 WSDL 文档的内容只需在图 10-13 中单击"服务说明"链接，就能进入文档页面，如图 10-16 所示。

```
<?xml version="1.0" encoding="utf-8"?>
<wsdl:definitions xmlns:http="http://schemas.xmlsoap.org/wsdl/http/" xmlns:soapenc="http://schemas.xmls
  <wsdl:documentation xmlns:wsdl="http://schemas.xmlsoap.org/wsdl/">&lt;a href="http://www.webxml.com.c
  <wsdl:types>
    <s:schema elementFormDefault="qualified" targetNamespace="http://webxml.com.cn/">
      <s:element name="getForexRmbRate">
        <s:complexType />
      </s:element>
      <s:element name="getForexRmbRateResponse">
        <s:complexType>
          <s:sequence>
            <s:element minOccurs="0" maxOccurs="1" name="getForexRmbRateResult">
              <s:complexType>
                <s:sequence>
                  <s:element ref="s:schema" />
                  <s:any />
                </s:sequence>
              </s:complexType>
            </s:element>
          </s:sequence>
        </s:complexType>
      </s:element>
      <s:element name="getForexRmbRatePro">
        <s:complexType>
          <s:sequence>
            <s:element minOccurs="0" maxOccurs="1" name="theUserID" type="s:string" />
          </s:sequence>
        </s:complexType>
```

图 10-16　WSDL 文档部分内容

10.2.3　UDDI

UDDI(Universal Description Discovery and Integration)是 Web 服务家族中最新、发展最快的标准之一。它最初被设计出来的目的是让开发人员非常容易地定位到任何服务器上的 Web 服务。

要定位 Web 服务，客户端必须要知道 URL 位置。UDDI 能够把不同的 Web 服务放到一个文件中，让这一过程变得相对容易。但是，它并没有提供任何明显的方法来检测一个公司提供的 Web 服务。UDDI 的目的是：提供一个库，在这个库中商业公司可以为他们所拥有的 Web 服务做广告。比如，一个公司列出所有用于业务文件交换的服务，这些业务文件交换服务具有提交购买订单和跟踪获取的信息等功能。但为了能让客户端获取这些 Web 服务，这些 Web 服务必须被注册在 UDDI 库中。

对于 Web 服务，UDDI 相当于一个搜索引擎。但 UDDI 有很大不同，大部分搜索引擎试图搜索整个互联网，而为所有的 Web 服务建立一个 UDDI 注册却不需要达到那样的程度，因为不同的工业有着不同的需要，并且一个非组织的搜集并不能让所有人满意。相反，它更像是公司的组织和联盟，把他们这个领域的 UDDI 注册绑定在一起。

有趣的是，UDDI 注册定义了一个完全编程接口，这个接口说明了 SOAP 信息能够被用来获取一个商务信息或为一个商务注册 Web 服务。换句话说，UDDI 注册本身就是一个 Web 服务。

10.3　Web 服务的应用

Web 服务在目前使用得非常广泛，用户可以使用网络上已经存在的 Web 服务，也可以从数据库服务器中提取数据。Web 服务还可以应用于企业内部的局域网，企业人员可调用公司提供的服务资源，简化自己的工作。

10.3.1 使用存在的 Web 服务

使用存在的 Web 服务是指使用 Internet 上服务供应者提供的各种 Web 服务，比如查询某地的天气预报、查询飞机航班和火车时刻表等。下列介绍如何实现调用这样的 Web 服务。

【例 10-2】 利用提供飞机航班时刻表的 Web 服务，通过选择起始站、终点站和航班日期，查询相关的飞机航班信息并显示在列表中。

(1) 启动 Visual Studio 2019，创建一个 ASP.NET Web 应用程序，命名为"例 10-2"。

(2) 右击网站项目名称，在弹出的快捷菜单中选择 "添加 Web 引用"命令，打开 "添加 Web 引用"对话框。

(3) 在 URL 地址栏中输入提供 Web 服务的地址：

http://ws.webxml.com.cn/webservices/DomesticAirline.asmx

然后单击"前往"按钮，进入如图 10-17 所示的服务操作列表窗口。

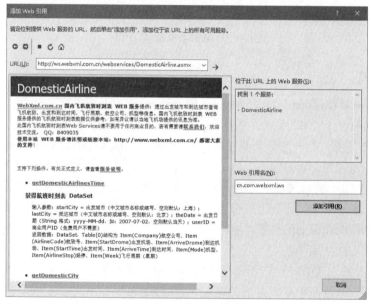

图 10-17 服务操作列表窗口

服务操作列表窗口中共列出了两个获取飞机航班运行时刻的操作方法，在应用程序中根据这两个方法的要求对应编写调用即可。

① GetDomesticAirlinesTime()方法用于获得航班时刻表，它包括以下几个可选的输入参数。

- startCity：表示航班出发的城市，用户可以输入中文城市名称或缩写，如果输入为空则默认出发的城市是上海。
- lastCity：表示航班抵达的城市，用户可以输入中文城市名称或缩写，如果输入为空则默认抵达的城市是北京。
- theDate：表示航班的出发日期，输入的格式为字符串，日期格式为 yyyy-MM-dd，例如 2007-07-02，如果输入为空表示出发日期为查询的当天。

● userID：如果是商业用户需要输入编号，免费用户则不需要输入。

该方法返回数据为 DataSet 对象，其中 Table 表的结构对应的是：Item(Company)航空公司、Item(AirlineCode)航班号、Item(StartDrome)出发机场、Item(ArriveDrome)到达机场、Item(StartTime)出发时间、Item(ArriveTime)到达时间、Item(Mode)机型、Item(AirlineStop)经停、Item(Week)飞行周期(星期)。

② getDomesticCity()方法用于获得国内飞机航班时刻表中全部城市的中英文名称和缩写。该方法不需要输入参数。方法返回的是 DataSet 对象，其中 Table 表的结构对应为：Item(enCityName)城市英文名称、Item(cnCityName)城市中文名称、Item(Abbreviation)缩写，按城市英文名称升序排列。

(4) 单击 getDomesticAirlinesTime 链接，进入如图 10-18 所示测试窗口。在参数 StartCity 起始站后的文本框中输入"大连"，在参数 lastCity 终点站后的文本框中输入"北京"，单击"调用"按钮。

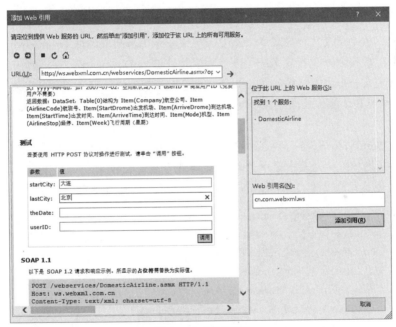

图 10-18　测试窗口

(5) 在浏览器中出现如图 10-19 所示的 XML 格式测试结果页面，显示大连到北京飞机航班时刻表信息。

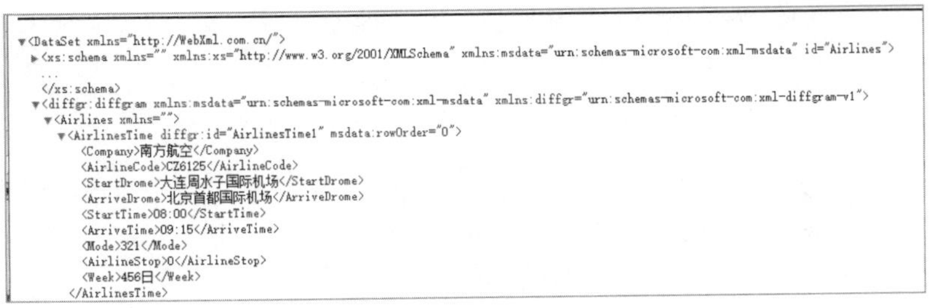

图 10-19　测试结果页面

(6) 通过测试说明此 Web 服务能够正常使用，最后在图 10-18 的"Web 引用名"文本框中输入 localhost，单击"添加引用"按钮，完成 Web 服务的创建。

(7) 在网站根目录下创建一个名为 Default.aspx 的窗体文件。

(8) 双击 Default.aspx 文件，进入"视图"编辑界面，打开"设计视图"，从工具箱中拖动 1 个 GridView 控件、2 个 DropDownList 控件、1 个 TextBox 控件和 1 个 Button 控件到编辑区中，切换到"源视图"，编写关键代码如下：

```
1. <h4>飞机航班时刻表查询</h4>
2. 起飞城市：<asp:DropDownList ID="DropDownList1" runat="server"> </asp:DropDownList>
3. 抵达城市：<asp:DropDownList ID="DropDownList2" runat="server"> </asp:DropDownList>
4. 航班日期：<asp:TextBox ID="TextBox1" runat="server"></asp:TextBox>(时间格式：yyyy-MM-dd，如：
            2007-07-02，空则默认当天)<br />
5. <asp:Button ID="Button1" runat="server" Text="查询" onclick="Button1_Click" /><br />
6. <asp:GridView ID="GridView1" runat="server" ></asp:GridView>
```

代码说明： 第 1 行定义标题文本。第 2 行定义一个下拉列表控件 DropDownList1，放置所有起飞城市的列表项。第 3 行定义一个下拉列表控件 DropDownList2，放置所有抵达城市的列表项。第 4 行定义一个文本框控件 TexBox1，用于输入航班的日期。第 5 行定义一个按钮控件 Button1，用于执行查询操作并设置其触发的单击事件 Click。第 6 行定义一个列表控件 GridView1 显示查询结果。

(9) 打开"GridView 任务"列表，选择"自动套用格式"选项，弹出"自动套用格式"对话框，在左边的选择架构列表中选中"雨天"，单击"确定"按钮。

(10) 双击网站目录下的 Default.aspx.cs 文件，编写关键代码如下：

```
1. protected void Page_Load(object sender, EventArgs e){
2.         if (!IsPostBack){
3.            localhost.DomesticAirline ld = new localhost.DomesticAirline();
4.            DataSet ds = ld.getDomesticCity();
5.            DropDownList1.DataSource = ds;
6.            DropDownList1.DataTextField = "cnCityName";
7.            DropDownList1.DataValueField = "cnCityName";
8.            DropDownList1.DataBind();
9.            DropDownList2.DataSource = ds;
10.           DropDownList2.DataTextField = "cnCityName";
11.           DropDownList2.DataValueField = "cnCityName";
12.           DropDownList2.DataBind();
13.        }
14. }
15. protected void Button1_Click(object sender, EventArgs e){
16.           localhost.DomesticAirline ld = new localhost.DomesticAirline();
17.           DataSet ds = ld.getDomesticAirlinesTime(DropDownList1.SelectedValue,
             DropDownList2.SelectedValue, TextBox1.Text,"");
```

```
18.        this.GridView1.DataSource  = ds;
19.        this.GridView1.DataBind();
20. }
```

代码说明：第 1 行定义处理页面 Page 对象加载事件 Load 的方法。第 2 行判断当前加载的页面如果不是回传页面，则第 3 行实例化 Web 服务 DomesticAirline 的对象 ld。第 4 行调用 getDomesticCity()方法获得起飞城市的 DataSet 对象 ds。第 5 行设置起飞城市下拉列表框的数据源为 ds。第 6 行和第 7 行设置起飞城市下拉列表框的文本域和数字域都显示返回的 cnCityName 起飞城市的中文名称。第 8 行调用 DataBind()方法将起飞城市名称绑定到下拉列表。第 9～12 行用相同的方法完成对抵达城市下拉列表框的数据绑定。

第 15 行定义处理查询按钮控件 Button1 单击事件 Click 的方法。第 16 行实例化 Web 服务 DomesticAirline 的对象 ld。第 17 行通过调用 Web 服务中的 getDomesticAirlinesTime()方法，根据起飞城市、抵达城市和航班日期获得飞机航班时刻表的 DataSet 对象 ds。第 18 行将 ds 作为 GridView1 控件的数据源。第 19 行调用 GridView1 的 DataBind() 方法将数据绑定到控件显示。

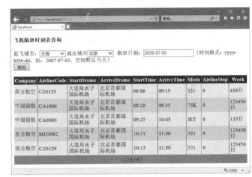

图 10-20　程序运行效果

(11) 按 Ctrl+F5 键运行程序，如图 10-20 所示，在页面中选择好起飞城市、抵达城市和航班日期，单击"查询"按钮，显示该航班的详情。

10.3.2　调用自定义的 Web 服务

除了使用已经存在的 Web 服务以外，大多数时候需要创建特定的 Web 服务在特定的网络应用程序中使用，比如对网页中数据库的操作等。下面介绍的实例将通过调用自己定义的 Web 服务完成对应用程序的开发。

【例 10-3】创建一个自定义的 Web 服务，其中有一个验证登录名和密码是否正确的方法，然后在页面中调用该 Web 服务完成登录验证功能。

(1) 启动 Visual Studio 2019，创建一个 ASP.NET Web 应用程序，命名为"例 10-3"。

(2) 右击网站项目名称，在弹出的快捷菜单中选择"添加新项"命令，弹出"添加新项"对话框，选择"已安装"模板下的 Visual C#模板，并在模板文件列表中选中"Web 服务"，然后在"名称"文本框中输入该文件的名称 WebService.asmx，最后单击"添加"按钮。

(3) 双击网站根目录下 App_Code 文件夹中生成的 WebService.cs 文件，编辑以下代码：

```
1. [WebMethod]
2.     public bool checkLogin(string name,string pwd) {
3.         if (name == "aqh" && pwd == "654321")
4.             return true;
5.         else
6.         return false;
7.     }
```

代码说明：第 1 行添加一个名为 WebMethod 的属性，该属性用来标志方法可以被远程的客户端访问。第 2 行定义一个返回布尔值的验证用户登录信息的方法 checkLogin()。第 3 行判断传递进来的用户名参数和密码参数，如果是 aqh 和 654321，就返回 true 表示通过验证，否则就返回 false 表示验证没有通过。

(4) 在网站根目录下添加一个名为 Default.aspx 的窗体文件。

(5) 双击 Default.aspx 文件，进入"视图"编辑界面，打开"设计视图"，从工具箱中拖动 2 个 TextBox 控件、1 个 Button 控件和 1 个 Label 控件到编辑区中。

(6) 双击网站目录下的 Default.aspx.cs 文件，编写关键代码如下：

```
1. protected void Button1_Click(object sender, EventArgs e) {
2.        WebService ws = new WebService();
3.        if (ws.checkLogin(TextBox1.Text, TextBox2.Text))
4.              Label1.Text = "用户名和密码正确，登录成功！";
5.        else
6.              Label1.Text = "用户名或密码错误，登录失败！";
7. }
```

代码说明：第 1 行定义处理按钮控件 Button1 单击事件 Click 的方法。第 2 行实例化 Web 服务对象 ws。第 3 行调用 ws 对象的验证登录 checkLogin()方法，判断如果验证成功，则第 4 行将登录成功的提示文字显示在标签控件 Label1；否则第 6 行将登录失败的提示文字显示在标签控件 Label1 上。

图 10-21　程序运行效果

(7) 按 Ctrl+F5 键运行程序，如图 10-21 所示，在页面中输入用户名和密码后，单击"登录"按钮，页面会显示登录成功与否的提示文字。

10.4　综合练习

本练习实现在网站的页面获得用户的输入，然后通过调用自定义的 Web 服务中的方法，来实现对第 6 章数据库 Mobilephone 中的 MobilephoneInfo 数据表进行手机信息添加的操作。

(1) 启动 Visual Studio 2019，创建一个 ASP.NET Web 应用程序，命名为"综合练习"。

(2) 右击网站项目名称，在弹出的快捷菜单中选择"添加新项"命令，弹出"添加新项"对话框，选择"已安装"模板下的 Visual C#模板，并在模板文件列表中选中"Web 服务"，然后在"名称"文本框中输入该文件的名称 WebService.asmx，最后单击"添加"按钮。

(3) 双击网站根目录下 App_Code 文件夹中生成的 WebService.cs 文件，编辑以下代码：

```
1. [WebMethod]
2. public bool CommandSql(string SQLConnectionString, string Cmdtxt){
3.    SqlConnection Con = new SqlConnection(SQLConnectionString);
4.    try{
```

```
5.            Con.Open();
6.            SqlCommand Com = new SqlCommand(Cmdtxt, Con);
7.            Com.ExecuteNonQuery();
8.            return true;
9.        }
10.    catch (Exception ms){
11.            System.Web.UI.Page tt = new System.Web.UI.Page();
12.            tt.Response.Write(ms.Message);
13.            return false;
14.        }
15.    finally{
16.            Con.Close();
17.        }
18.    return true;
19. }
```

代码说明： 第 1 行添加一个名为 WebMethod 的属性，该属性用来标志方法可以被远程的客户端访问。第 2 行定义添加用户信息到数据库的方法 CommandSql()，参数是一个数据库连接字符串和 SQL 添加语句。第 3 行创建数据库连接对象 Con。第 5 行打开数据库连接。第 6 行创建数据库命令对象 Com。第 7 行执行 SQL 语句。第 16 行关闭数据库连接。

(4) 在网站根目录下添加一个名为 Default.aspx 的窗体文件。

(5) 双击 Default.aspx 文件，进入"视图"编辑界面，打开"设计视图"，从工具箱中拖动 4 个 TextBox 控件，2 个 Button 控件和 1 个 GridView 控件到编辑区中。

(6) 右击网站根目录，在弹出的快捷菜单中选择"添加 Web 引用"命令，打开"添加 Web 引用"对话框，选择"此解决方案中的 Web 服务"，单击"添加引用"按钮。

(7) 在网站目录中生成了一个 App_WebReferences，其中还包含一个文件夹 Service。

(8) 双击网站目录下的 Default.aspx.cs 文件，编写关键代码如下：

```
1. string ConnectionString =
        "Server=(local);DataBase=Mobilephone;Uid=sa;Pwd=585858";
2. protected void Page_Load(object sender, EventArgs e){
3.        if (!IsPostBack){
4.            string cmdtxt = "SELECT * FROM MobilephoneInfo";
5.        SqlConnection Con = new SqlConnection(ConnectionString);
6.        Con.Open();
7.        SqlDataAdapter da = new SqlDataAdapter(cmdtxt, Con);
8.        DataSet ds = new DataSet();
9.        da.Fill(ds);
10.        this.GridView1.DataSource = ds;
11.        this.GridView1.DataBind();
12.        }
13. }
14. protected void Button1_Click(object sender, EventArgs e){
```

```
15.      string cmdtxt = "INSERT INTO MobilephoneInfo (ID,Name,
              Origin,Price) VALUES('" + this.txtUid.Text + "','"+ cmdtxt
              += ",'" + this.txtPwd.Text + "','" + this.txtEmail.Text + "')";
16.      locahost.Webservice ws= new locahost.Webservice ();
17.      bool i = ws.CommandSql(ConnectionString, cmdtxt);
18.      if (i == true){
19.          Response.Write("<script>alert('添加成功');
              location='Default.aspx'</script>");
20.      }
21.      else{
22.          Response.Write("<script>alert('添加失败！');
              location='Default.aspx'</script>");
23.      }
24. }
```

代码说明：第 1 行创建数据库连接字符串。第 2 行处理页面 Page 的加载事件 Load。第 3 行判断如果当前加载的页面不是回传页面，第 4~9 行执行信息查询，并填充到数据集中。第 10 行将该数据集作为 GridView1 控件的数据源。第 11 行绑定数据到列表控件显示。第 14 行处理 Button1 按钮的单击事件 Click。第 15 行创建 SQL 插入语句。第 16 行实例化 Web 服务对象 ws。第 17 行调用 Web 服务中的方法 CommandSql()执行添加操作。

(9) 按 Ctrl+F5 键运行程序，如图 10-22 所示，用户输入手机的信息后，单击"添加"按钮，将信息添加到数据库表并在 GridView 控件中显示。

图 10-22　程序运行效果

10.5　习题

一、填空题

1. 要在项目中使用 ASP.NET Web 服务，则必须在项目中添加_____。

2. ASP.NET Web 服务文件使用的扩展名是_______。
3. SOAP 规范主要定义了_______、_______和______三个部分。
4. ASP.NET Web 服务类的方法前要添加_______属性。
5. Web 服务就是一种_______的标准。

二、选择题

1. ASP.NET Web 服务的通信协议包括(　　)。
   A. HTTP　　B. XML　　C. SOAP　　D. TCP/IP
2. 在 ASP. NET Web 服务体系结构中主要包括(　　)核心服务。
   A. SOAP　　B. WSDL　　C. UDDI　　D. HTTP
3. ASP. NET Web 服务体系结构角色包括(　　)。
   A. 服务提供者　　B. 服务注册中心　　C. 服务需求者　　D. Web 服务联网形式
4. ASP. NET Web 服务基础结构中的组件包括(　　)。
   A. Web 服务目录　　B. Web 服务发现　　C. Web 服务描述　　D. Web 服务联网形式
5. 在调用 ASP. NET Web 服务时，可以发送和接收一些数据，这些数据包括(　　)。
   A. 简单数据类型　　B. 结构体　　C. 数组　　D. DataSet

三、上机题

1. 创建并调试本章所有的实例。

2. 利用提供邮政编码查询的 Web 服务，通过输入邮政编码，单击“查询”按钮后，将结果显示在 GridView 控件中。程序运行效果如图 10-23 所示。

3. 使用提供中英文双向翻译的 Web 服务，通过输入要翻译的中文或英文单词，单击“翻译”按钮后，将翻译的结果显示在文本框控件中。程序运行效果如图 10-24 所示。

4. 在调用 Web 服务时，可以发送和接收一些数据，这些数据包括简单的数据(例如 int、string 等简单数据类型)和结构体、数组、类对象等，还可以传送 DataSet 数据集。本题要求通过 Web 服务，使用 DataSet 对象获取第 6 章习题中上机题 2 创建的数据库表 AlbumInfo 的内容。程序运行效果如图 10-25 所示。

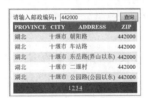

请输入邮政编码：442000 查询
PROVINCE CITY ADDRESS ZIP
湖北 十堰市 朝阳路 442000
湖北 十堰市 车站路 442000
湖北 十堰市 东岳路(界山以东) 442000
湖北 十堰市 二堰村 442000
湖北 十堰市 公园路(公园以东) 442000
1234

图 10-23　题 2 运行效果

请输入要翻译的中文或英文：
china
翻译
n. 中国,瓷器

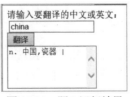

图 10-24　题 3 运行效果

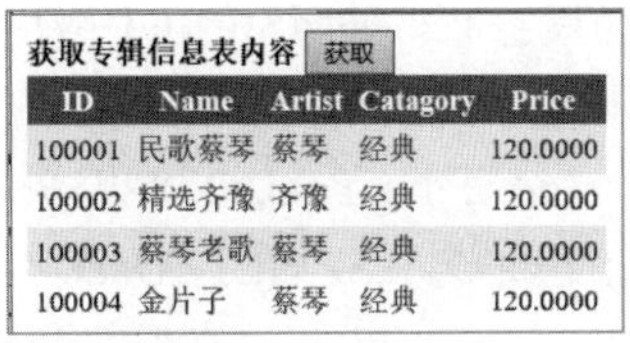

获取专辑信息表内容 获取
ID Name Artist Catagory Price
100001 民歌蔡琴 蔡琴 经典 120.0000
100002 精选齐豫 齐豫 经典 120.0000
100003 蔡琴老歌 蔡琴 经典 120.0000
100004 金片子 蔡琴 经典 120.0000

图 10-25　题 4 运行效果

第11章
ASP.NET AJAX技术

ASP.NET AJAX 技术包括一个客户端脚本库和基于 ASP.NET 服务器的开发平台集成，它能够快速创建具有响应能力和丰富用户体验的网页。通过使用 ASP.NET AJAX 功能，可以很大程度上改进用户的页面体验并提高 Web 应用程序的开发效率。同时，AJAX Control Toolkit 工具集的出现使 ASP.NET AJAX 得到了更为广泛的应用。只要认真学习本章内容，读者就能够基本掌握 ASP.NET AJAX 技术在网站开发中的运用。

☑ **本章重点**

- 理解 ASP.NET AJAX 的概念和原理
- 掌握如何使用 ScriptManager 控件调用 Web 服务和 JS 文件
- 熟练运用 UpdatePanel 控件实现局部刷新功能
- 掌握 UpdateProgress 和 Timer 控件的使用

11.1 ASP.NET AJAX 技术概述

ASP.NET AJAX 是微软公司专门为 ASP.NET 应用程序提供 AJAX 技术支持的开发框架，通过它原有的 ASP.NET 应用程序可以很轻松地使用 ASP.NET AJAX 所提供的基础架构，开发出具有 AJAX 能力的 Web 应用程序。

ASP.NET AJAX 能够快速创建具有丰富用户体验的页面，而且这些页面由安全的用户接口元素组成。ASP.NET AJAX 提供了一个客户端脚本(client-script)库，包含跨浏览器的 ECMAScript (如 JavaScript)和动态 HTML(DHTML)技术，而且 ASP.NET AJAX 把这些技术同 ASP.NET 开发平台结合起来。使用 ASP.NET AJAX，开发人员可以很大程度上改善 Web 程序的用户体验和提高应用程序执行效率。

11.1.1 体系结构

ASP.NET AJAX 由客户端脚本库和服务器组件组成，它们互相配合提供了一个健壮的开发框架。除了 ASP.NET AJAX，用户还能够使用 ASP.NET AJAX Control Toolkit 控件工具集。

1. 客户端

ASP.NET AJAX 客户端脚本库是 100%面向对象的 JavaScript 客户端脚本框架，并且是可扩展的，允许开发人员构建拥有丰富 UI 功能和连接 Web 服务的 AJAX 网页应用程序。使用 ASP.NET AJAX，开发人员能够使用 DHTML、JavaScript 和 XMLHTTP 来编写 Web 应用程序，而无须掌握这些技术的细节。

ASP.NET AJAX 客户端脚本框架可以在所有常用浏览器上运行，而不需要 Web 服务器。它不需要安装，只要在页面中引用正确的脚本文件即可。

ASP.NET AJAX 客户端脚本框架包括以下各层内容。

(1) 一个浏览器兼容层：这个层为 ASP.NET AJAX 脚本提供了各种常用浏览器的兼容性，常用浏览器包括微软的 IE、Mozilla 的 Firefox、苹果的 Safari 等。

(2) ASP.NET AJAX 核心服务：这个核心服务扩展了 JavaScript，例如把类、命名空间、事件句柄、继承、数据类型、对象序列化扩展到 JavaScript 中。

(3) 一个 ASP.NET AJAX 的基础类库：这个类库包括组件，例如字符串创建器和扩展错误处理。

(4) 一个网络层：该层用来处理基于 Web 服务和应用程序的通信，以及管理异步远程方法的调用。

2. 服务器端

微软公司专门为 ASP.NET 应用程序设计了一组 AJAX 风格的服务器控件，并且加强了现有 ASP.NET 页面框架和控件，以便支持 ASP.NET AJAX 客户端脚本框架。服务器端组件有以下特征。

(1) 脚本支持，包括对"异步客户端回调"的支持。"异步客户端回调"的特性，使得构建没有中断的页面变得很容易。"异步客户端回调"包装了 XMLHTTP，能够在很多浏览器上工作。ASP.NET 本身包括了很多使用回调的控件，如具有客户端分页和排序功能的 GridView 和 DataView 控件，以及 TreeView 控件的虚拟列表支持。ASP.NET AJAX 客户端脚本框架将完全支持 ASP.NET 的回调，例如，可以将 ASP.NET AJAX 客户端控件的数据绑定为服务器上的 ASP.NET 数据源控件，并且可以从客户端异步地控制 Web 页面的显示。

(2) Web Service 集成。服务端框架使用了一套扩展的机制使程序中的 Web Service 可以被客户端 JavaScript 直接访问。在 Web Service 上标记[ScriptService]的属性，就可以简单地使该 Web Service 被客户端的 JavaScript 直接访问。

(3) 应用程序服务。服务端框架提供了一些内置的应用服务，如授权服务 Authentication 和个性化支持服务 Priofile。

(4) 服务器端控件。ASP.NET AJAX 服务器控件包括服务器和代码，以实现类似于 AJAX 的行为。表 11-1 列出了最常用的 ASP.NET AJAX 服务器控件。

表 11-1　最常用的 ASP.NET AJAX 服务器控件

控　　件	描　　述
ScriptManager	管理客户端组件的脚本资源、局部页面的绘制、本地化和全局文件，并且可以定制用户脚本。为了使用 UpdatePanel、Updateprogress 和 Timer 控件，ScriptManager 控件是必需的

(续表)

控 件	描 述
UpdatePanel	通过异步调用来刷新部分页面而不是刷新整个页面
UpdateProgress	提供 UpdatePanel 控件中部分页面更新的状态信息
Timer	定义执行回调的时间区间。可以使用 Timer 控件来发送整个页面，也可以把它和 UpdatePane 控件一起使用在一个时间区间以执行局部页面刷新

ASP.NET AJAX 的体系结构可以用图 11-1 来表示。

图 11-1   ASP.NET AJAX 体系结构

11.1.2   创建 ASP.NET AJAX 程序

在.NET 4.0 中，ASP.NET AJAX 框架技术已经完全集成，所以在使用 Visual Studio 2019 开发 ASP.NET AJAX 程序时，不需要再单独安装 ASP.NET AJAX 框架，可以直接创建 ASP.NET AJAX 程序。

【例 11-1】在 Visual Studio 2019 中创建一个 ASP.NET AJAX 程序。

(1) 启动 Visual Studio 2019，创建一个 ASP.NET Web 应用程序，命名为"例 11-1"。

(2) 在网站的根目录下创建一个名为 Default.aspx 的窗体文件。

(3) 双击 Default.aspx 文件，进入"视图"编辑界面，切换到"设计视图"。打开"工具箱"窗口，可以看到 ASP.NET AJAX 服务器控件，它们在如图 11-2 所示的 AJAX 扩展列表中。

(4) 可以像拖动其他控件一样，把 ASP.NET AJAX 服

图 11-2   ASP.NET AJAX 服务器控件

务器控件拖动到设计视图内。现在向页面中拖放 1 个 ScriptManager 控件、1 个 UpdatePanel 控件和 1 个 Label，如图 11-3 所示。

图 11-3　设计视图

（5）切换到"源视图"，在<form></form>标记之间生成代码如下：

```
1. <asp:ScriptManager ID="ScriptManager1" runat="server">
2. </asp:ScriptManager>
3. <asp:UpdatePanel ID="UpdatePanel1" runat="server">
4. <ContentTemplate>
5. <asp:Label runat="server" Text="Label"></asp:Label>
6. </ContentTemplate>
7. </asp:UpdatePanel>
```

代码说明： 第 1 行和第 2 行定义一个脚本管理控件 ScriptManager1。第 3～7 行定义一个更新面板控件 UpdatePanel1。其中在第 5 行又定义了一个标签控件 Label1。

（6）在 Default.aspx.cs 文件中编辑后台逻辑代码实现功能。

11.2　ASP.NET AJAX 核心控件

ASP.NET AJAX 提供了实现 AJAX 功能的服务器端控件，即使不懂任何客户端 AJAX Library 脚本的编程人员，通过这些控件也能够在 ASP.NET 应用程序中创建简单的 AJAX 应用。这些核心的服务器控件有 ScriptManager、UpdatePanel、UpdateProgress 和 Timer 控件。

11.2.1　ScriptManager 控件

脚本管理控件 ScriptManager 是 AJAX 程序运行的基础。ScriptManager 控件位于 ASP.NET 4.0 AJAX Extension 中，它用来处理页面上所有组件以及页面局部更新，生成相关客户端代理脚本以便能够在 JavaScript 中访问 Web 服务等。

1. ScriptManager 的结构

在支持 ASP.NET AJAX 的 ASP.NET 页面中，只能有一个 ScriptManager 控件来管理 ASP.NET AJAX 相关的控件和脚本。可以在 ScriptManager 控件中指定需要的脚本库，也可以通过注册 JavaScript 脚本来调用 Web 服务等。

一个 ScriptManager 的典型定义如下：

```
1. <asp:ScriptManager ID="ScriptManager1" runat="server">
2.   <Scripts/>
3. <ProfileService />
4. <AuthenticationService />
5. </asp:ScriptManager>
```

以上代码中 Scripts、Services、ProfileService、AuthenticationService 等子标签都是可选的,这些子标签的含义如表 11-2 所示。

表 11-2　ScriptManager 子标签的含义

标　　签	描　　述
Scripts	对脚本的调用,其中可以嵌套多个 ScriptReference 模板以实现对多个脚本文件的调用
Services	对 Web 服务的调用,可以嵌套多个 ScriptReference 模板以实现对多个脚本文件的调用
ProfileService	表示提供个性化服务的路径,Profile 是在.NET 3.5 增加的个性设置
AuthenticationService	用来表示提供验证服务的路径

使用最多的是 Scripts 和 Services 标签。Scripts 标签引用自定义的 JavaScript 的语法如下:

```
1. <asp:ScriptManager ID="ScriptManager1" runat="server">
2. <Scripts >
3.    <asp:ScriptReference Path ="JavaScript 文件的路径" />
4.    ...
5. </Scripts>
6. </asp:ScriptManager>
```

代码说明:第 1 行定义脚本管理控件 ScriptManager1。第 2～5 行定义 Scripts 标签。第 3 行定义 ScriptReference 标签来指定引用的 JavaScript 脚本文件,并设置属性 Path 获得脚本文件的路径。

Scripts 标签引用的 JavaScript 脚本文件可以超过一个,只要逐一应用<asp:ScriptReference>标签列出即可。如果引用的不是独立的 JavaScript 文件,而是 JavaScript 函数库中的某一个 JavaScript 程序,则要使用<asp:ScriptReference>标签的 Assembly 和 Name 两个属性。示例代码如下:

```
1. <asp:ScriptManager ID="ScriptManager1" runat="server">
2. <Scripts >
3.    <asp:ScriptReference Assembly="JavaScript 文件的路径" Name="JavaScript 文件"/>
4.    ...
5. </Scripts>
6. </asp:ScriptManager>
```

代码说明:第 1 行定义脚本管理控件 ScriptManager1。第 2～5 行定义 Scripts 标签。第 3 行定义 ScriptReference 标签来指定引用的 JavaScript 脚本文件,并设置属性 Assembly 获得脚本函数库的名称,设置属性 Name 获得 JavaScript 脚本文件。

Services 标签引用 Web 服务程序文件(*.asmx)的语法如下:

```
1. <asp:ScriptManager ID="ScriptManager1" runat="server">
2.    <Services >
3.    <asp:ScriptReference Path ="Web Service 程序的路径" />
4.    ...
5.    </Services>
6. </asp:ScriptManager>
```

代码说明：第 1 行定义脚本管理控件 ScriptManager1。第 2～5 行定义 Services 标签。第 3 行定义 ScriptReference 标签来指定引用的 Web Service 程序，并设置属性 Path 获得 Web Service 程序的路径。

另外，ScriptManager 还具有如表 11-3 所示的主要成员属性。

表 11-3　ScriptManager 的主要成员属性

属　性	描　述
AllowCustomError	和 Web.config 中自定义错误配置区<customError>相联系，指示是否使用自定义的错误处理，默认值为 True
AsyncPostBackErrorMessage	获取或设置错误信息。当在一个异步回送过程中出现未处理的服务器异常时这个错误信息会被发送到客户端
AsyncPostBackTimeout	异步回送超时限制，默认值为 90，单位是秒
EnablePartialRendering	布尔值，可读写，当值为 True 时表示可使用 UpdatePanel 控件进行部分页面刷新，当值为 False 时表示不可以
ScriptMode	指定 ScriptManager 发送到客户端的脚本的模式，有 4 种模式，即 Auto、Inheit、Debug 和 Release，默认值为 Auto
ScriptPath	设置所有脚本块的根目录，作为全局属性，包括自定义脚本块或者引用第三方的脚本块
OnAsyncPostBackError	异步回传发生异常时的事件，用于指定一个服务端的处理函数，在这里可以捕获异常信息并作相应处理
OnResolveScriptReference	指定 ResolveScriptReference 事件的服务器端处理函数，在该函数中可以修改某一条脚本的相关信息，如路径、版本等

ScriptManager 控件可以为执行部分页面的控件创建资源，这些资源包括脚本、样式、隐藏区域和数组。ScriptManager 控件包括脚本集合，这个集合包含用于浏览器的脚本引用对象 ScriptReference，可以以声明或者编程的方式添加这些脚本，然后通过脚本引用来访问这些脚本。

ScriptManager 控件还包括注册方法，使用这些方法可以以编程的方式来注册脚本和隐藏区域。

ScriptManager 控件的服务集合包括 ServerReference 对象，ServerReference 对象绑定到每个注册到 ScriptManager 控件里 Web 服务。ASP.NET AJAX 框架为每个服务集合的 ServerReference 对象生成一个代理对象，这些代理对象和它们提供的方法可以让客户端脚本调用 Web 服务变得简单。

开发人员也可以以编程方式把 ServerReference 对象注册到服务集合中，从而把 Web 服务注册到 ScriptManager 控件中，这样客户端就可以调用注册的 Web 服务。

另外需要了解 ScriptMode 属性，即指定 ScriptManager 发送到客户端脚本的模式，有 Auto、Inheit、Debug 和 Release 四种模式，默认值为 Auto。

(1) Auto 模式：根据 Web 站点的 Web.config 配置文件来决定使用哪种模式，如果配置文件中的 retail 属性设置为 True，则把 Release 模式的脚本发送到客户端，反之，则发送 Debug 脚本。

(2) Debug 模式：若 retail 配置值不为 True，则发送 Debug 模式的客户端脚本。

(3) Release 模式：若 retail 配置值不为 False，则发送 Release 模式的客户端脚本。

(4) Inherit 模式：通过程序设置 ScriptMode 时用法同默认值 Auto。

ScriptManager 控件处理程序发生异常时可以单独使用，其他情况下需要和别的 ASP.NET AJAX 服务器控件配合才能达到效果。

2. 调用 Web 服务

ScriptManager 的一个主要作用是在客户端注册一些服务器端的代码，最常用的是将 Web 服务注册在客户端，这样就可以在 JavaScript 脚本中实现对 Web 服务的调用。要在 JavaScript 中调用 Web 服务需要经过 3 个步骤。

(1) 创建 Web 服务。

(2) 在客户端注册 Web 服务。

(3) 在 JavaScript 中引用服务的方法。

【例 11-2】使用 ScriptManager 控件在客户端调用 Web 服务，此 Web 服务实现一个四则运算计算器的运算功能。

(1) 启动 Visual Studio 2019，创建一个 ASP.NET Web 应用程序，命名为 "例 11-2"。

(2) 右击网站项目名称，在弹出的快捷菜单中选择 "添加新项" 命令，弹出 "添加新项" 对话框，选择 "已安装" 模板下的 Visual C#模板，并在模板文件列表中选中 "Web 服务"，然后在 "名称" 文本框中输入该文件的名称 WebService.asmx，最后单击 "添加" 按钮。

(3) 双击网站根目录下 App_Code 文件夹中自动生成的 WebService.cs 文件，在其中添加关键代码如下：

```
1. [System.Web.Script.Services.ScriptService]
2. [WebMethod]
3. public int GetTotal(string s,int x, int y){
4.     if(s=="+"){
5.         return x + y;
6.     }
7.     if(s == "-"){
8.         return x - y;
9.     }
10.     if(s == "*"){
11.         return x * y;
12.     }
13.     if(s == "/"){
14.         return x / y;
15.     }
16.     else{
17.         return 0;
18.     }
19. }
```

代码说明：如果要允许使用 ASP.NET AJAX 从脚本中调用 Web 服务，必须添加第 1 行代码的属性。第 2 行定义一个名为 WebMethod 的属性，该属性用来标志方法可以被远程的客户端访问。第 3 行定义一个 GetTotal()方法，返回一个整型的值，它有 3 个参数：第一个参数是传递的运算符，第二个参数是第一个文本框中的数字，第三个参数是第二个文本框中的数字。第 4 行判断如果运算符是加号，则第 5 行计算两数的和并返回该值。第 7 行判断如果运算符是减号，则第 8 行计算两数的差并返回该值。第 10 行判断如果运算符是乘号，则第 11 行计算两数的积并返回该值。第 13 行判断如果运算符是除号，则第 14 行计算两数的商并返回该值。否则，第 17 行返回 0 值。

(4) 在网站根目录下创建一个名为 Default.aspx 的窗体文件。

(5) 双击 Default.aspx 文件，进入"视图"编辑界面，切换到"源视图"，在<form>和</form>标记间添加如下代码：

```
1. <asp:ScriptManager ID="ScriptManager1" runat="server">
2.     <Services>
3.         <asp:ServiceReference Path="~/WebService.asmx" />
4.     </Services>
5. </asp:ScriptManager>
6. 请输入计算的两个数字<br /><br />
7. <input id="Text1" type="text" />
8. <select id="Select1" name="D1">
9.             <option value="+"selected ="selected">+</option>
10.            <option value="-">-</option>
11.            <option value="*">*</option>
12.            <option value="/">/</option>
13. </select>
14. <input id="Text2" type="text" />
15. <input id ="Button1" type ="button" value="=" onclick="RefService()"
       style="height: 21px; width: 31px;" /><input id="Text3" type="text" />
16. <br />
```

代码说明： 第 1 行定义一个脚本管理控件 ScriptManager1。第 2～4 行定义 Services 标签。其中，第 3 行定义 ScriptReference 标签来指定引用的 Web 服务程序，并设置属性 Path 获得 WebService.asmx 文件的路径。第 7 行定义一个 HTML 文本框控件 Text1 获取用户输入的数字。第 8 行定义一个 HTML 下列列表控件 select1 用于显示运算符。第 9～12 行添加加减乘除 4 个列表选项。第 14 行定义一个 HTML 文本框控件 Text2 获取用户输入的第 2 个数字。第 15 行定义一个 HTML 按钮控件 Button1，设置显示的文本及该控件的单击事件 RefService()。由于是 HTML 控件，所以这个事件的方法不是在 aspx.cs 文件中进行处理。

(6) 在"源视图"的<head>和</head>标记之间编写 JavaScript 脚本代码：

```
1. <script language ="javascript" type ="text/javascript">
2.         function RefService() {
3.             var num1 = document.getElementById("Text1").value;
```

```
4.          var num2 = document.getElementById("Text2").value;
5.          var num3 = document.getElementById("Select1").value;
6.          WebService.GetTotal(num3,num1, num2, GetResult);
7.       }
8.    function GetResult(result) {
9.          document.getElementById("Text3").value = result;
10.       }
11. </script>
```

代码说明: 第 1~11 行使用标记<script></script>定义标记之间的代码是 JavaScript 脚本代码。第 2 行定义处理按钮单击事件的方法 RefService()。第 3 行和第 4 行通过 document. getElementById()方法获取页面文本框用户输入的值。第 5 行获取页面下拉列表框中用户选择的选项。第 6 行调用 Web 服务中定义的 GetTotal()方法，此方法中参数 GetResult 是第 8 行自己定义的一个获得结果的方法。第 8 行自定义一个获得结果的方法，它的参数 result 是 Web 服务中 GetTotal()方法的一个 int 类型返回值，也就是计算的值。第 9 行将值赋给文本框控件 Text3 的值 value 显示。

(7) 按 Ctrl+F5 键运行程序，运行效果如图 11-4 所示。你会发现获得计算结果的页面并没有进行刷新，这都要归功于 ScriptManager 控件的作用。

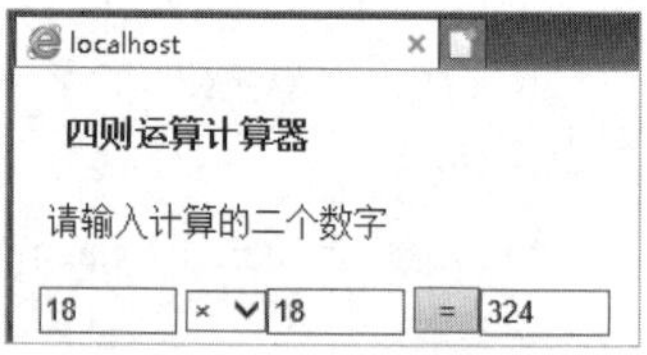

图 11-4　程序运行效果

11.2.2　UpdatePanel 控件

局部更新是 ASP.NET AJAX 中最基本、最重要的技术。UpdatePanel 控件可以用来创建丰富的局部更新 Web 应用程序，其强大之处在于不用编写任何客户端脚本就可以自动实现局部更新。

1. UpdatePanel 的结构

UpdatePanel 控件是一个服务器控件，它能够帮助用户开发具有复杂客户端行为的 Web 页面，能够使页面对终端用户更具吸引力。协调服务器和客户端以更新一个页面的指定部位，通常需要具有很深的 JavaScript 知识。然而，使用 UpdatePanel 控件，可以让页面实现局部更新，而且不需要编写任何客户端脚本。此外，如果有必要的话，可以添加定制的客户端脚本以提高客户端的用户体验。当使用 UpdatePanel 控件时，页面上的行为具有浏览器独立性，并且能够潜在地减少客户端和服务器之间数据量的传输。

UpdatePanel 控件能够刷新指定的页面区域，而不是刷新整个页面。整个过程是由服务器控件 ScriptManager 和客户端类 PageRequestManager 进行协调的。当部分页面更新被激活时，控件能够被异步地传递到服务器端。异步传递行为就像通常的页面传递行为一样，所产生的服务器页面执行和控制页面生命周期。然而，随着一个异步页面传递，页面更新局限于被 UpdatePanel 控件包含和被标识为要更新的页面区域。服务器只为那些受到影响的浏览器元素返回 HTML 标记。在浏览器中，客户端类 PageRequestManager 执行文档对象模型(DOM)的操纵，以使用更新的标记来替换当前存在的 HTML 片段。

UpdatePanel 控件用来控制页面的局部更新，这些更新依赖于 ScriptManager 的 EnablePartialRendering

属性,如果此属性设置为 false,则局部更新将失去作用。一个 UpdatePanel 控件的定义可以包括如下部分:

```
<asp:UpdatePanel ID="UpdatePanel1" runat="server" ChildrenAsTriggers=
    "true" UpdateMode="always" RenderMode="Inline">
<ContentTemplate>
</ContentTemplate>
<Triggers>
<asp:AsyncPostBackTrigger/>
<asp:PostBackTrigger/>
</Triggers>
</asp:UpdatePanel>
```

以上代码中 UpdatePanel 控件的各属性含义如表 11-4 所示。

表 11-4 UpdatePanel 控件的主要属性

属 性	描 述
ChildrenAsTriggers	获取或设置一个值,该值指示当属性 UpdateMode 为 Condition 时,UpdatePanel 控件中子控件的异步传送是否引发 UpdatePanel 控件的更新
RenderMode	表示 UpdatePanel 控件最终呈现的 HTML 元素。其中值 Block 表示<div>,Inline 表示<span>
UpdateMode	表示 UpdatePanel 控件的更新模式。其中,值 Always 表示不管有没有 Trigger,其他控件都将更新该 UpdatePanel 控件;Conditional 表示只有当前 UpdatePanel 控件的 Trigger,或 ChildrenTriggers 属性为 True 时,当前 UpdatePanel 控件中的控件引发异步回送或整页回送,或是服务器端调用 Update()方法才会引发更新该 UpdatePanel 控件

对于 UpdatePanel 控件而言,有两个重要的子标签。

(1) ContentTemplate 子标签。在 UpdatePanel 控件的 ContentTemplate 标签中,开发人员能够放置任何 ASP.NET 控件,这些控件在 ContentTemplate 标签中能够实现页面无刷新的更新操作。UpdatePanel 子标签是 UpdatePanel 控件最重要的组成部分。

(2) Triggers 子标签。表示局部更新的触发器,包括两种触发器。

- AsyncPostBackTrigge 异步回传触发器:指定某个控件的某个事件引发异步回传 (asynchronous postback),即部分更新。该触发器有 ControlID 和 EventName 两个属性,分别用来指定控件 ID 和控件事件。若没有明确指定 EventName 的值,则自动采用控件的默认值,比如 Button 按钮就是 Click 单击事件。把 ContorlID 设为 UpdatePanel 外部控件的 ID,可以使外部控件控制 UpdatePanel 的更新。
- PostBackTrigge 不使用异步回传触发器:指定在 UpdatePanel 中的某个服务端控件,它所引发的回送不使用异步回送,而仍然是传统的整页回送。

2. 局部更新的应用

了解 UpdatePanel 的结构后,下面演示 UpdatePanel 控件在网页的 AJAX 应用上带来的便利。

【例 11-3】使用 ASP.NET AJAX 的局部更新技术，通过 UpdatePanel 控件实现导航控件 Menu 每次被选择后不是刷新全部的页面，而是仅进行页面的局部刷新。

(1) 启动 Visual Studio 2019，创建一个 ASP.NET Web 应用程序，命名为"例 11-3"。

(2) 在网站的根目录下创建一个名为 Default.aspx 的窗体文件。

(3) 双击 Default.aspx 文件，进入"视图"编辑界面，打开"设计视图"，从工具箱中拖动 1 个 Menu 控件、1 个 UpdateProgress 控件、1 个 ScriptManager 控件和 3 个 Label 控件到编辑区。切换到"源视图"，在<from></form>标记中编写关键代码如下：

```
1. <asp:ScriptManager ID="ScriptManager1" runat="server"></asp:ScriptManager>
2. <table style=" margin :8 8;" border="1">
3.   <tr><td class="style3">选项</td><td class="style2">详情</td></tr>
4.   <tr><td class="style1">
5.   <asp:Menu ID="Menu1" runat="server"
            onmenuitemclick="Menu1_MenuItemClick">
6. <Items>从略…</Items>
7.   </asp:Menu></td>
8.   <td>
9.   <asp:UpdatePanel ID="UpdatePanel1" runat="server">
10.     <ContentTemplate >
11.        选择的项目： <asp:Label ID="Label1" runat="server" Text=""></asp:Label><br />
12.        价格： <asp:Label ID="Label2" runat="server" Text=""></asp:Label><br />
13.        数量： <asp:Label ID="Label3" runat="server" Text=""></asp:Label>
14.     </ContentTemplate>
15.     <Triggers >
16.     <asp:AsyncPostBackTrigger ControlID ="Menu1" EventName
             ="MenuItemClick"/>
17.     </Triggers>
18.   </asp:UpdatePanel>
19.   </td>
20. </tr>
21. </table>
```

代码说明：第 1 行添加一个脚本管理控件 ScriptManager1，对页面中的 AJAX 控件进行管理。第 2～21 行定义一个 2 行 2 列的表格。其中，第 5 行在表格的第 2 行第 1 列添加一个导航控件 Menu1，并定义其选项被单击的事件 MenuItemClick。第 6 行设置 Menu1 控件中的选项，代码省略。第 9～18 行在表格的第 2 行第 2 列添加一个更新面板控件 UpdatePanel1 用于页面的局部更新。其中，第 11～13 行在 UpdatePanel11 的子标签 ContentTemplate 内添加 3 个标签控件，显示选中产品的名称、价格和数量。第 16 行在 UpdatePanel1 的子标签 Triggers 内通过 AsyncPostBackTrigger 属性绑定添加 Menu1 控件和关联事件的名称，为选项被单击的事件 MenuItemClick 来实现异步更新。

(4) 双击网站目录下的 Default.aspx.cs 文件，编写关键代码如下：

```
1. protected void Menu1_MenuItemClick(object sender, MenuEventArgs e){
2.        if (Menu1.SelectedValue == "iphone4"){
3.            Label2.Text = "4888";
```

```
4.            Label3.Text = "1";
5.        }
6.        else if (Menu1.SelectedValue == "HTC design"){
7.            Label2.Text = "4588";
8.            Label3.Text = "1";
9.        }
10.       else if (Menu1.SelectedValue == "ipad2"){
11.           Label2.Text = "3888";
12.           Label3.Text = "1";
13.       }
14.       else if(Menu1 .SelectedValue =="Lpad"){
15.           Label2.Text = "3000";
16.           Label3.Text = "2";
17.       }
18.       else if (Menu1.SelectedValue == "苹果 Mac"){
19.           Label2.Text = "10000";
20.           Label3.Text = "1";
21.       }
22.       else{
23.           Label2.Text = "6800";
24.           Label3.Text = "1";
25.       }
26.       Label1.Text = Menu1.SelectedValue;
27. }
```

代码说明：第 1 行定义导航控件 Menu1 选项被单击的事件 MenuItemClick 的方法。第 2～
25 行使用 else...else if 选择语句，将用户选择的选项价格和
数量信息显示到两个标签控件上。第 26 行将用户选择的选项
名称显示到标签控件上。

(5) 按 Ctrl+F5 键运行程序，运行效果如图 11-5 所示。
你会发现在用户选择选项后在显示选项信息的过程中，页面
实现了局部刷新而没有全部刷新。

图 11-5 程序运行效果

11.2.3 UpdateProgress 控件

UpdateProgress 控件可以帮助开发人员设计一个直观的用户界面，这个用户界面用来显示
一个页面中的一个或多个 UpdatePanel 控件实现部分页面刷新的过程信息。如果一个部分页面
刷新过程是缓慢的，就可以利用 UpdateProgress 控件提供更新过程的可视化的状态信息。在一
个页面可以使用多个 UpdateProgress 控件，并与不同的 UpdatePanel 控件相配合。此外，可以使
用一个 UpdateProgress 控件与页面上的所有 UpdatePanel 控件相配合。

UpdateProgress 控件的结构非常简单，下面是一个使用例子。

```
<asp:UpdateProgress ID="UpdateProgress1" runat="server"
```

```
AssociatedUpdatePanelID ="UpdatePanel1">
<ProgressTemplate >
  正在更新数据,请等待……
</ProgressTemplate>
</asp:UpdateProgress>
```

UpdateProgress 控件的常用属性如表 11-5 所示。

表 11-5　UpdateProgress 控件的常用属性

属　性	说　明
AssociatedUpdatePanelID	获取或设置 UpdateProgress 控件显示其状态的 UpdatePanel 控件的 ID
DisplayAfter	获取或设置显示 UpdateProgress 控件之前所经过的时间值(以毫秒为单位)
DynamicLayout	获取或设置一个值,该值可确定是否动态呈现进度模板
ProgressTemplate	获取或设置定义 UpdateProgress 控件内容的模板
Visible	获取或设置一个值,该值指示服务器控件是否作为 UI 呈现在页上

AssociatedUpdatePanelID 属性默认值为空字符串,也就是说,UpdateProgress 控件不与特定的 UpdatePanel 控件关联。因此,对源于任何 UpdatePanel 控件的异步回送或来自充当面板触发器的控件回送,都会导致 UpdateProgress 控件显示其 ProgressTemplate 内容。此外,可以将 AssociatedUpdatePanelID 属性设置为同一命名容器、父命名容器或页中的控件。

DynamicLayout 属性为布尔值,如果动态呈现进度模板,则为 true;否则为 false。默认值为 true。如果 DynamicLayout 属性为 true,则在首次呈现页时,不会为进度模板内容分配空间。但在显示内容时,可以根据需要进行动态更改,包含进度模板的 div 元素的 style 属性将设置为 none。如果 DynamicLayout 属性为 false,则会在首次呈现页时为进度模板内容分配空间,并且 UpdateProgress 控件是页面布局的物理组成部分,包含进度模板的 div 元素的 style 属性将设置为 block,其可视性最初会设置为 hidden。

ProgressTemplate 属性默认值为 null。必须为 UpdateProgress 控件定义模板,否则,在 UpdateProgress 控件的 Init 事件发生期间会引发异常。可通过将标记添加到 ProgressTemplate 元素,以声明方式指定 ProgressTemplate 属性。如果 ProgressTemplate 元素中没有标记,则不会为 UpdateProgress 控件显示任何内容。如果要动态创建 UpdateProgress 控件,则可以创建一个从 ITemplate 控件继承的自定义模板。在 InstantiateIn()方法中指定标记,然后将动态创建的 UpdateProgress 控件的 ProgressTemplate 属性设置为自定义模板的新实例。如果要动态创建 UpdateProgress 控件,则应在页的 PreRender 事件发生期间或发生之前进行创建。如果在页生命周期晚期创建 UpdateProgress 控件,则不显示进度。

UpdateProgress 控件实际上是一个 div,通过代码控制 div 的显示或隐藏来实现更新提示。在 B/S 应用程序中,如果需要大量的数据交换,则必须使用 UpdateProgress 控件,同时设计良好的等待界面,这样才能保证与用户的交互。

【例 11-4】使用 Image 控件显示图片。当用户单击“下一张”按钮时,通过 UpdateProgress 控件给用户一个等待更新的提示图片。

(1) 启动 Visual Studio 2019,创建一个 ASP.NET Web 应用程序,命名为“例 11-4”。

（2）在网站的根目录下创建一个名为 Default.aspx 的窗体文件。

（3）双击 Default.aspx 文件，进入"视图"编辑界面，打开"设计视图"，从工具箱中分别拖动 1 个 ScriptManager 控件、1 个 UpdatePanel 控件、2 个 Image 控件和 1 个 UpdateProgress 控件到编辑区。切换到"源视图"，在<form>和</form>标记之间编辑关键代码如下：

```
1. <asp:ScriptManager ID="ScriptManager1" runat="server" />
2.    <asp:UpdatePanel ID="UpdatePanel1" runat="server">
3.       <ContentTemplate>
4.          <asp:Image ID="Image1" runat="server" Height="240px"
                  ImageUrl="~/Images/a0.jpg" Width="300px" /><br />
5.          <asp:Button ID="Button1" runat="server" Text="下一张"
                  OnClick="Button1_Click" />
6.       </ContentTemplate>
7.    </asp:UpdatePanel>
8.    <asp:UpdateProgress ID="UpdateProgress1" runat="server">
9.       <ProgressTemplate>
10.         <asp:Image ID="Image2" runat="server" Height="100px"
                  ImageUrl="~/Images/d.gif' Width="130px" />正在更新，请等待......<br />
11.      </ProgressTemplate>
12.   </asp:UpdateProgress>
```

代码说明：第 1 行添加一个脚本管理控件 ScriptManager1，对页面中的 AJAX 控件进行管理。第 2～7 行添加一个更新面板控件 UpdatePanel1，用于页面的局部更新。其中，第 4 行在 UpdatePanel1 的子标签 ContentTemplate 内添加一个图像控件 Image1 显示图片。第 5 行添加一个按钮控件并设置其显示的文本和单击事件 Click。第 8～12 行添加一个更新进程控件 UpdateProgress1。其中，第 10 行在 UpdateProgress1 的子标签 ProgressTemplate 中添加一个图像控件 Image2，显示更新等待的图标并设置图标的路径和等待时提示的文字。

（4）双击网站目录下的 Default.aspx.cs 文件，编写代码如下：

```
1. protected void Page_Load(object sender, EventArgs e){
2.     if (Page.IsPostBack == false)
3.             ViewState["count"] = 0;
4. }
5. protected void Button1_Click(object sender, EventArgs e){
6.     System.Threading.Thread.Sleep(3000);
7.     ViewState["count"] = (int)ViewState["count"] + 1;
8.     Image1.ImageUrl = "Images/a" + (int)ViewState["count"] % 4 + ".jpg";
9. }
```

代码说明：第 1 行定义处理页面加载事件 Load 的方法。第 2 行判断当前加载的页面如果不是回传页面，则第 3 行通过 ViewState 对象保存一个计数器并初始化值为 0。第 5 行定义处理"下一张"按钮单击事件 Click 的方法。第 6 行设置延时 3 秒钟，以观看 UpdateProgres1 控件的效果。第 7 行将计数器加 1。第 8 行设置 Image1 中显示图片的路径。

(5) 在网站根目录下创建一个名为 Images 的文件夹，将要使用到的图片复制到文件夹中。

(6) 按 Ctrl+F5 键运行程序，如图 11-6 所示，单击"下一张"按钮，出现等待更新的图标和提示文字，更新完毕后，显示另一张图片。

图 11-6　程序运行效果

11.2.4　Timer 控件

定时器控件 Timer 属于无人管理自动完成任务的一种特殊控件。Timer 控件的功能与大多数编程工具中提供的 Timer 一样，都是按照特定的时间间隔执行指定的代码。

Timer 控件的结构比较简单，下面是一个使用例子。

```
<asp:Timer ID="Timer1" runat="server" Interval ="3000" Enabled="true"
    onclick="Timer1_Tick" Visible="true" >
</asp:Timer>
```

Timer 控件的常用属性如表 11-6 所示。

表 11-6　Timer 控件的常用属性

属性	说　明
Enabled	获取或设置一个值来指明 Timer 控件是否定时引发一个回送到服务器上，包含两个值：true 表示定时引发一个回送，false 则表示不引发回送
Interval	获取或设置定时引发一个回送的时间间隔，单位是毫秒。注意时间间隔要大于异步回送所消耗的时间，否则就会取消前一次异步刷新
Visible	获取或设置一个值，该值指示服务器控件是否作为 UI 呈现在页上

Timer 控件能够定时引发整个页面回送，当它与 UpdatePanel 控件搭配使用时，可以定时引发异步回送并局部刷新 UpdatePanel 控件的内容。

Timer 控件可以用在下列场合。

(1) 定期更新一个或多个 UpdatePanel 控件的内容，而且不需要刷新整个页面。

(2) 每当 Timer 控件引发回送时就运行服务器的代码。

(3) 定时同步地把整个页面发送到服务器。

Timer 控件是一个将 JavaScript 组件绑定在 Web 页面中的服务器控件。而这些 JavaScript 组件在经过 Interval 属性中定义的间隔后启动来自浏览器的回送。程序员可以在服务器上运行的代码中设置 Timer 控件的属性，这些属性都会被传送给 JavaScript 组件。

在使用 Timer 控件时，页面中必须包含一个 ScriptManager 控件，这是 ASP.NET AJAX 控件的基本要求。

当 Timer 控件启动一个回送时，Timer 控件在服务器端触发 Tick 事件，可以为 Tick 事件创建一个处理程序来执行页面发送回服务器的请求。

设置 Interval 属性以指定回送发生的频率，设置 Enabled 属性以开启或关闭 Timer。

如果不同的 UpdatePanel 必须以不同的时间间隔更新，那么可以在同一页面中包含多个 Timer 控件。另外，单个 Timer 控件实例可以是同一页面中多个 UpdatePanel 控件的触发器。

此外，Timer 控件可以放在 UpdatePanel 控件内部，也可以放在 UpdatePanel 控件外部。当 Timer 控件位于 UpdatePanel 控件内部时，则 JavaScript 计时器组件只有在每一次回送完成时才会重新建立，也就是说，直到页面回送之前，定时器间隔时间不会从头计算。例如，若 Timer 控件的 Interval 属性设置为 10 秒，但是回送过程本身却花了 2 秒才完成，这样下一次的回送将发生在前一次回送被引发之后的 12 秒。当 Timer 控件位于 UpdatePanel 控件之外时，当回送正在处理时，JavaScript 计时器组件仍然会持续计时。例如，若 Timer 控件的 Interval 属性设置为 10 秒，而回送过程本身花了 2 秒完成，但下一次的回送仍将发生在前一次回送被引发之后的 10 秒，也就是说用户在看到 UpdatePanel 控件的内容被更新 8 秒后，又会看到 UpdatePanel 控件再度被刷新。

【例 11-5】在股票行情软件中，股票的价格是在不断波动的，所以每隔几秒钟就要进行页面更新以同步价格的变化。本例使用 Timer 控件模拟股票的交易价格，等待 5 秒后，更新一次股票价格和更新发生的时间。为了能够有一个比较，同时显示页面创建的时间。

(1) 启动 Visual Studio 2019，创建一个 ASP.NET Web 应用程序，命名为"例 11-5"。

(2) 在网站的根目录下创建一个名为 Default.aspx 的窗体文件。

(3) 双击 Default.aspx 文件，进入"视图"编辑界面，打开"设计视图"，从工具箱中分别拖动 1 个 ScriptManager 控件、1 个 UpdatePanel 控件、1 个 Timer 控件到编辑区。切换到"源视图"，在<form>和</form>标记之间编辑关键代码如下：

```
1. <asp:ScriptManager ID="ScriptManager1" runat="server" />
2. <asp:Timer ID="Timer1" OnTick="Timer1_Tick" runat="server" Interval="5000" />
3. <asp:UpdatePanel ID="StockPricePanel" runat="server" UpdateMode="Conditional">
4.     <Triggers>
5.         <asp:AsyncPostBackTrigger ControlID="Timer1" />
6.     </Triggers>
7.     <ContentTemplate>
8.         股票的价格是： <asp:Label ID="StockPrice" runat="server"></asp:Label><br />
9.         该价格产生的时间为： <asp:Label ID="TimeOfPrice" runat="server"></asp:Label>
10.     </ContentTemplate>
11. </asp:UpdatePanel>
12. <div>本页面的创建时间为：
13.     <asp:Label ID="OriginalTime" runat="server"></asp:Label>
14. </div>
```

代码说明：第 1 行定义一个脚本管理控件 ScriptManager1。第 2 行定义一个时间控件 Timer1，并设置 Timer1 触发事件 Tick 以及时间间隔为 5 秒。第 3 行定义一个更新面板控件 StockPricePanel，并设置更新模式属性。第 4～6 行在 StockPricePanel 的子标签 Triggers 中，通过 AsyncPostBackTrigger 属性绑定 Timer1 控件来实现异步更新。第 8 行和第 9 行在 StockPricePanel 的子标签 ContentTemplate 中，定义两个标签控件分别显示股票的更新时间和更新后的价格。第

13 行定义一个标签控件显示页面的创建时间。

(4) 双击网站目录下的 Default.aspx.cs 文件，编写代码如下：

```
1. protected void Page_Load(object sender, EventArgs e){
2.      OriginalTime.Text = DateTime.Now.ToLongTimeString();
3. }
4. protected void Timer1_Tick(object sender, EventArgs e){
5.      StockPrice.Text = GetStockPrice();
6.      TimeOfPrice.Text = DateTime.Now.ToLongTimeString();
7. }
8. private string GetStockPrice() {
9.      double randomStockPrice = 50 + new Random().NextDouble();
10.     return randomStockPrice.ToString("C");
11. }
```

代码说明： 第 1 行定义处理页面 Page 对象加载事件 Load 的方法。第 2 行获得系统的当前时间。第 4 行定义处理 Timer1 控件 Tick 事件的方法。第 5 行调用自定义的 GetStockPrice()方法获得股价当前的价格。第 6 行获得更新股价时的系统时间。第 8 行自定义获得当前股票价格的方法 GetStockPrice()。第 9 行通过 Random 对象的 NextDouble()方法随机产生数字。第 10 行将数字转换成带人民币符号的数字。

(5) 按 Ctrl+F5 键运行程序，如图 11-7 所示，等待 5 秒后，股票的价格和该价格产生的时间会自动更新，而页面创建的时间保持不变。

图 11-7　程序运行效果

11.3　AJAX Control Toolkit

说到 ASP.NET AJAX 技术，就必须提到 AJAX Control Toolkit 控件包。它是 CodePlex 开源社区与微软之间的一个联合项目，建立在 ASP.NET AJAX 扩展之上。目前，AJAX Control Toolkit 已经成为 ASP.NET AJAX 所有可用的 Web 客户端组件中最大、最好的一个工具集。

11.3.1　AJAX Control Toolkit 简介

AJAX Control Toolkit 是由 CodePlex 开源社区和 Microsoft 共同开发的一个 ASP.NET AJAX 扩展控件包，其中包含 30 多种基于 ASP.NET AJAX 的、提供某一专一功能的服务端控件。它可以在不重新载入整个页面的情况下实现最终更新页面或只刷新 Web 页中被更新的部分。它是一个免费的资源，任何程序开发人员都可以使用该资源。

AJAX Control Toolkit 构建在 ASP.NET AJAX Extensions 之上，满足了 3 个需要。第一，它提供了一个组件集，使网站开发者可以直接使用，从而快速完成 Web 应用程序的开发而不用写过多的代码。第二，它给那些希望编写客户端代码的人提供了很好的范例。第三，它使最好的脚本开发者的工作脱颖而出。总而言之，AJAX Control Toolkit 是一组功能强大的 Web 客户端工具集，能大大提高 Web 应用程序的开发效率及其质量。

Visual Studio 2019 本身并没有自带 AjaxControlToolkit 控件，必须下载安装后才能使用。下载地址是 https://go.devexpress.com/AjaxControlToolkit_Website_Download.aspx，下载后得到 AjaxControlToolkit.Installer.20.1.0.exe 文件。双击该文件出现如图 11-8 所示的"安装程序"对话框。

安装过程要求关闭 Visual Studio 2019，接受许可协议后进行控件安装，如图 11-9 所示，安装完成后有图 11-10 的提示出现。

图 11-8　"安装程序"对话框

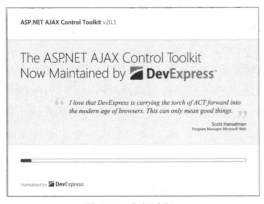

图 11-9　安装过程

图 11-10　安装完成

重新打开 Visual Studio 2019，打开一个项目后，在工具箱中可以看到如图 11-11 所示的 Ajax Control Toolkit 下会出现 30 多个 AJAX 控件。用户可以像使用工具箱中其他控件一样去使用这些 AJAX Control Toolkit 控件。由于该控件集中控件较多，我们无法一一介绍，下面仅介绍一个最为常用的控件 CalendarExtender 控件。

图 11-11　展开的 Ajax Control Toolkit 选项卡

11.3.2　CalendarExtender 控件

在 Visual Studio 2019 的工具箱中，有一个常用的 Calendar 日历控件，但这个控件的用户体验感较差,因为在选择日期时会刷新页面。AJAX Control Toolkit 中针对 TextBox 控件设计了一个 Calendar 的扩展控件 CalendarExtender,使日历与 TextBox 控件完全结合,在 CalendarExtender 中选择日期,会直接反映在 TextBox 控件上,不需要写任何的程序代码。CalendarExtender 控件改进了 ASP.NET 日历控件的多项缺陷:如原来日历在切换时,只能用月份转换,如果要输入距离现在很久的日期时,切换日历需要花费极多的时间,而在 CalendarExtender 中可使用年份和月份切换,且采取了列表式的显示,保证用户可以在任何日期中转换;同时能够实现选择日期时页面的无刷新,功能很强大。

CalendarExtender 控件有 3 个常用而重要的属性。

(1) TargetControlID 属性:用于设置关联的文本框控件编号,当用户单击关联的文本框时,日历会自动弹出,当选择好日期后,日历会自动的消失,所选的日期会显示在文本框中。

(2) Format 属性:用于设置显示在关联文本框 TextBox 中日期的格式。

(3) CssClass 属性:用于设置此日历控件的 CSS 外观格式。

【例 11-6】使用 CalendarExtender 日历扩展控件配合 TextBox 控件,实现航班预定时无刷新的选择日期,并显示选择结果。

(1) 启动 Visual Studio 2019,创建一个 ASP.NET Web 应用程序,命名为"例 11-6"。

(2) 在网站的根目录下创建一个名为 Default.aspx 的窗体文件。

(3) 双击 Default.aspx 文件,进入"视图"编辑界面,打开"设计视图",从工具箱中分别拖动 1 个 ScriptManager 控件、2 个 CalendarExtender 控件、2 个 TextBox 控件、1 个 Label 控件和 1 个 Button 控件到编辑区。切换到"源视图",在<form>和</form>标记之间编辑关键代码如下:

```
1. <asp:ScriptManager ID="ScriptManager1" runat="server"></asp:ScriptManager>
2.    <h4>航班预定</h4>
3.    <cc1:CalendarExtender ID="CalendarExtender1" runat="server"
          TargetControlID="TextBox1" Format="yyyy-MM-dd" CssClass ="MyCalendar">
4.    </cc1:CalendarExtender>
5.    <cc1:CalendarExtender ID="CalendarExtender2" runat="server"
          TargetControlID="TextBox2" Format="yyyy-MM-dd">
6.    </cc1:CalendarExtender>
7.    起飞日期<br />
8.    <asp:TextBox ID="TextBox1" runat="server"></asp:TextBox>
9.    <br />
10.   抵达日期<br />
11.   <asp:TextBox ID="TextBox2" runat="server"></asp:TextBox>
12.   <asp:Button ID="Button1" runat="server" Text="提交"
13.   onclick="Button1_Click" /><br />
14.   <asp:Label ID="Label1" runat="server" Text=""></asp:Label>
```

代码说明: 第 1 行定义一个脚本管理控件 ScriptManager1,管理页面中的 AJAX 控件。第 2 行定义显示标题文本。第 3 行定义一个日历扩展控件 CalendarExtender1,设置其与文本框控件 TextBox1 关联、日期的显示格式为 yyyy-MM-dd,以及使用 MyCalendarCss 格式作为控件的样式。第 5 行定义一个日历扩展控件 CalendarExtender2，设置其与文本框控件 TextBox2 关联、日期的显示格式为 yyyy-MM-dd。第 8 行和第 11 行各自定义一个文本框控件 TextBox，分别用于用户选择的入住时间和离店时间的显示。第 12 行定义一个按钮控件 Button1，并设置其显示的文字和触发的事件。第 14 行定义一个标签控件，用于显示用户选择日期的结果。

(4) 在"源视图"的<head>和</head>标记之间编辑 CSS 脚本文件，用于对 CalendarExtender1 控件的外观样式进行设置。

```
1. <style type="text/css">
2. .MyCalendar.ajax__calendar_container{
3.              border: 1px solid #646464;
4.              background-color: #faac38;
5.          }
6. .MyCalendar.ajax__calendar_other.ajax__calendar_day, .MyCalendar.aja x__
    calendar_other.ajax__calendar_year{
7.              color: #ffffff;
8.          }
9. .MyCalendar.ajax__calendar_hover.ajax__calendar_day{
10.              color: red;
11.              background-color: #e8e8e8;
12.          }
13. .MyCalendar.ajax__calendar_active.ajax__calendar_day{
14.              color: blue;
15.              font-weight: bolder;
16.              background-color: #e8e8e8;
17.      }
18. </style>
```

代码说明： 第 1 行指明 style 标记内文本的类型是 CSS 样式表。第 2～5 行设置控件的边框和背景色。第 6～8 行设置控件上年份显示的颜色。第 9～12 行设置控件上日期的颜色和背景。第 13～17 行设置控件上日期被单击后的颜色、字体粗细和背景。

(5) 双击网站目录下的 Default.aspx.cs 文件，编写代码如下：

```
1. protected void Button1_Click(object sender, EventArgs e){
2.     Label1.Text = "您选择的航班起飞日期是：" + TextBox1.Text + "，抵达日期是:"
        + TextBox2.Text+"。";
3. }
```

代码说明： 第 1 行定义处理按钮控件 Button1 单击事件 Click 的方法。第 2 行获取两个文本框中用户输入的航班起飞日期和抵达日期并显示在标签控件 Label1 上。

(6) 按 Ctrl+F5 键运行程序，如图 11-12 所示，通过两个日历扩展控件分别选择航班起飞和抵达的日期后，单击"提交"按钮，页面显示选择的结果。

图 11-12　程序运行结果

11.4　综合练习

本练习要实现的功能是添加 Mobilephone 的信息到创建的 MobilephoneInfo 表中，同时更新 GridView 控件中的显示；添加完成后清空用户输入的数据；在页面上实现两个局部的更新：一个是更新 GridView 控件显示刚添加的数据，另一个是更新用户的输入控件 TextBox 清空页面的数据。

(1) 启动 Visual Studio 2019，创建一个 ASP.NET Web 应用程序，命名为"综合练习"。

(2) 选择"视图"｜"服务器资源管理器"命令，弹出"服务器资源管理器"窗口。右击"数据连接"，在弹出的快捷菜单中选择"添加连接"命令。

(3) 在弹出的"添加连接"对话框中单击"浏览"按钮，选择第 6 章例 6-1 创建的 Mobilephone.mdf 数据库文件，然后单击"确定"按钮。

(4) 右击网站项目名称，在弹出的快捷菜单中选择"添加新项"命令，弹出"添加新项"对话框，选择"已安装"模板下的 Visual C#模板，并在模板文件列表中选中 LINQ to SQL，然后在"名称"文本框中输入该文件的名称 DataClasses.dbml，最后单击"添加"按钮。

(5) 双击生成的 DataClasses.dbml 文件，出现 LINQ to SQL 类的"对象关系设计器"界面，将服务器资源管理器中的 MobilephoneInfo 表拖动到服务器资源管理器。

(6) 在网站的根目录下创建一个名为 Default.aspx 的窗体文件。

(7) 双击 Default.aspx 文件，进入"视图"编辑页面，打开"设计视图"，从工具箱中分别拖动 1 个 ScriptManager 控件、2 个 UpdatePanel 控件、1 个 GridView 控件、4 个 TextBox 控件和 1 个 Button 控件到编辑区。切换到"源视图"，在<form>和</form>标记之间编辑关键代码如下：

```
1. <asp:ScriptManager ID="ScriptManager1" runat="server"></asp:ScriptManager>
2. <asp:UpdatePanel ID="UpdatePanel1" runat="server">
3.    <ContentTemplate>
4.     <asp:GridView ID="GridView1" runat="server"></asp:GridView>
5.    </ContentTemplate>
```

```
6.   <Triggers>
7.     <asp:AsyncPostBackTrigger ControlID ="Button1" EventName ="Click" />
8.   </Triggers>
9. </asp:UpdatePanel><br />
10.   请输入要添加的手机信息
11.  <asp:UpdatePanel ID="UpdatePanel2" runat="server">
12.    <ContentTemplate >
13.    手机编号：<asp:TextBox ID="TextBox1" runat="server"></asp:TextBox><br />
14.    手机名称：<asp:TextBox ID="TextBox2" runat="server"></asp:TextBox><br />
15.    手机产地：<asp:TextBox ID="TextBox3" runat="server"></asp:TextBox><br />
16.    手机价格：<asp:TextBox ID="TextBox4" runat="server" Height="19px"
                    Width="128px"></asp:TextBox><br />
17.    </ContentTemplate>
18.  </asp:UpdatePanel><br />
19.  <asp:Button ID="Button1" runat="server" Text="添加" onclick="Button1_Click" />
```

代码说明： 第 1 行添加一个脚本管理控件 ScriptManager1，对页面中的 AJAX 控件进行管理。第 2 行添加一个更新面板控件 UpdatePanel1，用于页面的局部更新。第 4 行在 UpdatePanel1 的子标签 ContentTemplate 内添加一个列表控件 GridView1。第 7 行在 UpdatePanel1 的子标签 Triggers 内，通过 AsyncPostBackTrigger 属性绑定添加按钮和关联事件的名称，为按钮的单击事件来实现异步更新。第 11 行添加一个更新面板控件 UpdatePanel2，用于页面的第二处局部更新。第 13～16 行在 UpdatePanel2 的子标签 ContentTemplate 内定义了 4 个文本框控件 TextBox，用于输入手机编号、手机名称、手机产地和手机价格的数据信息。第 19 行添加一个按钮控件 Button1，并设置文本和单击事件。

（8）在 GridView1 控件右上方有一个向右的黑色小三角，单击小三角打开"GridView 任务"列表，选择"自动套用格式"选项，弹出"自动套用格式"对话框，在左边的选择架构列表中选中"苜蓿地"，最后单击"确定"按钮。

（9）双击网站根目录下的 Default.aspx.cs 文件，编写代码如下：

```
1. protected void Page_Load(object sender, EventArgs e){
2.        if (!IsPostBack{
3.            Binder();
4.        }
5. }
6. protected void Button1_Click(object sender, EventArgs e) {
7.        DataClassesDataContext da = new DataClassesDataContext();
8.        MobilephoneInfo phone = new MobilephoneInfo();
9.        phone.ID = TextBox1.Text;
10.       phone.Name = TextBox2.Text;
11.       phone.Origin = TextBox3.Text;
12.       phone.Price = TextBox4.Text;
13.       da.MobilephoneInfo.InsertOnSubmit(phone);
14.       da.SubmitChanges();
```

```
15.      Binder();
16.      TextBox1.Text = "";
17.      TextBox2.Text = "";
18.      TextBox3.Text = "";
19.      TextBox4.Text = "";
20. }
21. protected void Binder(){
22.      DataClassesDataContext da = new DataClassesDataContext();
23.      GridView1.DataSource = da. MobilephoneInfo.ToList();
24.      GridView1.DataBind();
25. }
```

代码说明： 第1行定义处理页面Page加载事件Load的方法。第2行判断如果当前加载的页面不是回传页面，则第3行调用Binder()方法显示数据。

第6行定义处理按钮控件Button1单击事件Click的方法。第7行定义声明强类型DataClassesDataContext的对象da。第8行声明了一个MobilephoneInfo实体类的对象phone。第9~12行给phone对象的4个属性赋值，这些值是用户输入在文本框中的内容。第13行调用InsertOnSubmit()方法向LINQ to SQL Table(TEntity)集合中插入该条数据。第14行调用SubmitChanges()方法提交更改数据库数据。第15行调用Binder()方法显示数据。第16~19行将4个文本框中的数据清空。

第21行定义绑定列表控件GridView1控件的方法Binder。第22行定义声明强类型DataClassesDataContext的对象da。第23行通过ToList()方法获取MobilephoneInfo表中所有的实体对象作为列表控件GridView1的数据源。第24行调用GridView1控件的DataBind()方法绑定数据。

(10) 按Ctrl+F5键运行程序，如图11-13所示，在各文本框中输入内容，单击"添加"按钮，在列表控件中显示添加的信息，并且观察GridView控件显示数据和文本框清空内容时，都没有刷新页面。

图11-13　程序运行效果

11.5 习题

一、填空题

1. 要在项目中使用 ASP.NET AJAX，则必须在项目中添加_____控件。

2. 在 ASP.NET AJAX 页面中能够实现页面局部刷新的控件是_____。

3. ASP.NET AJAX 框架由_____和_____两个部分组成。

4. _____包含了 30 多个非常有用的免费 AJAX 控件。

5. 想要达到局部刷新效果的控件必须放在 UpdatePanel 控件的_____标签中。

二、选择题

1. 在 ASP.NET AJAX 页面中可以使用(　　)ScriptManager 控件。
   - A. 一个
   - B. 最多一个
   - C. 多个
   - D. 最少一个

2. AJAX 所用到的技术包括(　　)。
   - A. XML HttpRequest
   - B. JavaScript 代码
   - C. DHTML
   - D. 文档对象模型

3. 在 ASP.NET AJAX 页面中可以使用(　　)UpdatePanel 控件。
   - A. 一个
   - B. 最多一个
   - C. 多个
   - D. 最少一个

4. ASP.NET AJAX 常用的服务器端的控件包括(　　)。
   - A. UpdatePanel
   - B. ScriptManager
   - C. UpdateProgress
   - D. Timer

5. 以下关于 ASP.NET AJAX 应用程序描述正确的是(　　)。
   - A. 局部刷新，即只刷新已发生更改的网页部分
   - B. 支持大部分流行的浏览器
   - C. 自动生成代理类，可简化从客户端脚本调用 Web 服务方法的过程
   - D. 因为网页的大部分处理工作是在浏览器中执行的，所以大大提高了效率

三、上机题

1. 创建并调试本章所用的实例。

2. 创建网页，该网页中包含一个 Calendar 控件、一个 DropDownList 控件和一个 Label 控件。用户改变 DropDownList 控件中的颜色，Calendar 控件的背景颜色会发生变化，在 Calendar 控件上选择的日期会显示在 Label 控件上。这两个控件的刷新都采用页面局部刷新。程序运行效果如图 11-14 所示。

3. 在网站注册页面中，使用 AJAX 技术检测注册用户名是否已经存在。用户名 admin、user1 和 user2 保存在一个数组中，当用户注册时输入的用户名和数组中任意一个相同时，提示用户已存在的提示，反之，提示注册成功的信息。程序运行效果如图 11-15 所示。

图 11-14　题 2 运行效果

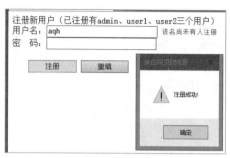

图 11-15　题 3 运行效果

4. 在页面中添加两个 UpdatePanel 面板和两个 UpdateProgress 控件。单击第一个面板中的"提交"按钮后，显示"正在更新时间"提示，更新完毕后在面板中显示当前的系统时间。单击第二个面板中的"提交"按钮，同样显示"正在更新时间"提示，更新完毕后在面板中会显示另一张图片，但第一个面板中的时间没有发生变化，说明只有第二个面板被刷新。程序运行效果如图 11-16 所示。

图 11-16　题 4 运行效果

5. 利用 AJAX Control Toolkit 控件集中的 DragPanelExtender 控件与 Web 服务器控件中的 Calendar 控件和 Panel 控件，实现在页面中对控件的拖放功能。程序运行效果如图 11-17 所示。

6. 本章内容介绍了借助 Ajax Control Toolkit 控件集中的 CalendarExtender 控件实现日历选择日期的无刷新页面效果，本题要求仅使用最普通的日历控件 Calendar 来实现同样的无刷新页面效果。程序运行效果如图 11-18 所示。

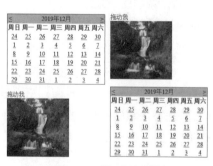

图 11-17　题 5 运行效果

图 11-18　题 6 运行效果

第12章
文件操作

在开发 Web 网站时，一般会把用户的数据存放到数据库中，但有的数据用数据库保存并不方便，如图像、文档、文本等格式的数据和信息，此时一般采用文件形式来存储这些数据。尤其在一些信息管理系统中，文档的处理和操作贯穿了整个系统的运行过程。本章主要介绍文件的操作及应用。

☑ **本章重点**

- 掌握对目录的各种操作
- 掌握对文件的各种操作
- 使用 StreamWrite 类和 StreamReader 类读写文本文件

12.1 获取磁盘信息

计算机中的文件都是存放在本地机器的各个磁盘(即驱动器)中，如果要找到文件的位置，首先要知道它处于哪个磁盘，然后考虑文件的目录。基于此，我们非常有必要获得磁盘的详细信息。在 ASP.NET 中，DriveInfo 类可以用来获得本地机器系统注册的磁盘详细信息，如每个磁盘的名称、类型、大小和状态信息等。这里要注意的是，在使用 DriveInfo 类前必须引用 System.IO 命名空间。

DriveInfo 类的主要属性和方法如表 12-1 所示。

表 12-1 DriveInfo 类的主要属性和方法

属性和方法	说　　明
TotalSize 属性	获取驱动器上存储空间的大小，以字节为单位，包含所有已分配的空间和空闲的空间
TotalFreeSpace 属性	获取驱动器上的可用空闲空间总量
AvailableFreeSpace 属性	指示驱动器上的可用空闲空间量，以字节为单位。其值可能小于 TotalFreeSpace，这是因为 ASP.NET 可用的驱动器配额可能有限制
DriveFormat 属性	获取文件系统的名称，例如 NTFS 或 FAT32
DriveType 属性	获取驱动器类型，表示驱动器为固态硬盘、网络驱动器、CD-ROM 还是可移动硬盘

(续表)

属性和方法	说　　明
IsReady 属性	表示驱动器是否已准备好。返回一个 bool 类型的值，如果驱动器已准备好，则为 true；如果驱动器未准备好，则为 false
Name 属性	获取驱动器的名称，比如 C:或者 D:
VolumeLabel 属性	获取或设置驱动器的卷标。卷标的长度由操作系统确定。例如，NTFS 格式的驱动器上，允许卷标名最长达到 32 个字符。如果没有设置卷标，该属性值为 Null
RootDirectory 属性	获取驱动器的根目录
ToString()方法	将驱动器名称作为字符串返回
GetDrives()方法	该方法是一个静态方法，用于检索计算机上的所有逻辑驱动器的驱动器名称。该方法返回一个 DriveInfo 对象集合

【例 12-1】 查询本地磁盘的信息。当用户输入磁盘名称后，单击"查询"按钮，显示所查询磁盘的名称、类型、可用空间和文件系统名称等信息。

(1) 启动 Visual Studio 2019，创建一个 ASP.NET Web 应用程序，命名为"例 12-1"。

(2) 在网站根目录下创建一个名为 Default.aspx 的窗体文件。

(3) 双击 Default.aspx 文件，进入"视图"编辑界面，切换到"设计视图"，从工具箱中拖动 1 个 TextBox 控件和 1 个 Button 控件到编辑区。

(4) 双击网站目录下的 Default.aspx.cs 文件，编写关键代码如下：

```
1. protected void Button1_Click(object sender, EventArgs e){
2.     string str = TextBox1.Text;
3.     DriveInfo di = new DriveInfo(str);
4.     Response.Write("<h4>获取本地磁盘信息</h4>");
5.     Response.Write("磁盘的名称为： " + di.Name + "<br>");
6.     Response.Write("磁盘的类型为： " + di.DriveType.ToString() + "<br>");
7.     Response.Write("目前磁盘可用空间为： " +
        di.AvailableFreeSpace.ToString() + "<br>");
8.     Response.Write("磁盘文件系统的名称为： " + di.DriveFormat + "<br>");
9.     Response.Write("磁盘总的空间为： " + di.TotalSize.ToString() + "<br>");
10. }
```

代码说明： 第 1 行定义处理按钮控件 Button1 的单击事件 Click 的方法。第 2 行获取用户输入的磁盘名称。第 3 行使用带一个参数的构造函数，实例化一个 DriveInfo 类对象 di，参数值为本地 D 盘的盘符。第 4 行显示标题文本。第 5 行使用 di 对象的 Name 属性显示磁盘的名称。第 6 行使用 di 对象的 DriveType 属性显示磁盘的类型。第 7 行使用 di 对象的 AvailableFreeSpace 属性显示磁盘的可用空间。第 8 行使用 di 对象的 DriveFormat 属性显示磁盘文件系统的名称。第 9 行使用 di 对象的 TotalSize 属性显示磁盘总的空间信息。

(5) 按 Ctrl+F5 键运行程序，如图 12-1 所示。

图 12-1　程序运行效果

12.2 目录的相关操作

获取目录信息也是常见的文件操作之一。在这个操作过程中使用到 Directory 和 DirectoryInfo 两个重要的类，在使用它们前，必须引用 System.IO 命名空间。

12.2.1 Directory 类

Directory 类是一个静态类，提供了许多操作目录和子目录的静态方法，可以用于对目录和子目录进行创建、移动和删除等操作。由于这些方法都是静态方法，因此可以在类上直接使用，而不需要创建类的实例。Directory 类的主要静态方法有以下几种。

1. CreateDirectory()方法

CreateDirectory()是创建目录的方法，该方法的声明代码如下：

```
public static DirectoryInfo CreateDirectory(String path);
```

代码说明：定义一个 DirectoryInfo 类型的静态方法 CreateDirectory()，返回值是由 path 指定的 DirectoryInfo。字符串类型的对象参数 path 用于指定要创建的目录。

下面的代码示例在 D:\vs2019 文件夹下创建名为 Website 的目录。

```
1. private void Create(){
2.     Directory. CreateDirectory(@"D:\ vs2019\Website");
3. }
```

代码说明：第 1 行定义一个私有类型的方法 Create()。第 2 行调用 Directory 类的 CreateDirectory 静态方法在 D:\vs2019 文件夹下创建名为 Website 的目录。

2. Delete()方法

Delete()是删除目录的方法，该方法的声明代码如下：

```
public static DirectoryInfo Delete (String path,bool recursive);
```

代码说明：定义一个 DirectoryInfo 类型的静态方法 Delete()。字符串类型的对象参数 path 用于指定要删除的目录。第二个参数为 bool 类型，可以指定是否删除非空目录。如果该参数为 true，将删除整个目录，即使该目录下有文件或子目录；如果参数为 false，则仅在目录为空时才可以删除。

下面的代码示例将 D:\vs2019 文件夹下名为 Website 的目录删除。

```
1. private void DeleteDirectory (){
2.     Directory. Delete(@"D:\ vs2019\Website",true);
3. }
```

代码说明：第 1 行定义一个私有类型的方法 DeleteDirectory()。第 2 行调用 Directory 类的静态方法 Delete()删除 D:\vs2019 文件夹下名为 Website 的目录。

3. Move()方法

Move()是移动目录的方法,该方法的声明代码如下:

```
public static void Move (string sourceDirName,string destDirName);
```

代码说明: 定义一个静态方法 Move()。字符串类型的参数 sourceDirName 表示要移动的文件或目录的路径。字符串类型的参数 destDirName 表示指向 sourceDirName 的新位置的路径。

下面代码实现将 D 盘下 vs2019 文件夹下名为 Website 的目录移动到 C 盘的 vs2019 文件夹下名为 Website 的目录中。

```
1. private void MoveDirectory(){
2.     Directory.Move(@"D:\ vs2019\Website", @"C:\ vs2019\Website");
3. }
```

代码说明: 第 1 行定义一个私有类型的方法 MoveDirectory()。第 2 行调用 Directory 类的静态方法 Move(),将 D 盘下 vs2019 文件夹中名为 Website 的目录移动到 C 盘 vs2019 文件夹下名为 Website 的目录中。

4. GetDirectories()方法

GetDirectories()是获取指定目录下所有子目录的方法,该方法的声明代码如下:

```
public static string[] GetDirectories (string path);
```

代码说明: 定义一个静态的 GetDirectories()方法,该方法返回一个字符串类型的数组,它包含 path 中子目录的名称。参数 path 为其返回子目录名称的数组路径。

以下代码读取 D:\vs2019 文件夹下名为 Website 目录下的所有子目录,并将其保存到字符串数组中。

```
1. private void GetDirectory(){
2.     string [] directorys;
3.     directorys=Directory.GetDirctories(@"D:\vs2019\Website");
4. }
```

代码说明: 第 1 行定义一个私有类型的方法 GetDirectory()。第 2 行声明一个字符串数组 directorys。第 3 行使用 Directory 类的静态方法 GetDirectories()获得 D:\vs2019 文件夹下名为 Website 目录下的所有子目录。

5. GetFiles()方法

GetFiles()是获取指定目录下所有文件的方法,该方法的声明代码如下:

```
public static string[] GetFiles (string path);
```

代码说明: 定义一个静态的 GetFiles()方法,该方法返回一个字符串类型的数组,包含要检索目录下所有的文件名称和文件的完整路径。该方法的参数 path 代表要检索文件的目录。

下面的代码读取 D:\vs2019\Website 目录下的所有文件,并将其保存到字符串数组中。

```
1. private void GetFile (){
2.     string [] files;
3.     files =Directory.GetFiles(@"D:\vs2019\Website");
4. }
```

代码说明： 第 1 行定义一个私有类型的方法 GetFile()。第 2 行声明一个字符串数组 files。第 3 行使用 Directory 类的静态方法 GetFiles()获得 D:\vs2019\Website 目录下的所有文件。

6. Exists()方法

Exists()是判断指定目录是否存在的方法，该方法的声明代码如下：

```
public static bool Exists (string path);
```

代码说明： 定义一个静态的 Exists()方法，该方法返回一个布尔类型的值，如果目录存在返回值为 true，否则返回值为 false。参数 path 表示指定目录的路径。

下面的代码判断 D:\vs2019\Website 目录是否存在，如果存在则获取该目录下的子目录。

```
1. private void Handle(){
2.     if(Directory.Exists(@"D:\vs2019\Website")){
3.         string [] dis;
4.         dis=GetDirectories();
5.     }
6. }
```

代码说明： 第 1 行定义一个私有类型的方法 Handle()。第 2 行调用 Directory 类的静态方法 Exists()判断如果 D:\vs2019\Website 目录存在，则在第 3 行声明一个字符串数组 dis。第 4 行使用 Directory 类的静态方法 GetDirectories()获得 D:\vs2019\Website 目录下的所有子目录。

7. GetParent()方法

GetParent()是获取指定目录父目录的方法，该方法的声明代码如下：

```
public static DirectoryInfo GetParent (string path);
```

代码说明： 定义一个静态的方法 GetParent()，返回值是由 path 指定的父目录。字符串类型的对象参数 path 用于检索父目录的路径。

下面的代码返回 D:\vs2019\Website 目录的父目录 D:\vs2019。

```
1. private void GetLast(){
2.     DirectoryInfo di;
3.     Di=Directory. GetParent(@"D:\vs2019\Website");
4. }
```

代码说明： 第 1 行定义一个私有类型的方法 GetLast()。第 2 行声明一个 DirectoryInfo 类型的对象 di 用于获取父目录的信息。第 3 行使用 Directory 类的静态方法 GetParent()获得 D:\vs2019\Website 目录的上一级父目录。

【例 12-2】使用 Directory 类提供的静态方法创建、移动和删除文件夹。用户在对应的文本框中输入文件夹的路径，单击操作按钮，程序会对文件夹执行相应的操作。

(1) 启动 Visual Studio 2019，创建一个 ASP.NET Web 应用程序，命名为"例 12-2"。

(2) 在网站根目录下创建一个名为 Default.aspx 的窗体文件。

(3) 双击 Default.aspx 文件，进入"视图"编辑界面，切换到"设计视图"，从工具箱中拖动 4 个 TextBox 控件、3 个 Button 控件和 5 个 Label 控件到编辑区。

(4) 双击网站目录下的 Default.aspx.cs 文件，编写代码如下：

```
1. protected void Button1_Click(object sender, EventArgs e){
2.         try{
3.                 if (Directory.Exists(TextBox1.Text)){
4.                         Label2.Text = "该文件夹已经存在，请重新输入文件夹名称！";
5.                         return;
6.                 }
7.                 else{
8.                         Directory.CreateDirectory(TextBox1.Text);
9.                         Label2.Text = "创建文件夹成功！";
10.                }
11.        }
12.        catch (Exception error){
13.                Label2.Text = "创建文件夹失败！失败原因：" + error.ToString();
14.        }
15. }
16. protected void Button4_Click(object sender, EventArgs e){
17.        try{
18.                if (Directory.Exists(TextBox2.Text) == false) {
19.                        Label2.Text = "源文件夹不存在，无法移动！";
20.                        return;
21.                }
22.                if (Directory.Exists(TextBox3.Text)) {
23.                        Label2.Text = "目标文件夹已经存在，无法移动！";
24.                        return;
25.                }
26.        else{
27.                Directory.Move(TextBox2.Text,TextBox3.Text);
28.                Label2.Text = "移动成功！";
29.                }
30.        }
31.        catch (Exception error){
32.                Label2.Text = "移动失败！原因：" + error.ToString();
33.        }
34. }
```

```
35. protected void Button3_Click(object sender, EventArgs e) {
36.         try{
37.             if (Directory.Exists(TextBox4.Text)) {
38.                 Directory.Delete(TextBox4.Text);
39.                 Label2.Text = "删除成功！";
40.             }
41.             else{
42.                 Label2.Text = "该文件夹不存在！";
43.             }
44.         }
45.         catch (Exception error){
46.             Label2.Text = "失败！原因：" + error.ToString();
47.         }
48. }
```

代码说明：第 1 行定义"创建文件夹"按钮控件 Button1 的单击事件 Click()方法。第 3 行调用 Directory 类的静态方法 Exists()判断用户输入的文件夹如果已经存在，则第 4 行和第 5 行给出提示并终止程序。否则第 8 行调用 Directory 类的静态方法 CreateDirectory()创建文件夹，第 9 行给出创建成功的提示。如果创建文件夹出现错误，在第 13 行给出错误原因的提示。

第 17 行定义"移动文件夹"按钮控件 Button4 的单击事件 Click()方法。第 18～21 行判断用户输入的源文件夹如果不存在，则给出提示并退出程序。第 22～25 行判断用户输入的目标文件夹已经存在，则给出提示并退出程序。否则，第 27 行调用 Directory 类的静态方法 Move()将源文件夹移动到目标路径。

第 35 行定义"删除文件夹"按钮控件 Button3 的单击事件 Click()方法。第 37 行判断用户输入的文件夹如果存在，则第 38 行调用 Directory 类的静态方法 Delete()删除该文件夹。第 39 行在标签控件上显示删除成功的文字，否则，第 42 行在标签控件上显示该文件夹不存在的提示。如果操作过程中出现异常情况，第 46 行处理异常将异常的信息显示在标签控件上。

(5) 按 Ctrl+F5 键运行程序，如图 12-2 所示。

图 12-2　程序运行效果

12.2.2　DirectoryInfo 类

DirectoryInfo 类表示驱动器上的物理目录，DirectoryInfo 类和 Directory 类一样都包含了很多对目录进行操作的方法和属性，但是与 Directory 类不同的是，这些方法和属性不是静态的，需要实例化类的对象，将其和特定的目录联系起来。DirectoryInfo 类的构造函数声明如下：

```
public DirectoryInfo(string path);
```

代码说明：定义了一个 DirectoryInfo 类的构造函数，它带有一个参数，即字符串对象 path，指定要在其中创建 DirectoryInfo 的路径。比如下面的代码创建一个与目录 D:\vs2019\Website 对应的 DirectoryInfo 实例对象。

```
DirectoryInfo di=new DirectoryInfo(@" D:\vs2019\Website");
```

1. DirectoryInfo 类的方法

DirectoryInfo 类的常用方法包括以下几种。

(1) Create()方法。Create()是创建目录的方法,该方法的声明代码如下:

```
public void Create ();
```

下面的代码创建一个名为 D:\vs2019\Website 的目录。

```
1. private void CreateDirectory(){
2.     DirectoryInfo di=new DirectoryInfo(@" D:\vs2019\Website");
3.     di.Create();
4. }
```

代码说明: 第 1 行定义一个私有类型的方法 CreateDirectory()。第 2 行创建一个与目录 D:\vs2019\Website 对应的 DirectoryInfo 实例对象 di。第 3 行调用 di 的 Create()方法创建该目录。

(2) Delete()方法。Delete()是删除目录的方法,该方法的声明代码如下:

```
public void Delete (bool recursive);
```

代码说明: 定义一个方法 Delete()。参数 recursive 用来指定是否删除非空目录。如该参数 为 true,将删除整个目录,即使该目录下有文件或子目录;如果参数为 false,则仅在目录为空 时才可以删除,如果目录不为空则会引发异常。如果不指定 recursive,则默认值为 false。

下面的代码将 D:\vs2019\Website 目录删除。

```
1. private void DeleteDirectory (){
2.     DirectoryInfo di=new DirectoryInfo(@" D:\vs2019\Website");
3.     Directory. Delete(true);
4. }
```

代码说明: 第 1 行定义一个私有类型的方法 DeleteDirectory()。第 2 行创建一个与目录 D:\vs2019\Website 对应的 DirectoryInfo 实例对象 di。第 3 行调用 di 的 Delete()方法删除该目录。

(3) MoveTo()方法。MoveTo()是移动目录的方法,该方法的声明代码如下:

```
public void MoveTo (string destDirName);
```

代码说明: 定义一个方法 MoveTo()。字符串类型的参数 destDirName 用来指定将要此目录 移动到的目标位置的名称和路径。目标不能是另一个具有相同名称的目录。它可以是要将此目 录作为子目录添加到其中的一个现有目录。

下面的代码将目录 D:\vs2019\Website 目录移动到 C:\vs2019\Object 目录下。

```
1. private void MoveDirectory (){
2.     DirectoryInfo di=new DirectoryInfo(@" D:\vs2019\Website");
3.     di. MoveTo (@"C:\vs2019\Object");
4. }
```

代码说明：第 1 行定义一个私有类型的方法 MoveDirectory()。第 2 行创建一个与目录 D:\vs2019\Website 对应的 DirectoryInfo 实例对象 di。第 3 行调用 di 的 MoveTo()方法移动到目标目录 C:\vs2019\Object。

(4) CreateSubdirectory()方法。CreateSubdirectory()是在指定路径中创建一个或多个子目录的方法，该方法的声明代码如下：

```
public DirectoryInfo CreateSubdirectory (string path);
```

代码说明：定义一个方法 CreateSubdirectory()，返回值是在 path 中指定的最后一个目录。字符串类型的参数 path 用来指定子目录的路径，如果 path 所指定的子目录已经存在，则此时该方法不执行任何操作。

下面的代码在 D:\vs2019 文件夹下创建名为 WebSite 的子目录。

```
1. private void CreateSubdirectory (){
2.     DirectoryInfo di=new DirectoryInfo(@" D:\vs2019");
3.     di. CreateSubdirectory ("WebSite");
4. }
```

代码说明：第 1 行定义一个私有类型的方法 CreateSubdirectory()。第 2 行创建一个与目录 D:\vs2019 对应的 DirectoryInfo 实例对象 di。第 3 行调用 di 的 CreateSubdirectory()方法创建子目录 WebSite。

(5) GetFiles()方法。GetFiles()是返回当前目录的文件列表的方法，它有两个重载的方法，其声明代码分别如下：

```
1. public FileInfo[] GetFiles ();
2. public FileInfo[] GetFiles (string searchPattern);
```

代码说明：第 1 行定义的是不带参数的 GetFiles()方法，返回一个 FileInfo 类型的数组，其中包含了 DirectoryInfo 目录下所有的文件。第 2 行定义的是带一个参数的 GetFiles()方法，字符串参数 searchPattern 用来指定搜索字符串，允许使用通配符。搜索出的目录文件列表以 FileInfo 类型的数组返回。

(6) GetDirectories()方法。GetDirectories()是返回当前目录子目录的方法，它也有两种重载的方法，其声明代码分别如下：

```
1. public DirectoryInfo[] GetDirectories ();
2. public DirectoryInfo[] GetDirectories (string searchPattern);
```

代码说明：第 1 行定义的是不带参数的 GetDirectories()方法，返回一个 FileInfo 类型的数组，其中包含了 DirectoryInfo 目录下所有的子目录。第 2 行定义的是带一个参数的 GetDirectories()方法，字符串参数 searchPattern 用来指定搜索字符串，允许使用通配符。搜索出的子目录以 FileInfo 类型的数组返回。

2. DircetoryInfo 类的属性

DirectoryInfo 类的主要属性有以下几种。

(1) Attributes 属性。Attributes 属性是获取和设置目录的属性，它使用 FileAttributes 枚举类型来获取和设置属性。FileAttributes 枚举类型提供文件和目录的属性，所包含的成员如表 12-2 所示。

表 12-2　FileAttributes 枚举成员

成 员 名 称	说　　明
Archive	文件的存档状态。应用程序使用此属性为文件加上备份或移除标记
Compressed	文件已压缩
Device	保留供将来使用
Directory	文件为一个目录
Encrypted	该文件或目录是加密的。对于文件来说，表示文件中的所有数据都是加密的。对于目录来说，表示新创建的文件和目录在默认情况下是加密的
Hidden	文件是隐藏的，因此没有包括在普通的目录列表中
Normal	文件正常，没有设置其他的属性。此属性仅在单独使用时有效
NotContentIndexed	操作系统的内容索引服务不会创建此文件的索引
Offline	文件已脱机。文件数据不能立即供使用
ReadOnly	文件为只读
ReparsePoint	文件包含一个重新分析点，它是一个与文件或目录关联的用户定义的数据块
SparseFile	文件为稀疏文件。稀疏文件一般是数据通常为零的大文件
System	文件为系统文件。文件是操作系统的一部分或由操作系统以独占方式使用
Temporary	文件是临时文件。文件系统试图将所有数据保留在内存中以便更快地访问，而不是将数据刷新回大容量存储器中。不再需要临时文件时，应用程序会立即将其删除

下面的代码设置 D:\vs2019\WebSite 目录为只读且隐藏。与文件属性相同，目录属性也是使用 FileAttributes 来进行设置的。

```
1. private void SetDirectory(){
2.    DirectoryInfo di=new DirectoryInfo(@"D:\vs2019\WebSite");
3.    Di. Attributes=FileAttributes.ReadOnly| FileAttributes.Hidden;
4. }
```

代码说明：第 1 行定义一个私有类型的方法 SetDirectory()。第 2 行创建一个与目录 D:\vs2019\WebSite 对应的 DirectoryInfo 实例对象 di。第 3 行调用 di 的 Attributes 属性设置目录为只读并且隐藏。

(2) CreationTime 属性。CreationTime 属性是获取目录创建时间的属性。下面的代码将返回目录 D:\vs2019\ WebSite 的创建时间。

```
1. private void CreationTime (){
2.    DirectoryInfo di=new DirectoryInfo(@"D:\vs2019\WebSite");
3.    DateTime time=di.CreationTime;
4. }
```

代码说明：第 1 行定义一个私有类型的方法 CreationTime()。第 2 行创建一个与目录 D:\vs2019\WebSite 对应的 DirectoryInfo 实例对象 di。第 3 行调用 di 的 CreationTime 属性获得创建目录的时间赋给 DateTime 类型的对象 time。

(3) FullName 和 Name 属性。FullName 和 Name 属性都是获取目录名称的属性，Name 属性仅返回目录的名称，而 FullName 属性则可以返回目录的完整路径。下面的代码返回目录 C:\Program Files\360 的两种不同的名称。

```
1. DirectoryInfo dir = new DirectoryInfo(@"C:\Program Files\360");
2.    String dirName = dir.Name;
3.    string name = dir.FullName;
```

代码说明：第 1 行创建一个与目录 C:\Program Files\360 对应的 DirectoryInfo 实例对象 dir。第 2 行调用 dir 的 Name 属性获得创建目录的名称。第 3 行调用 dir 的 FullName 属性获得创建目录的完整物理路径。

(4) Parent 属性。Parent 属性是获取指定子目录的父目录属性，如果目录不存在或者指定的目录是根目录父目录(如\、C:或*\\server\share)，则返回值为空引用 Null。下面的代码返回 D:\vs2019\WebSite 的父目录 D:\vs2019。

```
1. DirectoryInfo di = new DirectoryInfo(@"D:\vs2019\WebSite");
2. DirectoryInfo pdir=di.Parent;
```

代码说明：第 1 行创建一个与目录 D:\vs2019\WebSite 对应的 DirectoryInfo 实例对象 di。第 2 行通过调用 di 对象的 Parent 属性获得父目录并赋给一个 DirectoryInfo 类型对象 pdir。

(5) Root 属性。Root 属性是返回指定目录根目录的属性，该属性是一个只读属性。下面的代码返回 D:\vs2019\WebSite 的根目录 D:\。

```
1. DirectoryInfo di = new DirectoryInfo(@"D:\vs2019\WebSite");
2. DirectoryInfo pdir=di. Root;
3. string str=pdir.FullName;
```

代码说明：第 1 行创建一个与目录 D:\vs2019\WebSite 对应的 DirectoryInfo 实例对象 di。第 2 行通过调用 di 对象的 Root 属性获得根目录并赋给 DirectoryInfo 类型的对象 pdir。第 3 行调用 pdir 的 FullName 属性获得根目录的完整路径并赋给字符串对象 str。

【例 12-3】查看磁盘下文件夹的结构，当用户在文本框中输入磁盘名称就可以查看服务器指定路径下的所有文件和文件夹。输入要检索的文件夹路径并单击"检索"按钮时，下面的列表中会显示出该文件夹中所有文件及目录。

(1) 启动 Visual Studio 2019，创建一个 ASP.NET Web 应用程序，命名为"例 12-3"。

(2) 在网站根目录下创建一个名为 Default.aspx 的窗体文件。

(3) 双击 Default.aspx 文件，进入"视图"编辑界面，打开"设计视图"，从工具箱中拖动 1 个 TextBox 控件、1 个 Button 控件、1 个 ListBox 和 1 个 Label 控件到编辑区。切换到"源视图"，在<form>和</form>标记间编写主要代码如下：

```
1. 磁盘名称
2. <asp:TextBox ID="TextBox1" runat="server" Width="144px"></asp:TextBox>
3. *正确格式例如(C:\)</td>
4. <asp:Button ID="Button1" runat="server" Onclick="Button1_Click" Text="检索"/>
5. 文件和目录
6. <asp:ListBox ID="ListBox1" runat="server"  Height="176px" Width="150px"></asp:ListBox>
7. <asp:Label ID="Label1" runat="server" ></asp:Label>
```

代码说明：第 2 行添加一个文本框控件 TextBox1 并设置其宽度。第 4 行添加一个按钮控件 Button1 并设置其显示的文字及处理单击事件 Click。第 6 行添加一个列表控件 ListBox1 并设置其高度和宽度。第 7 行添加一个标签控件 Label1 显示提示信息。

(4) 双击网站目录下的 Default.aspx.cs 文件，编写代码如下：

```
1. protected void Button1_Click(object sender, EventArgs e){
2.      if (Directory.Exists(TextBox1.Text) == false){
3.              Label1.Text = "该文件不存在或路径错误！";
4.              return;
5.      }
6.      else{
7.              DirectoryInfo di = new DirectoryInfo(TextBox1.Text);
8.              FileSystemInfo[] dis = di.GetFileSystemInfos();
9.              if (dis.Length < 1){
10.                     Label1.Text = "该文件夹是空文件夹！";
11.             }
12.              else{
13.                     ListBox1.DataSource = dis;
14.                     ListBox1.DataBind();
15.                     Label1.Text = "检索成功，以上为该路径的文件和目录列表！";
16.             }
17.      }
18. }
```

代码说明：第 1 行定义处理按钮控件 Button1 单击事件 Click 的方法。第 2 行判断用户输入的目录如果不存在，第 3 行设置了 Label1 标签上显示 "该文件夹不存在或路径错误！" 的提示。否则第 7 行创建一个 DirectoryInfo 类型的实例 di，将用户输入的目录作为参数。第 8 行通过调用 di 的 GetFileSystemInfos()方法，获得指定目录中的所有文件和目录名并赋给 FileSystemInfo 对象 dis 数组。第 9 行判断如果 dis 中没有文件，第 10 行设置了在标签控件 Label1 上显示提示文件夹为空，否则第 13 行将 FileSystemInfo 数组对象 dis 为列表控件的数据源。第 14 行使用列表控件的 DataBind 绑定数据的方法将数据显示。第 15 行在标签控件 Label1 上显示检索成功的提示。

(5) 按 Ctrl+F5 键运行程序，如图 12-3 所示。

图 12-3　程序运行效果

12.3 读写文件

本节将介绍用于读写文件的类，这些类表示一个通用的概念——流。读写文件主要用到的流有 FileStream 类、StreamWrite 类和 StreamReader 类。

12.3.1 流

在.NET 4.0 框架中进行所有的输入和输出工作都要用到流。流是一个用于传输数据的对象，数据的传输有两个方向，对应着两种类型的流。

(1) 输出流：用于将数据从程序传输到外部源。这里的外部源可以是物理磁盘文件、网络位置、打印机和另一个程序。

(2) 输入流：用于将数据从外部源传输到程序中。这里的外部源有键盘、磁盘文件等。

对应文件的读写，最常用的类有以下两种。

- FileStream(文件流)：主要用于二进制文件中读写二进制数据，也可以用于读写任何的文件。

- StreamReader(流读取器)和 StreamWrite(流写入器)：专门用于读写文本文件。

12.3.2 FileStream 类

FileStream 类表示在磁盘上或网络路径上指定的文件流。这个类提供了在文件中读写二进制数据的方法。FileStream 类的构造函数如下：

```
public FileStream(string path,FileMode mode,FileAccess access);
```

代码说明： 定义 FileStream 构造函数。参数 path 用来指定要访问的文件。参数 mode 是 FileMode 类型的一个枚举成员，用于指定打开文件的模式。参数 access 是 FileAccess 类型的一个枚举成员，用于指定访问文件的方式。如果在构造 FileStream 对象的时候没有指定 FileAccess 参数，则默认为 FileAccess.ReadWrite(读写)。

使用完一个流后，应该使用 FileStream.Close 方法将其关闭。关闭流会释放与它相关的资源，允许其他应用程序为同一个文件设置流。在打开和关闭流之间,可以读写其中的数据,FileStream类有许多方法都可以进行文件的读写。

1. Read()方法

Read()是从 FileStream 对象所指定的文件中读取数据的主要方法,该方法的声明代码如下:

```
public override int Read(byte[] array,int offset,int count);
```

代码说明: 定义一个重载的方法 Read(),它有一个 int 类型的返回值表示读入缓冲区中的总字节数。如果当前的字节数没有所请求的那么多,则总字节数可能小于所请求的字节数;如果已到达流的末尾,则为零。参数 array 是一个字节数组,此方法返回时包含指定的字节数组,数组中 offset 和(offset+count-1)之间的值由当前源中读取的字节替换。参数 offset 表示 array 中的字节偏移量,从此处开始读取。参数 count 表示从文件中读取的字节数。

FileStream 对象只能处理二进制数据,可以用于读写任何的文件,不能直接读取字符串。但可以通过几种转换类把字节数组转换为字符串,或者将字符串转换成字节数组。System.Text命名空间中的 Decoder 类可以实现这种转换,比如以下代码:

```
1. Decoder d=Encoding.UTF8.GetDecoder();
2. d.GetChars(byData,0,byData.Length,charData,0);
```

代码说明: 第 1 行通过 Encoding 的 UTE8.GetDecoder()方法创建一个基于 UTF8 编码模式的 Decoder 对象。第 2 行调用 GetChars()方法将指定的字节数组转换为字符数组。

2. Write()方法

Write()是使用从缓冲区读取的数据将字节块写入流的方法。写入数据与读取数据非常类似,首先将要写入的内容存入一个字符数组中,然后利用 System.Text.Encoder 对象将其转换为一个字节数组,最后调用 Write()方法将字节数组写入文件中去。Write()方法的声明代码如下:

```
public override void Write(byte[] array,int offset,int count);
```

代码说明: 定义一个重载的方法 Write()。它有 3 个参数,具体的含义和作用与 Read()方法相同,这里不再重复。

3. Seek()方法

Seek()是将该流的当前位置设置为给定值的方法。对文件进行读写操作的位置是由内部文件的指针决定的。在大多数情况下,当打开文件时指针就指向文件的开始位置,此指针是可以修改的,这使得应用程序可以在文件的任何位置进行读写操作,随机访问文件或跳到文件的指定位置上。Seek()方法的声明代码如下:

```
public override long Seek(long offset,SeekOrigin origin);
```

代码说明: 定义一个重载的方法 Seek(),它有一个 long 类型的返回值表示流中的新位置。参数 offset 用于规定文件指针以字节单位的移动距离;参数 origin 是 SeekOrigin 枚举的一个成员,用于规定开始计算的起始位置。SeekOrigin 包含 3 个值:Begin、Current 和 End。下面的代码会将文件指针从文件的开始位置移动到文件的第 5 个字节。

```
1. FileStream fs=new FileStream(@" D:\vs2019\New.text");
2. fs.Seek(5, SeekOrigin. Begin);
```

代码说明：第 1 行创建一个文件流 FileStream 的对象 fs，并指定要访问的文件。第 2 行调用 fs 对象的 Seek()方法，将文件指针从文件的开始位置移动到文件的第 5 个字节。

Seek()方法不仅可以正向查找，还可以指定负查找的位置，当 offset 参数为负时，表示向前移动。比如下面的代码将文件指针移动到倒数第 9 个字节。

```
1. FileStream fs=new FileStream(@" D:\vs2019\New.text");
2. fs.Seek(-9, SeekOrigin. End);
```

代码说明：第 1 行创建一个文件流 FileStream 的对象 fs，并指定要访问的文件。第 2 行调用 fs 对象的 Seek()方法，将文件指针从文件的结束位置移动到文件的倒数第 9 个字节。

12.3.3　读写文本文件的类

除了读写字节的 FileStream 类，在.NET 4.0 框架中提供了 StreamWrite 类和 StreamReader 类，专门用于处理文本文件。原因是操作二进制的数据比较烦琐，使得 FileStream 的使用相对困难，而使用 StreamWrite 和 StreamReader 对象能够很方便地顺序访问整个文件。但是它们也有不足之处，不能随意地改变文件指针的位置，无法实现对文件的随机访问。

1. StreamWrite 类

StreamWrite 类允许将字符和字符串写入到文件中。有很多方法可以用来创建 StreamWrite 对象，如果已经有了 FileStream 对象，则可以使用此对象来创建 StreamWrite 对象，代码如下：

```
1. FileStream fs=new FileStream(@"D:\vs2019\WebSite", FileMode.CreatNew);
2. StreamWrite sw=new StreamWrite(fs);
```

代码说明：第 1 行创建一个 FileStream 类的对象 fs，并指定访问文件的路径。第 2 行实例化一个 StreamWrite 对象 sw，参数是第 1 行创建的 fs 对象。

还有一种是直接从文件中创建 StreamWrite 对象的方法，代码如下：

```
StreamWrite sw=new StreamWrite(@"D:\vs2019\WebSite",true);
```

代码说明：创建 StreamWrite 对象 sw 使用的构造函数有两个参数，一个是文件名，一个是布尔值。这个布尔值规定了是添加到文件的末尾还是创建新文件：值为 false 时，如果文件存在，则截取现有文件并打开该文件，否则创建一个新文件；值为 true 时，如果文件存在，则打开文件，保留原来的数据，否则创建一个新文件。

与创建 FileStream 对象不同，创建 StreamWrite 对象不会提供一组类似的选项，除了使用布尔值设置添加到文件的末尾或创建新文件之外，并没有像 FileStream 类那样指定 FileMode、FileAccess 等属性的选项。如果需要使用这些高级参数，可以先在 FileStream 的构造函数中指定这些参数，然后利用 FileStream 对象来创建 StreamWrite 对象。

StreamWrite 对象提供了两个用于写入数据的方法——Write()和 WriteLine()。这两个方法有许多的重载版本,可以完成高级的文件输出。Write()方法和 WriteLine()方法基本上相同,不同的是 WriteLine()方法在将传送给它的数据输出后,再输入一个换行符。

2. StreamReader 类

StreamReader 类的工作方式与 StreamWrite 类似,但 StreamReader 用于从文件或另一个流中读取数据。StreamReader 对象的创建方式类似于 StreamWrite 对象,最常见的方式是使用StreamWrite 对象,代码如下:

```
1. FileStream fs=new FileStream(@"D:\vs2019\WebSite", FileMode.CreatNew);
2. StreamReader sr=new StreamWrite(fs);
```

代码说明: 第 1 行创建一个 FileStream 类的对象 fs,并指定访问文件的路径。第 2 行实例化一个 StreamReader 对象 sr,参数是第 1 行创建的 fs 对象。

同样,StreamReader 类也可以直接使用包含具体文件路径的字符串来创建对象,代码如下:

```
StreamReader sr=new StreamWrite(@"D:\vs2019\WebSite");
```

StreamReader 类中提供了常用的几个方法,用于读取文件的数据,如表 12-3 所示。

表 12-3　StreamReader 类的常用方法

方　　法	说　　明
Read()	读取输入流中的下一个字符或下一组字符
ReadLine()	从当前流中读取一行字符并将数据作为字符串返回
ReadToEnd()	从流的当前位置到末尾读取流

【例 12-4】利用 FileInfo 和 StreamWriter 对象在服务器指定文件夹中创建文件,当用户输入文件名称和文件内容后,单击"确定"按钮,程序会显示操作成功的提示。

(1) 启动 Visual Studio 2019,创建一个 ASP.NET Web 应用程序,命名为"例 12-4"。

(2) 在网站根目录下创建一个名为 Default.aspx 的窗体文件。

(3) 双击网站的目录下的 Default.aspx 文件,进入"视图"编辑界面,打开"设计视图",从工具箱中拖动 1 个 Label 控件、2 个 TextBox 控件和 1 个 Button 控件到编辑区。

(4) 双击网站目录下的 Default.aspx.cs 文件,编写关键代码如下:

```
1. protected void Button1_Click(object sender, EventArgs e){
2.        string path = TextBox1.Text + ".txt";
3.        FileInfo fi = new FileInfo(path);
4.        if (!fi.Exists){
5.         using (StreamWriter sw = fi.CreateText()){
6.             sw.WriteLine(TextBox2.Text);
7.             sw.Flush();
8.             sw.Close();
9.             Label6.Text = "写文件: " + TextBox1.Text + "成功! ";
```

```
10.            }
11.        }
12.        else
13.            Label6.Text = "该文件已存在！";
14. }
```

代码说明： 第 1 行定义"确定"按钮控件 Button1 单击事件 Click 的方法。第 2 行定义字符串类型的对象，获得用户输入的文件路径和文件名。第 3 行根据用户输入的路径和文件名实例化一个 FileInfo 类的对象 fi。第 4 行判断如果要创建的文件不存在，就在第 5 行利用 fi 对象的 CreateText()方法实例化一个 StreamWriter 类的对象 sw。第 6 行调用 sw 的 WriteLine()方法将输入的文件内容写入文件。第 7 行调用 sw 的 Flushf()方法清空缓冲流。第 8 行关闭当前 StreamWriter 对象。第 9 行在标签控件上显示提示操作成功的文字。第 12～13 行判断如果用户要创建的文件已经存在,则也在标签控件上显示提示信息。

(5) 按 Ctrl+F5 键运行程序，如图 12-4 所示。

图 12-4　程序运行效果

12.4 文件的操作

文件的操作有很多种，比如创建文件、复制文件、删除文件等，这些都是文件最基本的操作。在.NET 4.0 框架中可以使用 System.IO 命名空间中的 File 和 FileInfo 类，这两个类表示文件系统上的文件信息。

12.4.1 File 类

File 类是一个静态的类，提供了许多用于处理文件的静态方法，如复制、移动、重命名、创建、打开及删除文件。也可以将 File 类用于获取和设置文件属性或有关文件创建、访问及写入操作的 DataTime 信息等。File 类的主要静态方法有以下几种。

1. Open()方法

Open()是打开文件的方法，其声明代码如下：

```
public static FileStream Open (string path,FileMode mode,FileAccess access);
```

代码说明： 定义一个静态的方法 Open()，它有一个返回值 FileStream 代表指定路径上的文件流。该方法有 3 个参数：path 用来指定要打开文件的路径；mode 是一个 FileMode 枚举类型，用于指定在文件不存在时是否创建该文件，并确定是保留还是改写现有文件的内容；access 是一个 FileAccess 枚举类型，用于指定可以对文件执行的操作。表 12-4 和表 12-5 中分别列出了 FileAccess 和 FileMode 的成员。

表 12-4　FileAccess 的成员

成员名称	说　明
Read	对文件的读访问。可从文件中读取数据，同 Write 组合可构成读/写访问权
ReadWrite	对文件的读访问和写访问。可从文件读取数据和将数据写入文件
Write	文件的写访问。可将数据写入文件，同 Read 组合可构成读/写访问权

表 12-5　FileMode 的成员

成员名称	说　明
Append	打开现有文件并查找到文件尾，或者创建新文件。FileMode.Append 只能同 FileAccess.Write 一起使用。任何读尝试都将失败并引发 ArgumentException
Create	指定操作系统应创建新文件。如果要创建的文件已存在，它将被重写。这样就要求在创建新文件时，考虑如果文件不存在，使用 CreateNew 来创建；否则就使用 Truncate 来创建
CreateNew	指定操作系统应创建新文件，此操作需要 FileIOPermissionAccess.Write。如果文件已存在，则将引发 IOException
Open	指定操作系统应打开现有文件。打开文件的能力取决于 FileAccess 指定的值。如果该文件不存在，则引发 System.IO.FileNotFoundException
OpenOrCreate	指定操作系统应打开文件(如果文件存在)；否则，应创建新文件。如果用 FileAccess.Read 打开文件，则需要 FileIOPermissionAccess.Read。如果文件访问为 FileAccess.Write 或 FileAccess.ReadWrite，则需要 FileIOPermissionAccess.Write。如果文件访问为 FileAccess.Append，则需要 FileIOPermissionAccess.Append
Truncate	指定操作系统应打开现有文件。文件一旦打开，就将被截断为零字节大小。此操作需要 FileIOPermissionAccess.Write。试图从使用 Truncate 打开的文件中进行读取将导致异常

下面的代码将打开存放在 C:\vs2019 目录下名为 New.text 的文件。

```
1. private void OpenFile(){
2.     File.Open(@"C:\vs2019\New.text",FileMode.Append,FileAccess.Read);
3. }
```

代码说明： 第 1 行定义一个私有类型的方法 OpenFile()。第 2 行通过 File 类的静态方法 Open()打开存放在 C:\vs2019 目录下名为 New.text 的文件。

2. Create()方法

Create()是创建一个新文件的方法，它的声明代码如下：

```
public static FileStream Create (string path);
```

代码说明： 定义一个静态的方法 Create()。参数 path 用来指定要创建文件的路径和名称。如果 path 指定的文件不存在，则创建该文件；如果存在并且不是只读的，则将改写其内容。

下面的代码将在 C:\vs2019 目录下创建名为 New.text 的文件。

```
1. private void CreateFile(){
```

```
2.    FileStream fs=File.Create(@"C:\vs2019\New.text" );
3.    fs.Close;
4. }
```

代码说明：第 1 行定义一个私有类型的方法 CreateFile()。第 2 行通过 File 类的静态方法 Create()在 C:\vs2019 目录下创建一个名为 New.text 的文件，并赋给 FileStream 类型的对象 fs。第 3 行使用 fs 对象的 Close()方法关闭所创建的文件。

3．Delete()方法

Delete()是删除指定目录文件的方法，该方法声明的代码如下：

```
public static void Delete (string path);
```

代码说明：定义一个静态的方法 Delete()。参数 path 用来指定要创建文件的路径和名称。如果 path 指定的文件不存在，不会引发一个异常。

下面的代码将在 C:\vs2019 目录下删除名为 New.text 的文件。

```
1. private void DeleteFile(){
2.    File. Delete (@ "C:\vs2019\New.text" );
3. }
```

代码说明：第 1 行定义一个私有类型的方法 DeleteFile()。第 2 行通过 File 类的静态方法 Delete()删除 C:\vs2019 目录下名为 New.text 的文件。

4．Copy()方法

Copy()是将现有文件复制到新文件的方法，该方法的声明代码如下：

```
public static void Copy (string sourceFileName,string destFileName, bool overwrite);
```

代码说明：定义一个静态的方法 Delete()。其中，参数 sourceFileName 和 destFileName 分别用来指定要复制的源文件和目标文件的名称；参数 overwrite 用来指定如果目标文件已经存在是否要覆盖它，是为 true，否为 false。

下面的代码将 C:\vs2019\New.text 文件复制到 D:\vs2019\New.text。

```
1. private void CopyFile(){
2.    File.Copy(@"C:\vs2019\New.text",@"D:\vs2019\New.text",true);
3. }
```

代码说明：第 1 行定义一个私有类型的方法 CopyFile()，第 2 行通过 File 类的静态方法 Copy 将 C:\vs2019\New.text 文件复制到 D:\vs2019\New.text。如果 D:\vs2019 目录中已经存在将被复制的文件所覆盖。

5．Move()方法

Move()是将指定文件移动到新位置的方法，该方法的声明代码如下：

```
public static void Move (string sourceFileName,string destFileName);
```

代码说明: 定义一个静态的方法 Move()。参数 sourceFileName 用于指定要移动的文件的名称。参数 destFileName 用于指定文件的新路径。如果源路径和目标路径相同，不会引发异常。下面的代码将 D:\vs2019 下的 New.text 文件移动到 C 盘根目录下。

```
1. private void MoveFile(){
2.     File.Move(@"D:\vs2019\New.text", @"C:\");
3. }
```

代码说明: 第 1 行定义一个私有类型的方法 MoveFile()。第 2 行通过 File 类的静态方法 Move()将 D:\vs2019\New.text 文件移动到 C:\下。

6. Exists()方法

Exists()是判断指定的文件是否存在的方法，该方法的声明代码如下:

```
public static bool Exists (string path);
```

代码说明: 定义一个静态的方法 Exists()，该方法返回一个布尔类型的值，如果文件存在返回值为 true，否则返回值为 false。参数 path 指定要检查的文件。

下面的代码判断 D:\vs2019 文件夹下名为 Net.text 的文件是否存在，如果存在则复制文件然后将其删除，否则创建文件并打开。

```
1. private void Handle(){
2.     if(File.Exists(@"D:\vs2019\New.text")){
3.         CopyFile();
4.         DeleteFile();
5.     }
6.     else{
7.         Create.File();
8.         Open.File();
9.     }
10. }
```

代码说明: 第 1 行定义一个私有类型的方法 Handle()。第 2 行通过 File 类的静态方法 Exists()判断 D:\vs2019\New.text 文件如果存在，则第 3 行调用 CopyFile()方法复制该文件。第 4 行调用 DeleteFile()方法删除源文件。否则，第 7 行调用 Create.File()方法创建该文件。第 8 行调用 Open.File()方法打开新创建的文件。

12.4.2 FileInfo 类

FileInfo 类不是静态类，没有静态方法，仅可用于实例化的对象。FileInfo 对象表示磁盘或网络位置的物理文件。只要提供文件的路径就可以创建一个 FileInfo 对象，如以下代码:

```
FileInfo fi=new FileInfo(@"D:\vs2019\New.text");
```

FileInfo 类提供了许多类似于 File 类的方法，但是因为 File 类是静态类，需要一个字符串参数为每个方法调用指定文件的位置。下面的代码使用 FileInfo 类来检查文件 D:\vs2019\New.text 是否存在，请大家区别于 File 类的使用。

```
1. FileInfo fi=new FileInfo(@"D:\vs2019\New.text");
2. if(fi.Exsits){
3.      Response.Write("文件存在！ ");
4. }
```

代码说明：第 1 行实例化一个 FileInfo 类的对象 fi，并提供了文件路径。第 2 行调用 fi 的方法 Exsits()判断该文件如果存在，第 3 行在页面上显示提示文字。

FileInfo 类中常用方法有以下几种。

1. Open()方法

Open()是打开文件的方法，其声明代码如下：

```
public FileStream Open (FileMode mode,FileAccess access);
```

代码说明：定义一个方法 Open()，它有一个返回值 FileStream 代表指定路径上的文件流。该方法有两参数：mode 是一个 FileMode 枚举类型，用于指定在文件不存在时是否创建该文件，并确定是保留还是改写现有文件的内容；access 是一个 FileAccess 枚举类型，用于指定可以对文件执行的操作。可以看出，FileInfo.Open()方法只比 File.Open()方法少了一个参数 path，这是因为在实例化 FileInfo 时就已经给出了 path。

下面的代码使用 FileInfo.Open()方法打开存放在 D:\vs2019 目录下的 New.text 文件。

```
1. private void OpenFile(){
2.     FileInfo fi=new FileInfo(@"D:\vs2019\New.text");
3.     FileStream fs=fi.Open(FileMode.Append,FileAccess.Append)
4. }
```

代码说明：第 1 行定义一个私有类型的方法 OpenFile()。第 2 行实例化一个 FileInfo 类的对象 fi，并提供了文件路径。第 3 行调用 fi 的 Open()方法打开文件并赋给一个 FileStream 类型的对象 fs。

2. FileInfo 类的其他方法

FileInfo 类的其他方法和 Open()方法用法相似。表 12-6 中列出了 FileInfo 类的其他方法。

表 12-6 FileInfo 类的其他方法

方 法 名 称	说　明
CopyTo()	已重载。将现有文件复制到新文件
Create()	创建文件
Delete()	永久删除文件
MoveTo()	将指定文件移到新位置，并提供指定新文件名的选项
Open()	用各种读/写访问权限和共享特权打开文件

另外，FileInfo 类也提供了与文件相关的属性，FileInfo 类的属性如表 12-7 所示，这些属性

可以用来获取或更新文件的信息。

表 12-7　FileInfo 类的属性

属　　性	说　　明
Attributes	获取或设置当前 FileSystemInfo 的 FileAttributes
CreationTime	获取或设置当前 FileSystemInfo 对象的创建时间
Directory	获取父目录的实例
DirectoryName	获取表示目录的完整路径的字符串
Exists	获取指示文件是否存在的值
Extension	获取表示文件扩展名部分的字符串
FullName	获取文件的完整目录
IsReadOnly	获取或设置确定当前文件是否为只读的值
LastAccessTime	获取或设置上次访问当前文件或目录的时间
LastWriteTime	获取或设置上次写入当前文件或目录的时间
Length	获取当前文件的大小
Name	获取文件名

12.5　综合练习

本练习利用 File 类和 FileInfo 类实现一个简单的文件管理器,包括文件的移动、新建、复制和删除功能。

(1) 启动 Visual Studio 2019,创建一个 ASP.NET Web 应用程序,命名为"综合练习"。

(2) 在应用程序中创建两个文件夹,一个命名为 Files,另一个命名为 File2。

(3) 在网站根目录下创建一个名为 Default.aspx 的窗体文件。

(4) 双击 Default.aspx 文件,进入"视图"编辑界面,打开"设计视图"中,从工具箱中拖动 3 个 Label 控件、1 个 TextBox 控件、1 个 DropDownList 控件、1 个 ListBox 控件和 4 个 Button 控件到编辑区。

(5) 双击网站目录下的 Default.aspx.cs 文件,编写关键代码如下:

```
1. protected void Page_Load(object sender, EventArgs e){
2.          if (!IsPostBack){
3.              List();
4.          }
5. }
6. protected void Button1_Click(object sender, EventArgs e){
7.      if (TextBox2.Text == ""){
8.          Label2.Text = "请输入文件名! ";
9.      }
```

```
10.      else {
11.          try{
12.                string path = Server.MapPath("File") + "\\" + TextBox2.Text
                          + DropDownList1.Text;
13.           FileInfo fi = new FileInfo(path);
14.           if (!fi.Exists) {
15.                fi.Create();
16.                Label2.Text = "创建成功！文件名：" + TextBox2.Text +
                DropDownList1.Text;
17.           List();
18.           }
19.      } catch (Exception error) {
20.                Response.Write(error.ToString());
21.           }
22.      }
23.      }
24.  protected void Button2_Click(object sender, EventArgs e){
25.  try{
26.      string path = Server.MapPath("File/") + Session["txt"];
27.      string path2 = Server.MapPath("File/") +"复制"+Session["txt"];
28.      FileInfo fi = new FileInfo(path);
29.       if (fi.Exists){
30.           fi.CopyTo(path2);
31.       }
32.      Label2.Text = "复制" + Session["txt"] + "成功！" + "文件为:" +
           "复制" + Session["txt"].ToString();
33.      List();
34.    }catch (Exception error){
35.                Label2.Text = "复制文件出错，该文件已被复制过！";
36.      }
37.      }
38.  protected void Button3_Click(object sender, EventArgs e){
39.      if (Session["txt"] == null){
40.           Label2.Text = "请选中文件后再执行删除操作！";
41.      }
42.      FileInfo fi = new FileInfo(Server.MapPath("File/" + Session["txt"]));
43.      if (fi.Exists){
44.           fi.Delete();
45.           Label2.Text = "删除" + Session["txt"] + "文件成功！";
46.      List();
47.      Session.Clear();
48.      }
```

```
49.    }
50.    protected void ListBox1_SelectedIndexChanged(object sender, EventArgs e) {
51.         Session["txt"] = ListBox1.SelectedValue.ToString();
52.    }
53.    public void List(){
54.         DataTable dt = new DataTable();
55.         dt.Columns.Add(new DataColumn("Name", typeof(string)));
56.         string serverPath = Server.MapPath("File");
57.         DirectoryInfo dir = new DirectoryInfo(serverPath);
58.         foreach (FileInfo fileName in dir.GetFiles()){
59.              DataRow dr = dt.NewRow();
60.              dr[0] = fileName;
61.              dt.Rows.Add(dr);
62.         }
63.         ListBox1.DataSource = dt;
64.         ListBox1.DataTextField = "Name";
65.         ListBox1.DataValueField = "Name";
66.         ListBox1.SelectedIndex = 0;
67.         ListBox1.DataBind();
68.    }
69.    protected void Button4_Click(object sender, EventArgs e){
70.         string path = Server.MapPath("File/") +
                   ListBox1.SelectedValue.ToString();
71.         FileInfo fi = new FileInfo(path);
72.         if (fi.Exists){
73.              string path2 = Server.MapPath("File2/") +
                        ListBox1.SelectedValue.ToString();
74.              fi.MoveTo(path2);//将指定文件夹路径中的文件移动到另一个路径中的文件夹
75.              List();
76.              Label2.Text = "移动" + Session["txt"] + "文件成功！";
77.         }
78. }
```

代码说明：第 1 行定义处理页面 Page 加载事件 Load 的方法。第 2 行判断如果加载的页面不是回传页面,则第 3 行调用自定义的 List()方法绑定数据。第 6 行定义处理"创建文件"按钮 Button1 单击事件 Click 的方法。第 7 行判断如果用户没有输入文件名称,则第 8 行在标签控件 Label2 上显示提示信息。否则,第 12 行获取用户输入的文件名和文件类型。第 13 行创建 FileInfo 对象 fi, 并设置保存文件的路径。第 14 行判断文件若不存在,第 15 行调用 Create()方法创建此文件。第 16 行在标签控件 Label2 上显示创建成功的提示。第 17 行调用 List()方法绑定数据。

第 24 行定义处理"复制文件"按钮 Button2 单击事件 Click 的方法。第 26 行设置源文件的路径, 第 27 行设置目标文件的路径。第 28 行创建 FileInfo 对象 fi, 并设置保存源文件的路径。第 29 行判断文件是否已经存在, 若存在, 则第 30 行调用 Copy()方法复制文件。第 32 行在标签控件上显示复制成功的提示。第 33 行调用 List()方法绑定数据。

第 38 行定义处理"删除文件"按钮 Button3 单击事件 Click 的方法。第 39 行判断 Session 值，如果为空，则第 40 行在标签控件上提示用户选择要操作的文件。第 42 行创建 FileInfo 对象 fi，并设置删除文件的路径。第 43 行判断文件是否已经存在，如果存在，则第 44 行调用 Delete()方法复制文件。第 45 行在标签控件上显示删除成功的提示。第 46 行调用 List()方法绑定数据。第 47 行将 Session 对象中的值清空。

第 50 行定义处理列表控件 ListBox1 选中项更改事件 SelectedIndexChanged()的方法。第 51 行将选中项的值保存到 Session 对象中。

第 53 行自定义一个绑定数据的方法 List()。第 54 行实例化一个 DataTable 对象 dt。第 55 行创建一个 DataColumn 对象并添加到 dt 的列集合中。第 56 行获取 File 目录的路径。第 57 行创建一个 DirectoryInfo 类的对象 dir。第 58～62 行使用 foreach 循环遍历 File 目录下所有的文件，将文件名作为 DataTable 中每一列的值添加到 dt 对象行集合中。第 63 行将 dt 表对象作为列表控件 ListBox1 的数据源。第 64 行和第 65 行分别获得绑定字段的名称和值。第 66 行将列表控件选中项的值设置为 0。第 67 行调用 DataBind()方法绑定数据到列表控件 ListBox1。

第 69 行定义处理"移动文件"按钮 Button4 单击事件 Click 的方法。第 70 行获取要移动文件的路径。第 71 行创建 FileInfo 对象 fi 并设置保存文件的路径。第 72 行判断文件是否已经存在，如果存在，则第 73 行获得要移动到的目标路径。第 74 行调用 fi 的 MoveTo()方法移动文件到目标路径。第 75 行调用 List()方法绑定数据。第 76 行在标签控件上显示移动成功的提示。

(6) 按 Ctrl+F5 键运行程序，如图 12-5 所示。

图 12-5　程序运行效果

12.6　习题

一、填空题

1. _____类提供了可以创建、移动和删除目录的静态方法。

2. C#文件处理系统中用于进行数据文件和数据流读写操作的类位于_____命名空间。

3. FileStream 的_____方法，将缓冲区中的数据真正写入到物理文件中。

4. 创建文件的静态方法和实例方法分别是由_____和_____类提供的。

5. Directory 类的_____方法可以获取 Web 应用程序当前的工作文件夹。

二、选择题

1. NET 中对驱动器的处理是通过(　　)类来实现的。

    A. FileStream　　　　　B. DriverInfo　　　　C. Directory　　　　D. DirectoryInfo

2. 打开文件的方式有(　　)。

    A. Open　　　　　　　B. OpenRead　　　　C. OpenText　　　　D. OpenWrite

3. 构造 FileStream 实例一般需要(　　)信息。

A. path　　　　　　B. FileMode　　　　　C. FileAccess　　　　D. FileShare

4. 下列关于 StreamReader 类的 Read()方法与 ReadLine()方法的描述中正确的是(　　)。

　　A. 二者都可以用来读取流中数据

　　B. Read 方法是用来读取一个字符，并将位置下移一位

　　C. ReadLine 方法从当前流中读取一行字符并将数据作为字符串返回

　　D. ReadLine 方法以回车符作为一行的结束

5. C#对文件流的操作中不包括(　　)。

　　A. 写入　　　　　　B. 查询　　　　　　C. 删除　　　　　　D. 替换

三、上机题

1. 创建并调试本章所有的实例。

2. 为了帮助用户了解电脑中每个驱动器的使用情况，设计一个程序将本地计算机的驱动器详细信息输出到页面中。程序运行效果如图 12-6 所示。

读取驱动器信息

驱动器名称	总空间	剩余空间
C:\	237.769672393799G	88.6966552734375G
D:\	488.280269622803G	359.672546386719G
E:\	26.4052696228027G	12.6312522888184G
G:\	285.454151153564G	261.271831512451G
Z:\	26.4052696228027G	12.6312522888184G

图 12-6　题 2 运行效果

3. 扩展本章例 12-3 程序的功能。当单击列表中显示的文件夹名称，可以在另一个列表中查看到该文件夹所包括的文件或子文件夹。程序运行效果如图 12-7 所示。

4. 在服务器指定文件夹中读取文件。当用户选择文件名称后，单击"读取文件"按钮，程序会在将文件中的内容显示在 TextBox 中。程序运行效果如图 12-8 所示。

图 12-7　题 3 运行效果

图 12-8　题 4 运行效果

5. 使用 File 和 FileInfo 类完成对文件的打开、新建、重命名、查看文件属性、删除、复制和移动的操作。程序运行效果如图 12-9 所示。

6. 利用 FileInfo 和 StreamWriter 对象实现动态创建文件并输入文件内容的功能。当用户在文本框中输入要创建的文件名称和类型，然后在下面的内容文本框中输入文本内容，单击"确定"按钮，如果创建和写入文件成功，程序会显示提示信息。程序运行效果如图 12-10 所示。

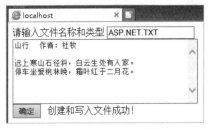

图 12-9 题 5 运行效果　　　　图 12-10 题 6 运行效果

第13章
Web开发应用——办公自动化系统

如今企业管理的重点已经转移到对信息的系统管理上，信息交互性很大程度上决定了办公的效率。而现代意义上的办公是通过企业内部人与人、人与部门、部门与部门之间信息的传递和交换来实现的。所以，控制管理信息是实现办公自动化的重要手段，办公自动化能够帮助企业对各种信息进行科学合理的控制，从而从整体上提高企业办公效率。本章通过对一个办公自动化系统的开发来演示如何综合使用各种技术开发 Web 网站。

☑ **本章重点**

- 办公自动化系统的分析与设计
- 系统数据库的设计
- 系统首页的设计
- 系统管理模块的设计
- 个人办公模块的设计
- 公共模块的设计
- 人事管理模块的设计

13.1 系统分析与设计

本系统的设计目的是帮助企业快速地建立内部通信发布平台，实现工作管理与文件管理的自动化，建立一个高效和安全的办公管理环境。

13.1.1 系统需求分析

根据中小型企业的实际需要，本系统实现的办公需求如下。

(1) 建立企业内部的信息交流平台，员工之间可以通过短信进行信息的发送和接收。同时，可以查看短信的收发记录。

(2) 企业办公人员可以通过系统对工作日程进行合理的安排和查看。

(3) 企业办公人员可以在线修改登录密码。

(4) 企业办公人员可以进行文件的上传和下载，方便员工之间的信息共享。

(5) 企业办公人员可以浏览当天和历史的公告内容。

(6) 系统管理员对员工的工作时间进行管理，设置上下班时间。

(7) 为了系统安全，管理员具有为本系统的用户设置角色和使用权限的权利。

(8) 管理员负责对系统公告的管理，发布每日的公告信息，在首页面滚动显示。

(9) 管理员负责对企业部门设置进行管理，可以添加和删除部门的信息。

(10) 人事部门可以根据企业需要安排员工进行培训，并将员工的培训信息记录存档。

(11) 人事部门可以对员工的工作情况进行考核，确定员工的工作能力。

(12) 企业各部门可以根据部门的人员现状，向人事部门提出招聘申请，报人事部审批。

13.1.2　系统模块设计

根据上述需求分析，首先把这系统分成数据库管理模块、系统管理模块、个人办公模块、公共模块和人事管理模块等。各模块所包含的文件及其功能如表 13-1 所示。

表 13-1　办公自动化系统各模块一览表

模 块 名	文 件 名	功 能 描 述
数据库管理模块	App_Code/DataBase.dbml	数据库访问 Linq 文件
	App_Code/AssessManager.cs	考核类业务逻辑代码文件
	App_Code/CalendarManager.cs	日程类业务逻辑代码文件
	App_Code/DepartmentManager.cs	部门类业务逻辑代码文件
	App_Code/FileManager.cs	文件类业务逻辑代码文件
	App_Code/MessagerManager.cs	短信类业务逻辑代码文件
	App_Code/OnlineManager.cs	在线用户类业务逻辑代码文件
	App_Code/StationManager.cs	招聘类业务逻辑代码文件
	App_Code/TrainingManager.cs	培训类业务逻辑代码文件
	App_Code/UserManager.cs	用户类逻辑代码文件
	App_Code/WorkingHoursManager.cs	考勤时间类逻辑代码文件
系统管理模块	System/Bulletin.aspx	添加公告的界面设计文件
	System/Bulletin.aspx.cs	实现添加公告界面的代码文件
	System/Department.aspx	部门管理的界面设计文件
	System/Department.aspx.cs	实现部门管理界面的代码文件
	System/Role.aspx	角色管理的界面设计文件
	System/Role.aspx.cs	实现角色管理界面的代码文件
	System/WorkTime.aspx	设置考勤时间的界面设计文件
	System/WorkTime.aspx.cs	实现设置考勤时间界面的代码文件
个人办公模块	UserCenter/Canlendar.aspx	添加日程的界面设计文件
	UserCenter/Canlendar.aspx.cs	实现添加日程界面的代码文件
	UserCenter/CanlendarList.aspx	显示日程列表的界面设计文件
	UserCenter/CanlendarList.aspx.cs	实现显示日程列表界面代码文件

模 块 名	文 件 名	功 能 描 述
个人办公模块	UserCenter/MessageHistory.aspx	短信接收列表的界面设计文件
	UserCenter/MessageHistory.aspx.cs	实现短信接收列表界面的代码文件
	UserCenter/MessageList.aspx	显示短信列表的界面设计文件
	UserCenter/MessageList.aspx.cs	实现显示短信列表界面的代码文件
	UserCenter/MessageSend.aspx	发送短信的界面设计文件
	UserCenter/MessageSend.aspx.cs	实现发送短信界面的代码文件
	UserCenter/MessageSendHistory.aspx	发送短信类别的界面设计文件
	UserCenter/MessageSendHistory.aspx.cs	实现发送短信列表界面的代码文件
	UserCenter/PasswordEdit.aspx	密码修改的界面设计文件
	UserCenter/PasswordEdit.aspx.cs	实现密码修改界面的代码文件
公共模块	Commonality/Bulletin.aspx	查看公告的界面设计文件
	Commonality/Bulletin.aspx.cs	实现查看公告界面的代码文件
	Commonality/FileList.aspx	文件下载的界面设计文件
	Commonality/FileList.aspx.cs	实现文件下载界面的代码文件
	Commonality/FileSearch.aspx	查询文件的界面设计文件
	Commonality/FileSearch.aspx.cs	实现查询文件界面的代码文件
	Commonality/FileUpload.aspx	上传文件的界面设计文件
	Commonality/FileUpload.aspx.cs	实现上传文件界面的代码文件
	Commonality/UserOnline.aspx	在线用户的界面设计文件
	Commonality/UserOnline.aspx.cs	实现在线用户界面的代码文件
人事管理模块	Personnel/Assess.aspx	添加工作绩效的界面设计文件
	Personnel/Assess.aspx.cs	实现添加工作绩效界面的代码文件
	Personnel/AssessList.aspx	显示绩效列表的界面设计文件
	Personnel/AssessList.aspx.cs	实现显示绩效列表界面的代码文件
	Personnel/StastionApply.aspx	申请招聘的界面设计文件
	Personnel/StastionApply.aspx.cs	实现申请招聘界面的代码文件
	Personnel/StastionApplyList.aspx	招聘申请列表的界面设计文件
	Personnel/StastionApplyList.aspx.cs	实现招聘申请列表界面的代码文件
	Personnel/Training.aspx	添加培训信息的界面设计文件
	Personnel/Training.aspx.cs	实现添加培训信息界面的代码文件
	Personnel/TrainingList.aspx	培训信息列表的界面设计文件
	Personnel/TrainingList.aspx.cs	实现培训信息列表界面的代码文件

13.1.3　系统运行示例

运行本系统后，出现登录页面，如图 13-1 所示。在登录页面中输入用户名和密码，单击"登录"按钮，进入首页，如图 13-2 所示。

图 13-1　登录页面

图 13-2　首页

在首页选择"个人办公"|"短信管理"|"发送短信"命令，进入发送短信页面，如图 13-3 所示。在发送短信页面，填写接收人、主题和正文，然后单击"发送"按钮，即可完成发送短信的操作。

在首页选择"个人办公"|"日程管理"|"添加日程"命令，进入添加日程页面，如图 13-4 所示。在添加页面填写主题和内容，选择日程安排的日期，单击"确定"按钮，完成添加日程安排的操作。

图 13-3　发送短信页面

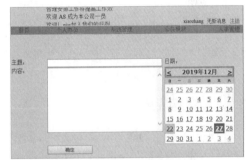

图 13-4　添加日程页面

在首页选择"文件共享"|"文件资源"|"文件下载"命令，进入文件下载页面，如图 13-5 所示。在文件下载页面中，单击相应文件的"下载文件"链接，弹出"文件下载"对话框，如图 13-6 所示。单击"保存"，打开"另存为"对话框，如图 13-7 所示。输入文件名，选择保存类型和保存的路径，单击"保存"按钮，出现"下载完毕"对话框，如图 13-8 所示。下载完毕，单击"关闭"按钮，完成下载文件的操作。

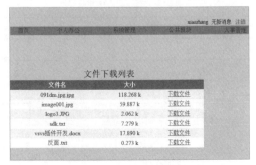

图 13-5　文件下载页面

图 13-6　"文件下载"对话框

图 13-7 "另存为"对话框

图 13-8 "下载完毕"对话框

系统中其他的功能基本类似,这里就不再重复介绍。

13.2 系统数据库设计

根据 13.1 节中的系统需求分析,首先在 SQL Server 2008 中建立一个名为 DataBase 的数据库来存放本系统所必需的数据表,创建 DataBase 的语句如下:

```
CREATE DATABASE [DataBase]    //创建数据库
USE [DataBase]
```

13.2.1 数据库表设计

为满足本系统功能的需要,设计数据库表如下。

(1) 招聘申请表(T_Apply),用来记录企业部门向人事部门提出的招聘信息,该表的字段结构如表 13-2 所示。

表 13-2 T_Apply 表结构

字　　　段	中 文 描 述	数 据 类 型	是 否 为 空	备　　　注
Apl_ID	招聘申请编号	int	否	主键
Dpt_ID	部门编号	int	否	外键
Apl_work	申请职位	nvarchar(20)	否	
Apl_Amount	申请数量	int	否	
Apl_qualification	职位要求	nvarchar(200)	否	
Apl_Status	完成状态	bit	否	
Apl_Note	备注	nvarchar(100)	是	

创建 T_Apply 表的语句如下:

```
CREATE TABLE [dbo].[T_Apply](
    [Apl_ID] [int] IDENTITY(1,1) NOT NULL PRIMARY KEY, //设置主键
```

```
    [Dpt_ID] [int] NOT NULL,
    [Apl_work] [nvarchar](20) NOT NULL,
    [Apl_Amount] [int] NOT NULL,
    [Apl_qualification] [nvarchar](200) NOT NULL,
    [Apl_Status] [bit] NOT NULL,
    [Apl_Note] [nvarchar](100) NULL,
    FOREIGN KEY([Dpt_ID])    REFERENCES [dbo].[T_Department] ([Dpt_ID])
    //设置外键
)
```

(2) 考核表(T_Assess)，用来记录对员工工作考核的信息，该表的字段结构如表 13-3 所示。

表 13-3　T_Assess 表结构

字　　段	中 文 描 述	数 据 类 型	是 否 为 空	备　　注
Ass_ID	考核编号	int	否	主键
EmployeeName	员工姓名	nvarchar(20)	否	
Ass_Data	考核内容	nvarchar(50)	否	
Ass_Date	考核日期	datetime	否	

创建 T_Assess 表的语句如下：

```
CREATE TABLE [dbo].[T_Assess](
    [Ass_ID] [int] IDENTITY(1,1) NOT NULL PRIMARY KEY, //设置主键
    [EmployeeName] [nvarchar](20) NOT NULL,
    [Ass_Data] [nvarchar](50) NOT NULL,
    [Ass_Date] [datetime] NOT NULL
)
```

(3) 公告信息表(T_Bulletin)，用来记录全部公告的信息，该表的字段结构如表 13-4 所示。

表 13-4　T_Bulletin 表结构

字　　段	中 文 描 述	数 据 类 型	是 否 为 空	备　　注
B_ID	公告编号	int	否	主键
B_Content	公告内容	nvarchar(100)	否	
B_Time	公告时间	datetime	否	

创建 T_Bulletin 表的语句如下：

```
CREATE TABLE [dbo].[T_Bulletin](
    [B_ID] [int] IDENTITY(1,1) NOT NULL PRIMARY KEY,   //设置主键
    [B_Content] [nvarchar](100) NOT NULL,
    [B_Time] [datetime] NOT NULL
)
```

(4) 日程表(T_Calendar)，用于记录员工安排的日程信息，该表的字段结构如表 13-5 所示。

表 13-5　T_Calendar 表结构

字　　段	中 文 描 述	数 据 类 型	是 否 为 空	备　　注
Cld_ID	日程编号	numeric(18,0)	否	主键
EmployeeName	员工姓名	nvarchar(20)	否	
Cld_Title	日程标题	nvarchar(20)	否	
Cld_Content	日程内容	nvarchar(100)	否	
Cld_Date	日程时间	datetime	否	

创建 T_Calendar 表的语句如下：

```
CREATE TABLE [dbo].[T_Calendar](
    [Cld_ID] [numeric](18, 0) IDENTITY(1,1) NOT NULL PRIMARY KEY,
    //设置主键
    [EmployeeName] [nvarchar](20) NOT NULL,
    [Cld_Title] [nvarchar](20) NOT NULL,
    [Cld_Content] [nvarchar](100) NOT NULL,
    [Cld_Date] [datetime] NOT NULL
)
```

(5) 部门表(T_Department)，用于记录企业各部门的信息，该表的字段结构如表 13-6 所示。

表 13-6　T_Department 表结构

字　　段	中 文 描 述	数 据 类 型	是 否 为 空	备　　注
Dpt_ID	部门编号	int	否	主键
Dpt_Name	部门名称	nvarchar(20)	否	

创建 T_Department 表的语句如下：

```
CREATE TABLE [dbo].[T_Department](
    [Dpt_ID] [int] IDENTITY(1,1) NOT NULL PRIMARY KEY,  //设置主键
    [Dpt_Name] [nvarchar](20) NOT NULL
)
```

(6) 短信表(T_Message)，用于存放员工收发信息的记录，该表的字段结构如表 13-7 所示。

表 13-7　T_Message 表结构

字　　段	中 文 描 述	数 据 类 型	是 否 为 空	备　　注
Msg_ID	短信编号	int	否	主键
Msg_Receive	收信人	nvarchar(20)	否	
Msg_Content	短信内容	nvarchar(100)	否	

（续表）

字　段	中 文 描 述	数 据 类 型	是 否 为 空	备　注
Msg_Status	是否阅读	bit	是	
Msg_Send	发信人	nvarchar(20)	否	
Msg_Title	信息标题	nvarchar(20)	否	

创建 T_Message 表的语句如下：

```
CREATE TABLE [dbo].[T_Message](
    [Msg_ID] [int] IDENTITY(1,1) NOT NULL PRIMARY KEY,    //设置主键
    [Msg_Receive] [nvarchar](20) NOT NULL,
    [Msg_Send] [nvarchar](20) NOT NULL,
    [Msg_Title] [nvarchar](20) NOT NULL,
    [Msg_Content] [nvarchar](100) NOT NULL,
    [Msg_Status] [bit] NULL
)
```

（7）培训表(T_Training)，用于记录企业内部培训的信息，该表的字段结构如表 13-8 所示。

表 13-8　T_Training 表结构

字　段	中 文 描 述	数 据 类 型	是 否 为 空	备　注
Trn_ID	培训编号	int	否	主键
Trn_Title	培训标题	nvarchar(20)	否	
Trn_Text	培训内容	nvarchar(200)	否	
Trn_Date	培训日期	datetime	否	
Trn_People	培训员工	nvarchar(100)	否	
Trn_Note	培训备注	nvarchar(100)	是	

创建 T_Training 表的语句如下：

```
CREATE TABLE [dbo].[T_Training](
    [Trn_ID] [int] IDENTITY(1,1) NOT NULL PRIMARY KEY,    //设置主键
    [Trn_Title] [nvarchar](20) NOT NULL,
    [Trn_Text] [nvarchar](200) NOT NULL,
    [Trn_Date] [datetime] NOT NULL,
    [Trn_People] [nvarchar](100) NOT NULL,
    [Trn_Note] [nvarchar](100) NULL
)
```

（8）考勤时间表(T_WorkHourst)，用于记录规定的上下班时间信息，该表的字段结构如表 13-9 所示。

表 13-9　T_WorkHourst 表结构

字　　　段	中 文 描 述	数 据 类 型	是 否 为 空	备　　　注
WH_ID	设置编号	int	否	主键
WH_StartTime	开始的时间	datetime	否	
WH_EndTime	结束的时间	datetime	否	
WH_Text	备注	nvarchar(50)	是	

创建 T_WorkHourst 表的语句如下：

```
CREATE TABLE [dbo].[T_WorkHourst](
    [WH_ID] [int] IDENTITY(1,1) NOT NULL PRIMARY KEY,   //设置主键
    [WH_StartTime] [datetime] NOT NULL,
    [WH_EndTime] [datetime] NOT NULL,
    [WH_Text] [nvarchar](50) NULL
)
```

13.2.2　数据库表关系

在本系统数据库中，有两张数据表之间存在一些关联关系：T_Apply 表通过外键 Dpt_ID 与 T_Department 表的主键 Dpt_ID 形成关联。各个表之间的关系如图 13-9 所示。

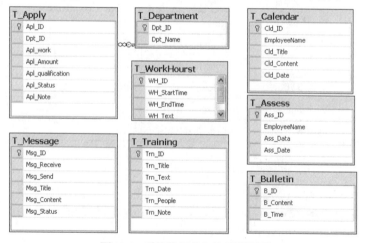

图 13-9　系统数据库表关系设计图

13.3　系数据库管理模块——使用 LINQ 查询技术

本系统的数据库访问是使用 LINQ 查询技术来实现的。本章重点介绍此技术在项目中的使用。

13.3.1　使用 LINQ 访问数据库

LINQ 可以查询 XML(LINQ to XML)、Databases(LINQ to SQL、LINQ to Dataset、LINQ to

Entities)和对象(LINQ to Objects)。同时，LINQ 也允许用户建立自定义的 LINQ 数据提供者(比如 LINQ to Amazon、LINQ to NHibernate、LINQ to LDAP)等。在 ASP.NET 4.0 中，开发人员不仅可以像以前一样使用 ADO.NET 对数据库进行操作，还可以使用 LINQ 实现对象关系映射 (Object Relation Mapping，ORM)：数据库中的数据表、字段属性、数据表之间的关系以及存储过程都会被映射到类中，程序员只需像平时调用对象的方法一样，就可以实现对数据库的各种操作。下面就来学习如何在项目中使用 LINQ 技术。

1. 添加数据库连接

在项目中添加一个与 DataBase 数据库的连接，方便以后以拖动的方式实现实体类，而不需要写任何代码。在 Visual Studio 2019 工作界面下，单击"视图"按钮，然后在下拉菜单中选择"服务器资源管理器"，弹出"服务器资源管理器"窗口，如图 13-10 所示。

右击"数据连接"节点，在弹出的快捷菜单中选择"添加连接"命令，弹出"添加连接"对话框，如图 13-11 所示。

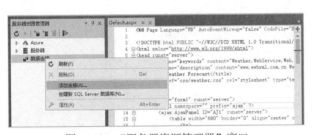

图 13-10　"服务器资源管理器"窗口　　　　图 13-11　"添加连接"对话框

在"添加连接"对话框中设置数据源和数据库文件，此处选择 DataBase 数据库，单击"确定"按钮。在"服务器资源管理器"中就添加了一个 DataBase 的数据库连接，如图 13-12 所示。

2. 在项目中添加数据库映射类

右击网站根目录，在弹出的快捷菜单中选择"添加新项"命令，打开"添加新项"对话框，如图 13-13 所示。

图 13-12　添加数据库连接　　　　　　　图 13-13　"添加新项"对话框

在模板列表中选择"LINQ to SQL 类"模板，同时将名称修改为 DataBase.dbml，然后单击"添加"按钮，网站目录下的 App_Code 文件夹中会自动生成一个 DataBase.dbml 文件，如图 13-14 所示。

图 13-14　生成 DataBase.dbml 文件

双击 DataBase.dbml 文件，出现 LINQ to SQL 类的设计界面。把 DataBase 数据库中的 8 张表全部拖到设计界面中，最后效果如图 13-15 所示。

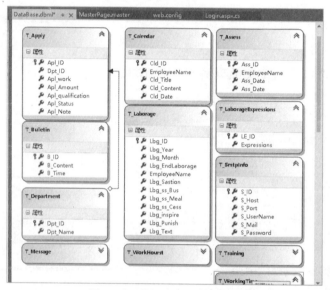

图 13-15　数据库实体映射关系

DataBase.dbml 文件封装了通用的访问数据库的代码，在所有的项目中都可以使用，一般不需要修改，只要调用文件中的数据库上下文类 DataBaseDataContext 的对象就可以访问数据库。打开 DataBase.dbml 下的 DataBase.designer.cs 文件，可以看到所有的映射实体类，对应每一个表中的字段，如代码 13-1 所示。

代码 13-1　数据库映射实体类部分代码

1. [Table(Name="dbo.T_Department")]
2. public partial class T_Department : INotifyPropertyChanging, INotifyPropertyChanged{
3. 　　 private static PropertyChangingEventArgs
　　　　 emptyChangingEventArgs = new PropertyChangingEventArgs (String.Empty);
4. 　　 private int _Dpt_ID;
5. 　　 private string _Dpt_Name;

```
6.      private EntitySet<T_Apply> _T_Apply;
7.   public T_Department(){
8.         this._T_Apply = new EntitySet<T_Apply>(new
               Action<T_Apply>(this.attach_T_Apply), new
               Action<T_Apply>(this.detach_T_Apply));
9.       OnCreated();
10.  }
11.  [Column(Storage="_Dpt_ID", AutoSync=AutoSync.OnInsert,
         DbType="Int NOT NULL IDENTITY", IsPrimaryKey=true, IsDbGenerated=true)]
12.  public int Dpt_ID{
13.    get{return this._Dpt_ID;}
14.    set{
15.    if ((this._Dpt_ID != value)){
16.      this.OnDpt_IDChanging(value);
           this.SendPropertyChanging();
17.      this._Dpt_ID = value;
18.      this.SendPropertyChanged("Dpt_ID");
19.      this.OnDpt_IDChanged();
20.      }
21.    }
22.  }
23.  [Association(Name="T_Department_T_Apply", Storage="_T_Apply",
             OtherKey="Dpt_ID")]
24.   public EntitySet<T_Apply> T_Apply{
25.        get{return this._T_Apply;}
26.        set{this._T_Apply.Assign(value);}
27.   }
28. }
```

　　代码说明： 以上代码是系统自动生成的。第 1 行表示在映射类中数据表使用 **Table** 属性定义。第 11 行表示表字段使用 **Column** 属性定义。第 23 行表示两个表之间的关系使用 **Association** 属性定义。

13.3.2　实体类访问数据库

　　本系统所有实现实体类对数据库访问的代码文件都位于网站根目录下的 **App_Code** 文件夹中。与实体类相对应共有 11 个文件，具体请参考 "13.1.2 系统模块设计" 一节中的表 13-1 "办公自动化系统各模块一览表"。由于篇幅有限，本章只以 DepartmentManager.cs 和 MessagerManager.cs 为例介绍。

　　DepartmentManager.cs 文件实现实体类 **T_Department**(部门信息类)对数据库的添加和删除功能。文件的主要内容如代码 13-2 所示。

代码 13-2　添加和删除部门的代码

```
1. public bool AddDepartment(string deptname){
2.          DataBaseDataContext db = new DataBaseDataContext();
3.          T_Department T_dt = new T_Department { Dpt_Name = deptname };
4.          db.T_Department.InsertOnSubmit(T_dt);
5.          db.SubmitChanges();
6.          return true;
7. }
8. public bool DeleteDepartment(int deptId){
9.       DataBaseDataContext db = new DataBaseDataContext();          //创建上下文对象
10.       try{
11.          T_Department T_dt = db.T_Department.First(d => d.Dpt_ID == deptId);
12.          db.T_Department.DeleteOnSubmit(T_dt);
13.          db.SubmitChanges();
14.          return true;
15.       }
16.       catch (Exception ex){
17.          return false;
18.       }
19.   }
```

代码说明: 第 1 行定义添加部门的方法 AddDepartment()。第 2 行创建 LINQ 数据连接上下文 DataBaseDataContext 的对象 db。第 3 行创建 T_Department 实体类对象 T_dt,并将参数 deptname 作为添加部门名称。第 4 行表示 LINQ 数据连接上下文 DataBaseDataContext 内部包含了所有数据实体,以及提交数据实体的方法。在添加数据时,使用 InsertOnSubmit 将新的数据添加到实体中。第 5 行使用 SubmitChanges()方法使数据发生改变。如果不执行这一方法,数据库内数据不会发生变化。第 8 行定义删除部门的 DeleteDepartment()方法。第 11 行查询符合指定条件的部门。第 12 行使用上下文对象 db 的 T_Department.DeleteOnSubmit()方法删除该部门。第 13 行使用上下文对象 db 的 SubmitChanges()方法提交更改数据。

MessagerManager.cs 文件实现实体类 T_Message(短信息类)对数据库的查询和修改功能。文件的主要内容如代码 13-3 所示。

代码 13-3　修改和查询短信息的代码

```
1. public void UpdateSign(int messageId){
2.          DataBaseDataContext db = new DataBaseDataContext();
3.          try{
4.              T_Message T_m = db.T_Message.First(m => m.Msg_ID == messageId);
5.              T_m.Msg_Status = true;
6.              db.SubmitChanges();
7.          }
8.          catch (System.InvalidOperationException){
9.          }
```

```
10. }
11. public static bool GetMessage(string username){
12.        DataBaseDataContext db = new DataBaseDataContext();        //创建上下文对象
13.        try{
14.            T_Message T_m = db.T_Message.First(m => m.Msg_Status == false
                && m.Msg_Receive == username);
15.            return true;
16.        }
17.        catch (System.InvalidOperationException) {
18.            return false;
19.        }
20.    }
```

代码说明： 第 1 行定义了修改短信息的方法 UpdateSign()。第 2 行创建 LINQ 数据上下文对象。第 4 行查询获取符合指定条件的信息。第 5 行修改是否已阅读的状态。第 6 行调用上下文对象的 SubmitChanges()方法修改数据库的数据。第 11 行定义获得短信息的 GetMessage()方法。第 14 行查询获得符合指定条件的信息。

13.4　系统首页的设计

本系统的首页设计使用了母版页技术，优点是可以对网站的页面进行统一管理和维护。

13.4.1　母版页

1. 母版页的界面设计

实现母版页是网站根目录下的 MasterPage.master 文件，它负责页面的布局。整个页面分成了上下两个部分。上面部分主要由一个滚动的公告栏和导航菜单条组成；下面部分是内容页面放置的位置。在 MasterPage.master 中使用的主要控件及其功能描述如表 13-10 所示。

表 13-10　MasterPage.master 中主要控件及其功能描述

控件 ID	控 件 类 型	功 能 描 述
DataList1	DataList	显示公告栏内容的列表
LinqDataSource1	LinqDataSource	绑定数据到 DataList1 的 LINQ 数据源
HyperLink1	HyperLink	显示消息字样的链接
Menu1	Menu	导航的菜单条
XmlDataSource1	XmlDataSource	绑定数据到导航菜单的 XML 数据源
ContentPlaceHolder1	ContentPlaceHolder	显示内容页面

母版页的关键内容参见代码 13-4、代码 13-5 和代码 13-7。

代码 13-4　母版页部分 HTML 代码 1

```
1. <asp:DataList ID="DataList1" runat="server" DataSourceID="LinqDataSource1">
2.    <ItemTemplate>
3.    <table><tr><td>
4.    <%# DataBinder.Eval(Container.DataItem, "B_Content")%>
5.    </td></tr></table>
6.    </ItemTemplate>
7. </asp:DataList>
8. <asp:LinqDataSource ID="LinqDataSource1" runat="server"
       ContextTypeName="DataBaseDataContext" TableName="T_Bulletin"
       EnableDelete="True" EnableInsert="True" EnableUpdate="True">
9. </asp:LinqDataSource></td>
```

代码说明： 第 1 行使用了一个<asp:DataList>服务器列表控件显示公共的内容。其中，DataSourceID 属性设置数据源为 LinqDataSource 数据源控件。第 4 行使用数据绑定表达式将公告信息表字段 B_Content 的值绑定到表格中。第 8 行使用<asp:LinqDataSource>数据源控件支持 DataList 控件的增加、删除、修改操作。其中，属性 ContextTypeName 设置包含表属性的上下文类型，通常属性值都设置为 DataBaseDataContext。属性 TableName 设置数据上下文中表属性的名称，这里使用的表是 T_Bulletin 公告信息表。

在程序中创建 LinqDataSource 控件的方法如下。

(1) 拖放一个 DataList 控件到窗体的设计界面，在"DataList 任务"列表中单击"选择数据源"下拉列表，选择"新建数据源"，如图 13-16 所示。

(2) 单击"新建数据源"后，弹出"数据源配置向导"对话框，如图 13-17 所示。

(3) 选择 LINQ 数据源，将生成的 LinqDataSource 控件的 ID 命名为 LinqDataSource1，单击"确定"按钮，弹出"配置数据源"—"选择上下文对象"对话框，如图 13-18 所示。

(4) 前面创建了数据库实体映射类，会自动生成一个上下文对象 DataBaseDataContext，通常在一个项目中只有一个数据库上下文对象。选择这一对象，单击"下一步"按钮，打开"配置数据选择"—"配置数据选择"对话框，如图 13-19 所示。

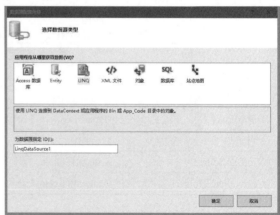

图 13-16　选择"新建数据源"　　　　　　　图 13-17　"数据源配置向导"对话框

图 13-18　"选择上下文对象"对话框

图 13-19　"配置数据选择"对话框

(5) 单击"高级"按钮，打开"高级选项"对话框，如图 13-20 所示。

(6) 选中所有的复选框，然后单击"确定"按钮，回到"配置数据选择"对话框，单击"完成"按钮，结束数据源的配置。

完成配置后，自动生成一个名为 LinqDataSource1 的数据源配置控件，它支持添加、删除和修改操作。

图 13-20　"高级选项"对话框

2. 母版页中菜单控件的实现

母版页中菜单控件的实现依赖于 XML 文件，绑定代码如代码 13-5 所示。

代码 13-5　母版页部分 HTML 代码 2

```
1. <tr><td colspan="2">
2.    <asp:Menu ID="Menu1" runat="server" BackColor="#3399FF"
         DataSourceID="XmlDataSource1" DynamicHorizontalOffset="2"
         Font-Names="Verdana" ForeColor="#990000" Height="16px"
         Orientation="Horizontal" StaticSubMenuIndent="10px" Width="707px"
         StaticDisplayLevels="2"
         StaticEnableDefaultPopOutImage="False">
3.    <DataBindings>
4.    ……代码从略
5.    </DataBindings>
6.    ……代码从略
7.    </asp:Menu>
8. <asp:XmlDataSource ID="XmlDataSource1" runat="server" DataFile="~/Menu.xml"></asp:XmlDataSource>
9. </td></tr>
```

代码说明： 第 2 行使用一个<asp:Menu>导航菜单服务器控件来设计菜单条。第 8 行使用 <asp:XmlDataSource>XML 数据源控件将 Menu 控件绑定到 XML 文档上。具体实现步骤如下。

(1) 右击网站根目录，在弹出的快捷菜单中选择"添加新项"命令，打开"添加新项"对话框，如图 13-21 所示。

(2) 在模板列表中选中"XML 文件"模板，同时将名称修改为 Menu.xml，然后单击"添加"按钮，在网站根目录下会自动生成一个 Menu.xml 文件，如图 13-22 所示。

图 13-21　"添加新项"对话框　　　　　　　　　　　图 13-22　生成 XML 文件

Menu.xml 文件的主要内容如代码 13-6 所示。

代码 13-6　Menu.xml 文件部分 HTML 代码

```
1. <siteMapNodes url="Default.aspx" title="菜单" description="办公自动化系统">
2.   <siteMapNode url="" title="人事管理" description="">
3.     <siteMapNode url="" title="培训管理" description="" >
4.       <siteMapNode url="Personnel/Training.aspx" title="培训登记" description="" />
5.       <siteMapNode url="Personnel/TrainingList.aspx" title="浏览培训记录" description="" />
6.     </siteMapNode>
7.     <siteMapNode url="" title="招聘管理" description="" >
8.       <siteMapNode url="Personnel/StastionApply.aspx" title="招聘申报" description="" />
9.       <siteMapNode url="Personnel/StastionApplyList.aspx" title="申报处理" description="" />
10.    </siteMapNode>
11. </siteMapNodes>
```

代码说明： 设置菜单项、子菜单节点和需要导航到的页面地址。

(3) 拖放一个 Menu 控件到窗体的设计界面，在"Menu 任务"列表中单击"选择数据源"下拉列表，选择"新建数据源"，弹出"数据源配置向导"对话框，如图 13-23 所示。

(4) 选择"XML 文件"，将生成的 XmlDataSource 控件的 ID 命名为 XmlDataSource1，单击"确定"按钮，弹出"配置数据源"对话框，单击数据文件"浏览"按钮，打开"选择 XML 文件"对话框，如图 13-24 所示。

图 13-23　"数据源配置向导"对话框　　　　　　　图 13-24　"选择 XML 文件"对话框

(5) 选择创建的 Menu.xml 文件，单击"确定"按钮后，自动生成一个名为 XmlDataSource1 的数据源配置控件。为了把 Menu 控件绑定到 Menu.xml 文件上，可以使用 XmlDataSource 控件的属性指定到所用的 XML 文件位置。

3. 首页中的内容页面

当母版页设计完毕后，就要利用母版页来构成一个完整的系统首页，这个首页也就是本系统最为重要的内容页。

代码 13-7　母版页部分 HTML 代码 3

```
1. <tr style="height:400px; vertical-align:middle;" valign="middle" >
2. <td colspan="2" valign="middle" style="vertical-align:middle; text-align:center;" >
3. <div style="text-align: center; vertical-align:middle; width:350px;">
4. <asp:ContentPlaceHolder ID="ContentPlaceHolder1" runat="server">
5. </asp:ContentPlaceHolder>
6. </div>
7. </td>
8. </tr>
```

代码说明：第 4 行使用<asp:ContentPlaceHolder>控件设定内容页面在母版页中放置的位置。整个母版页设计后的界面如图 13-25 所示。

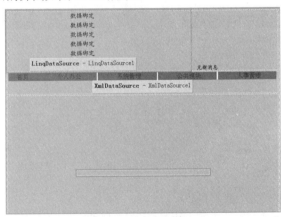

图 13-25　母版页设计界面

本系统设计首页的界面文件是 Default.aspx，该文件的主要内容如代码 13-8 所示。

代码 13-8　首页界面部分 HTML 代码

```
1. <table style="width: 430px; text-align:left;"><tr><td>
2. 您好：<asp:LoginName ID="LoginName1" runat="server" /></td></tr>
3. <tr><td>今天日期：<asp:Label ID="lb_date" runat="server" Text="Label" ></asp:Label></td></tr>
4. <tr><td>上班时间：<asp:Label ID="lb_workTime" runat="server"></asp:Label></td></tr>
5. <tr><td></td></tr>
6. </table>
```

代码说明：在首页的界面显示欢迎用户的字样、今天的日期和上班的时间。

整个首页设计完成的界面如图 13-26 所示。

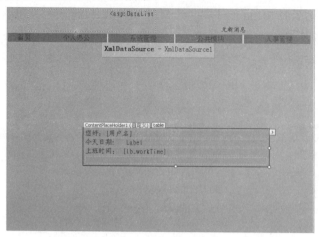

图 13-26　首页设计界面

13.4.2　实现首页的代码

本系统的母版页和首页的后台代码都比较简单。母版页的后台文件 MasterPage.master.cs 的主要内容如代码 13-9 所示。

```
代码 13-9　母版页的后台代码
1. protected void Page_Load(object sender, EventArgs e){
2.    if(!Page.IsPostBack){ //如果不是回传
3.        if(MessagerManager.GetMessage(HttpContext.Current.User.Identity.Name)){
4.            HyperLink1.Text = "有新消息";
5.            HyperLink1.NavigateUrl = "UserCenter/MessageList.aspx";
6.        }
7.    }
8. }
```

代码说明： 第 1 行处理页面加载事件 Page_Load。第 3 行通过调用 MessagerManager.GetMessage()方法判断登录用户是否有新的消息，如果有消息给出提示信息。

首页的后台代码是在 Default.aspx.cs 文件中，该文件的主要内容如代码 13-10 所示。

```
代码 13-10　首页的后台代码
1. protected void Page_Load(object sender, EventArgs e){
2.    if(!IsPostBack){ //如果不是回传
3.        lb_date.Text = DateTime.Now.Date.ToShortDateString();
4.        lb_workTime.Text = DateTime.Now.TimeOfDay.ToString();
5.    }
6. }
```

代码说明： 第1行处理页面加载事件 Page_Load。上述代码的功能是在首页界面显示当前时间和用户的上班时间。

13.5 系统管理模块

13.5.1 界面设计

系统管理模块为系统管理员提供了部门管理和用户权限管理的功能。该模块所有的文件都位于网站根目录下的 System 文件夹中。

1. 部门管理界面设计

Department.aspx 文件实现的是部门管理的界面。系统管理员可以在该页面进行添加和删除部门操作。Department.aspx 中仅设计了一个用户控件 Department.ascx，它位于网站根目录下的 controls 文件夹中，此文件夹中存放了本系统所有的用户控件。Department.ascx 使用的控件及其功能描述如表 13-11 所示。

表 13-11 Department.ascx 中主要控件及其功能描述

控件 ID	控 件 类 型	功 能 描 述
tb_department7	TextBox	用于输入部门的文本框
DepartmentList1	DepartmentList.ascx	显示部门列表的用户控件
Button2	Button	添加部门的按钮
Button1	Button	删除部门的按钮

Department.ascx 文件的主要内容如代码 13-11 所示。

代码 13-11 Department.ascx 中部分 HTML 代码

```
1. <tr><td> 部门管理</td><td></td></tr>
2. <tr><td>
3. <asp:TextBox ID="tb_department7" runat="server"
        Width="182px"></asp:TextBox></td><td>
4. <asp:Button ID="Button1" runat="server" OnClick="Button1_Click"
        Text="添加" Width="56px" /></td></tr>
5. <tr><td><uc1:DepartmentList id="DepartmentList1" runat="server">
6. </uc1:DepartmentList></td>
7. <td><asp:Button ID="Button2" runat="server" OnClick="Button2_Click"
        Text="删除" Width="56px" /></td> </tr>
```

代码说明： 第 5 行使用<uc1:DepartmentList>添加了一个用户控件 DepartmentList1。该用户控件中使用的控件及其功能描述如表 13-12 所示。

表 13-12 DepartmentList.ascx 中主要控件及其功能描述

控件 ID	控 件 类 型	功 能 描 述
DropDownList1	DropDownList	用于显示部门的下拉列表框
LinqDataSource1	LinqDataSource	实现数据显示的数据源控件

DepartmentList.ascx 文件的主要内容如代码 13-12 所示。

代码 13-12　DepartmentList.ascx 中部分 HTML 代码

1. <asp:DropDownList ID="DropDownList1" runat="server"
　　　DataSourceID="LinqDataSource1"
2. 　DataTextField="Dpt_Name" DataValueField="Dpt_ID" Height="16px"
　　　Width="190px">
3. </asp:DropDownList>
4. <asp:LinqDataSource ID="LinqDataSource1" runat="server"
　　ContextTypeName="DataBaseDataContext" TableName="T_Department">
5. </asp:LinqDataSource>

代码说明：第 1 行使用<asp:DropDownList>下拉列表控件来显示部门，属性 DataSourceID 设置数据源为LinqDataSource1。第 4 行使用<asp:LinqDataSource>LINQ 数据源控件被上面的下拉列表控件所关联。Department.ascx 文件设计的界面如图 13-27 所示。

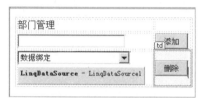

图 13-27　部门管理设计界面

2. 用户权限管理界面设计

Role.aspx 文件实现的是管理员进行用户权限管理的界面。Role.aspx 中仅设计了一个用户控件 RoleEdit.ascx。RoleEdit.ascx 使用的控件及其功能描述如表 13-13 所示。

表 13-13　RoleEdit.ascx 中主要控件及其功能描述

控 件 ID	控 件 类 型	功 能 描 述
MultiView1	MultiView	管理 3 个 View 控件
View1	View	第一个选项卡
View2	View	第二个选项卡
View3	View	第三个选项卡
tb_roleName	TextBox	输入角色名称的文本框
tb_username	TextBox	输入用户名称的文本框
Button1	Button	添加按钮
Button2	Button	删除按钮
Button3	Button	添加按钮
Button4	Button	删除按钮
ddl_role	DropDownList	显示角色的下拉列表
ddl_role2	DropDownList	显示角色的下拉列表
CreateUserWizard1	CreateUserWizard	创建用户向导控件
GridView1	GridView	显示用户的列表
ObjectDataSource1	ObjectDataSource	实现用户列表数据的数据源控件
ListBox1	ListBox	显示角色的列表
ListBox2	ListBox	显示用户的列表

RoleEdit.ascx 文件的主要内容如代码 13-13 所示。

代码 13-13　RoleEdit.ascx 中部分 HTML 代码

```
1. <tr><td>
2. <asp:ObjectDataSource ID="ObjectDataSource1" runat="server"
       DeleteMethod="DeleteUser" SelectMethod="GetAllUsers"
       TypeName="UserManager">
3. <DeleteParameters>
4. <asp:Parameter Name="UserName" Type="String" />
5. </DeleteParameters>
6. </asp:ObjectDataSource></td></tr>
7. <tr><td style="width: 175px">
8. <asp:ListBox ID="ListBox1" runat="server" AutoPostBack="True"
       OnSelectedIndexChanged="ListBox1_SelectedIndexChanged"
       Width="152px"></asp:ListBox> </td>
9. <td><asp:ListBox ID="ListBox2" runat="server"
       Width="187px"></asp:ListBox></td></tr>
```

代码说明： 第 2 行使用<asp:ObjectDataSource>对象数据源控件为 GridView 控件提供数据源。其中，属性 DeleteMethod 设置删除方法的名称为 DeleteUser，属性 SelectMethod 设置查询方法的名称为 GetAllUsers，属性 TypeName 设置操作类的名称为 UserManager。

第 3～5 行使用<DeleteParameters>标签设置参数的名称和数据类型。第 8～9 行设计了两个<asp:ListBox>列表控件，分别显示用户和角色列表。

RoleEdit.ascx 文件的设计界面如图 13-28 所示。

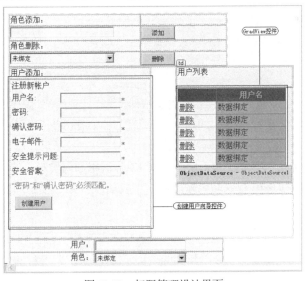

图 13-28　权限管理设计界面

13.5.2　实现业务逻辑代码

本节对应上一节中设计好的部门管理和用户权限管理的界面进行逻辑代码的实现。

1. 实现部门管理界面的代码

实现部门管理界面的代码文件是 Department.ascx.cs，其主要内容如代码 13-14 所示。

代码 13-14　处理添加和删除按钮事件的代码

```
1. protected void Button1_Click(object sender, EventArgs e){
2.      DepartmentManager dm = new DepartmentManager();//创建部门类对象
3.          bool re = dm.AddDepartment(tb_department7.Text);
4.          if (re){
5.              Page.ClientScript.RegisterStartupScript(GetType(), "",
                "<script>alert('执行成功')</script>");
6.          }
7.          else{
8.              Page.ClientScript.RegisterStartupScript(GetType(), "",
                 "<script>alert('执行失败')</script>");
9.          }
10. }
11. protected void Button2_Click(object sender, EventArgs e){
12.      DepartmentManager dm = new DepartmentManager();//创建部门类对象
13.         bool re=dm.DeleteDepartment(DepartmentList1.SelectValue);
14.         if (re){
15.             Page.ClientScript.RegisterStartupScript(GetType(), "",
                "<script>alert('执行成功')</script>");
16.         }
17.         else{
18.              Page.ClientScript.RegisterStartupScript(GetType(), "",
                 "<script>alert('执行失败')</script>");
19.         }
20. }
```

代码说明： 第 1 行处理 Button1 按钮的 Click 事件。第 3 行调用部门类对象的 AddDepartment()方法添加新的部门。第 4～9 行判断添加操作是否成功，如果成功提示执行成功的信息，否则提示执行失败的信息。

第 11 行处理 Button2 按钮的 Click 事件。第 13 行调用部门类对象的 DeleteDepartment()方法删除选定的部门。第 14～19 行判断删除操作是否成功，如果成功提示执行成功的信息，否则提示执行失败的信息。

2. 实现权限管理界面的代码

实现用户权限管理界面的代码是 RoleEdit.ascx.cs 文件，其主要内容如代码 13-15、代码 13-16 和代码 13-17 所示。

代码 13-15　处理页面加载的代码

```
1. private void DataBind2(){
2.          ddl_role.DataSource = Roles.GetAllRoles();
```

```
3.          ddl_role.DataBind();
4. }
5. protected void CreateUserWizard1_ContinueButtonClick(object sender, EventArgs e){
6.          GridView1.DataBind();        //绑定数据到列表控件
7.          CreateUserWizard1.ActiveStepIndex = 0;
8. }
9. protected void Page_Load(object sender, EventArgs e){
10.         if (!Page.IsPostBack){
11.             MultiView1.ActiveViewIndex =
                int.Parse(Request.QueryString["mode"].ToString());
12.             string[] roleArray = Roles.GetAllRoles();//获得所有的角色
13.             ddl_role.DataSource = roleArray;
14.             ddl_role.DataBind(); //绑定数据到下拉列表
15.             ddl_role2.DataSource = roleArray;
16.             ddl_role2.DataBind();
17.             ListBox1.DataSource = roleArray;
18.             ListBox1.DataBind();//绑定所有角色到 ListBox1 列表控件
19.         }
20. }
```

代码说明： 第 1 行定义将数据绑定到 ddl_role 下拉列表控件的方法 DataBind2()。第 2 行通过调用 Roles.GetAllRoles()方法获得所有角色。第 5 行定义处理 CreateUserWizard1 创建用户导航控件的 ContinueButtonClick 事件。第 9 行处理页面加载的事件。第 11 行获得所选的选项卡控件 View 的索引。第 13 行将所有的角色数据绑定到 ddl_role 下拉列表。

代码 13-16　添加和删除角色的代码

```
1. protected void Button1_Click(object sender, EventArgs e){
2.          Roles.CreateRole(tb_roleName.Text);
3.          DataBind2();    //绑定数据
4. }
5. protected void Button2_Click(object sender, EventArgs e){
6.          bool re = false;
7.          try {
8.              re = Roles.DeleteRole(ddl_role.SelectedValue);
9.          }
10.         catch (Exception ex){
11.             Page.ClientScript.RegisterStartupScript(GetType(), "",
                "<script>alert('"+ex.Message+"')</script>");
12.         }
13.         if (re){
14.             DataBind2(); //重新绑定修改过的数据
15.         }
16.         else{
```

```
17.              Page.ClientScript.RegisterStartupScript(GetType(), "",
                    "<script>alert('执行失败')</script>");
18.          }
19.  }
```

代码说明： 第 1 行处理 Button1 按钮的 Click 事件。第 2 行调用 Roles.CreateRole()方法将新的角色添加到数据库。第 5 行处理 Button2 按钮的 Click 事件。第 8 行调用 Roles.DeleteRole()方法将选中的角色删除。第 13～18 行判断如果执行成功，绑定修改过的数据到控件；否则，显示执行失败的提示信息。

代码 13-17　将用户添加到角色的代码

```
1. protected void Button3_Click(object sender, EventArgs e){
2.   if (Roles.IsUserInRole(tb_username.Text, ddl_role2.SelectedValue)){
3.         Page.ClientScript.RegisterStartupScript(GetType(), "",
              "<script>alert('执行失败，不能赋予用户重复的角色')</script>");
4.   }
5.   else{
6.         Roles.AddUserToRole(tb_username.Text, ddl_role2.SelectedValue);
7.   }
8. }
9. protected void Button4_Click(object sender, EventArgs e){
10.   if (tb_username.Text == ""){//判断用户名是否已输入
11.       Page.ClientScript.RegisterStartupScript(GetType(), "",
              "<script>alert('请输入用户名')</script>");
12.       return;
13.   }
14.   if (!Roles.IsUserInRole(tb_username.Text, ddl_role2.SelectedValue)){
15.       Page.ClientScript.RegisterStartupScript(GetType(), "",
              "<script>alert('执行失败')</script>");
16.   }
17.   else{
18.       Roles.RemoveUserFromRole(tb_username.Text,
            ddl_role2.SelectedValue);
19.   }
20. }
```

代码说明： 第 1 行处理 Button3 按钮的 Click 事件。第 2 行使用 Roles.IsUserInRole()方法判断输入的用户是否已经被赋予角色，如果是的话，显示提示信息。否则，第 6 行调用 Roles.AddUserToRole()方法将赋予用户到角色。

第 9 行处理 Button4 按钮的 Click 事件。第 14～19 行判断输入的用户是否已经被赋予了角色，如果还没有，则提示执行失败提示；否则，调用 Roles.RemoveUserFromRole()方法将该用户从角色中删除。

13.6　个人办公模块

个人办公模块为每个办公人员提供相同的操作，该模块所有的文件都位于网站根目录下的 UserCenter 文件夹中。

13.6.1　界面设计

在个人板块模块中有代表性的页面是显示当日日程页面、添加日程页面和短信息列表显示页面。

1. 显示当日日程页面设计

实现显示当日日程页面是 CanlendarList.aspx 文件，在此文件中使用的控件及其功能描述如表 13-14 所示。

表 13-14　CanlendarList.aspx 中主要控件及其功能描述

控件 ID	控件类型	功能描述
HiddenField1	HiddenField	显示用户名的隐藏控件
HiddenField1	HiddenField	显示日期的隐藏控件
GridView1	GridView	显示日程的列表
LinqDataSource1	Label	日程列表的数据源

CanlendarList.aspx 文件的主要内容如代码 13-18 所示。

代码 13-18　CanlendarList.aspx 中部分 HTML 代码

```
1. <asp:LinqDataSource ID="LinqDataSource1" runat="server"
       ContextTypeName="DataBaseDataContext" TableName="T_Calendar"
       Where="EmployeeName == @EmployeeName &amp;&amp; Cld_Date == @Cld_Date">
2.   <WhereParameters>
3.     <asp:ControlParameter ControlID="HiddenField1" Name="EmployeeName"
         PropertyName="Value" Type="String" />
4.     <asp:ControlParameter ControlID="HiddenField2" Name="Cld_Date"
         PropertyName="Value" Type="DateTime" />
5.   </WhereParameters>
6. </asp:LinqDataSource>
7. <asp:HiddenField ID="HiddenField1" runat="server" />
8. <asp:HiddenField ID="HiddenField2" runat="server" />
```

代码说明： 第 1 行使用<asp:LinqDataSource>作为 GridView 控件的数据源，其中 Where 属性设置查询日程表中的用户名和日程日期。第 2~5 行在<WhereParameters>子节点中，使用<asp:ControlParameter>标记设定 HiddenField2 隐藏控件的值作为查询的日程日期。第 7 行和第 8 行使用两个<asp:HiddenField>服务器隐藏控件来获得用户名和日程的日期。

CanlendarList.aspx 设计的界面如图 13-29 所示。

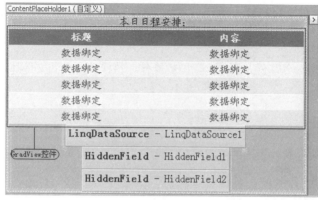

图 13-29　日程列表显示设计界面

2. 添加日程页面设计

Canlendar.aspx 文件设计办公人员添加日程内容的页面，在此文件中使用的控件及其功能描述如表 13-15 所示。

表 13-15　Canlendar.aspx 中主要控件及其功能描述

控 件 ID	控 件 类 型	功 能 描 述
tb_title5	TextBox	输入日程主题的文本框
tb_text6	Button	输入日程内容的文本框
Calendar1	Calendar	用于选择时间的日历控件
Button1	Button	用于提交日程的按钮

Canlendar.aspx 文件的主要内容如代码 13-19 所示。

```
代码 13-19　Canlendar.aspx 中部分 HTML 代码
1. <asp:Calendar ID="Calendar1" runat="server" Width="200px"
      BackColor="White" BorderColor="#999999" CellPadding="4"
      DayNameFormat="Shortest"　Font-Names="Verdana" Font-Size="8pt"
      ForeColor="Black" Height="180px">
2. <SelectedDayStyle BackColor="#666666" Font-Bold="True" ForeColor="White" />
3. <SelectorStyle BackColor="#CCCCCC" />
4. <WeekendDayStyle BackColor="#FFFFCC" />
5. <TodayDayStyle BackColor="#CCCCCC" ForeColor="Black" />
6.  <OtherMonthDayStyle ForeColor="#808080" />
7.  <NextPrevStyle VerticalAlign="Bottom" />
8. <DayHeaderStyle BackColor="#CCCCCC" Font-Bold="True" Font-Size="7pt" />
9. <TitleStyle BackColor="#999999" BorderColor="Black" Font-Bold="True" /></asp:Calendar>
```

代码说明： 使用<asp:Calendar>服务器日历控件显示用户选择日程安排的日期。

Canlendar.aspx 设计的界面如图 13-30 所示。

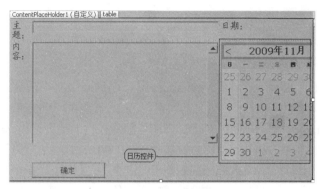

图 13-30　添加日程设计界面

3. 短信息列表页面设计

MessageList.aspx 文件对短信息列表页面进行了设计，在该文件中放置了一个用户控件 MessageList.ascx 进行页面的布局。MessageList.ascx 文件中使用的控件及其功能描述如表 13-15 所示。

表 13-16　MessageList.ascx 中主要控件及其功能描述

控件 ID	控 件 类 型	功 能 描 述
GridView1	GridView	显示短信息列表
DataList1	DataList	显示短信息正文的列表
LinqDataSource1	LinqDataSource	短信息列表的数据源
LinqDataSource2	LinqDataSource	短信息详情列表的数据源
HiddenField1	HiddenField	隐藏短信息接收者的控件

MessageList.ascx 文件的主要内容如代码 13-20 所示。

代码 13-20　MessageList.ascx 中部分 HTML 代码

```
1. <asp:LinqDataSource ID="LinqDataSource1" runat="server"
        ContextTypeName="DataBaseDataContext" TableName="T_Message"
        Where="Msg_Receive == @Msg_Receive &amp;&amp; Msg_Status == @Msg_Status">
2. <WhereParameters>
3.   <asp:ControlParameter ControlID="HiddenField1" Name="Msg_Receive"
      PropertyName="Value" Type="String" />
4.   <asp:Parameter DefaultValue="false" Name="Msg_Status" Type="Boolean" />
5. </WhereParameters>
6. </asp:LinqDataSource>
7. <asp:LinqDataSource ID="LinqDataSource2" runat="server"
        ContextTypeName="DataBaseDataContext" Select="new (Msg_ID,
        Msg_Content)"   TableName="T_Message" Where="Msg_ID == @Msg_ID">
8. <WhereParameters>
9. <asp:ControlParameter ControlID="GridView1" DefaultValue="0"
        Name="Msg_ID" PropertyName="SelectedValue" Type="Int32" />
```

10. </WhereParameters>

11. </asp:LinqDataSource>

12. <asp:HiddenField ID="HiddenField1" runat="server" />

代码说明： 第 1 行使用<asp:LinqDataSource>作为 GridView 控件的数据源，其中 Where 属性设置查询短信息表中的接收人和短信息的状态。第 2～5 行的<WhereParameters>子节点中，使用<asp:ControlParameter>标记设定 HiddenField1 隐藏控件的值查询作为参数。第 7 行使用<asp:LinqDataSource>作为 DataList 控件的数据源，其中 Where 属性设置查询短信息表中短信的编号和内容。第 8～10 行的<WhereParameters>子节点中，使用<asp:ControlParameter>标记设定 GridView1 控件中的短信编号作为查询参数。第 12 行使用<asp:HiddenField>服务器隐藏控件来获得短信的接收人。

MessageList.ascx 设计的界面如图 13-31 所示。

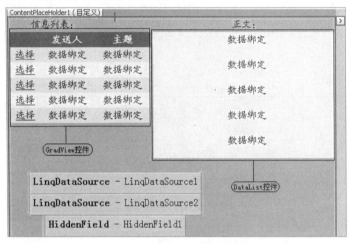

图 13-31   短信列表设计界面

13.6.2   实现业务逻辑代码

本节对应上一节设计完成的显示当日日程、添加日程和短信息列表页面进行逻辑代码的实现。

1. 实现当日日程页面的代码

实现显示当日日程功能的代码文件是 CanlendarList.aspx.cs，其主要内容如代码 13-21 所示。

代码 13-21   显示日程列表的代码

```
1. protected void Page_Load(object sender, EventArgs e){
2.         HiddenField1.Value = HttpContext.Current.User.Identity.Name;
3.         HiddenField2.Value = DateTime.Now.Date.ToShortDateString();
4.         GridView1.GridLines = Profile.GridLine;
5.         GridView1.AutoGenerateDeleteButton = Profile.EditSet.EnableDelete;
6. }
```

代码说明： 第 1 行处理加载页面的 Page_Load 事件。第 2 行使用 HttpContext.Current.User.

Identity.Name()方法获得当前用户。第 3 行使用 DateTime.Now.Date.ToShortDateString()方法获得当前时间。第 4 行和第 5 行为 GridView1 的属性赋值。

2. 实现添加日程页面的代码

实现办公人员添加日程功能的代码文件是 Canlendar.aspx.cs，其主要内容如代码 13-22 所示。

代码 13-22 添加日程安排的代码

```
1. protected void Button1_Click(object sender, EventArgs e){
2.   try{
3.           CalendarManager cm = new CalendarManager();//创建操作类对象
4.           string employeename = HttpContext.Current.User.Identity.Name;
5.           cm.AddCalendar(employeename, tb_title5.Text,tb_text6.Text, Calendar1.SelectedDate);
6.           Page.ClientScript.RegisterStartupScript(GetType(), "",
             "<script>alert('日程安排成功')</script>"); //显示操作成功的提示信息
7.     }
8.   catch (Exception ex){
9.            Page.ClientScript.RegisterStartupScript(GetType(), "", "<script>alert('执行失败')</script>");
10.   }
11. }
```

代码说明： 第 1 行处理 Button1 按钮的 Click 事件。第 4 行使用 HttpContext.Current.User. Identity.Name()方法获得当前用户名。第 5 行使用日程操作类对象 cm.AddCalendar()方法添加日程安排。

3. 实现短信息显示页面的代码

实现短信息显示列表的代码文件是 MessageList.ascx.cs，其主要内容如代码 13-23 所示。

代码 13-23 修改短信息阅读状态的代码

```
1. protected void Page_Load(object sender, EventArgs e){
2.   HiddenField1.Value = HttpContext.Current.User.Identity.Name;
3. }
4. protected void GridView1_SelectedIndexChanging(object sender, GridViewSelectEventArgs e){
5.   GridViewRow gvr = GridView1.Rows[e.NewSelectedIndex];//获得所选行
6.   int mid=int.Parse(GridView1.DataKeys[e.NewSelectedIndex].Value.ToString());
7.   MessagerManager mm = new MessagerManager();//创建操作类对象
8.   mm.UpdateSign(mid);
9. }
```

代码说明： 第 1 行处理页面加载的方法 Page_Load。第 2 行使用 HttpContext.Current.User. Identity.Name()方法获得当前用户名。第 4 行处理 GridView1 控件的 SelectedIndexChanging 事件。第 6 行获得所选行的索引。第 8 行修改短信的阅读状态。

13.7　公共模块

公共模块为办公人员提供一个资源共享平台。该模块所有的文件都位于网站根目录下的 Commonality 文件夹中。

13.7.1　界面设计

公共模块的功能主要包括对文件的上传、下载和查询 3 种常用的操作。

1. 上传共享文件的界面设计

FileUpload.aspx 文件实现共享文件的上传界面，在此文件中使用的控件及其功能描述如表 13-17 所示。

表 13-17　FileUpload.aspx 中主要控件及其功能描述

控件 ID	控 件 类 型	功 能 描 述
FileUpload1	FileUpload	上传文件的控件
Button1	Button	上传文件的按钮

FileUpload.aspx 文件的主要内容如代码 13-24 所示。

代码 13-24　FileUpload.aspx 中部分 HTML 代码

```
1. <table style="width: 558px"><tr>
2. <td colspan="2" style="height: 21px">文件上传</td>
3. </tr>
4. <tr><td style="width: 153px">
5. <asp:FileUpload ID="FileUpload1" runat="server" Width="414px" /></td>
6. <td style="width: 109px">
7. <asp:Button ID="Button1" runat="server" Text="上传" Width="81px" onclick="Button1_Click" /></td>
8. </tr>
9. </table>
```

代码说明：第 5 行使用上传文件的服务器控件<asp:FileUpload>。第 7 行使用<asp:Button>服务器按钮控件。

FileUpload.aspx 设计的界面如图 13-32 所示。

图 13-32　文件上传设计界面

2. 下载共享资源的界面设计

实现共享资源下载的文件是 FileList.aspx，在此文件中使用的控件及其功能描述如表 13-18

所示。

表 13-18 FileList.aspx 中主要控件及其功能描述

控 件 ID	控 件 类 型	功 能 描 述
GridView1	GridView	显示下载资源文件的列表
ObjectDataSource1	ObjectDataSource	提供列表数据的数据源
HiddenField1	HiddenField	隐藏控件

FileList.aspx 文件的主要内容如代码 13-25 所示。

代码 13-25 FileList.aspx 中部分 HTML 代码

```
1. <asp:GridView ID="GridView1" runat="server"
    DataSourceID="ObjectDataSource1" Width="544px"
    AutoGenerateColumns="False" OnRowCommand="GridView1_RowCommand"
    OnRowCreated="GridView1_RowCreated" CellPadding="4"
    ForeColor="#333333" GridLines="None">
2. <FooterStyle BackColor="#5D7B9D" Font-Bold="True" ForeColor="White" />
3. <RowStyle BackColor="#F7F6F3" ForeColor="#333333" />
4. <Columns>
5.  <asp:BoundField DataField="filename" HeaderText="文件名" />
6.  <asp:BoundField DataField="filesize" HeaderText="大小" />
7.  <asp:ButtonField CommandName="download" Text="下载文件" />
8. </Columns>
9. </asp:GridView>
```

代码说明： 第 1 行使用<asp:GridView>服务器列表控件显示可下载的共享资源文件。第 4～8
行在<Columns>子标签内使用 3 个绑定域，设置列表控件内显示的数据列的内容为文件名、大
小和下载文件按钮。

FileList.aspx 设计的界面如图 13-33 所示。

图 13-33 文件下载设计界面

3. 查询共享资源的界面设计

FileSearch.aspx 文件实现共享资源文件的查询界面，该文件中使用的控件及其功能描述如
表 13-19 所示。

表 13-19　FileSearch.aspx 中主要控件及其功能描述

控件 ID	控件类型	功能描述
TextBox1	TextBox	输入文件名称的文本框
Button1	Button	查询按钮
GridView1	GridView	显示下载资源文件的列表
ObjectDataSource1	ObjectDataSource	提供列表数据的数据源
HiddenField1	HiddenField	隐藏控件

FileSearch.aspx 文件的主要内容如代码 13-26 所示。

代码 13-26　FileSearch.aspx 中部分 HTML 代码

```
1. <asp:ObjectDataSource ID="ObjectDataSource1" runat="server"
        SelectMethod="SearchFile" TypeName="FileManager">
2. <SelectParameters>
3. <asp:ControlParameter ControlID="HiddenField1" DefaultValue=""
        Name="path" PropertyName="Value" Type="String" />
4. <asp:ControlParameter ControlID="TextBox1" DefaultValue="*.*"
        Name="pattern" PropertyName="Text" Type="String" />
5. </SelectParameters>
6. </asp:ObjectDataSource>
7. <asp:HiddenField ID="HiddenField1" runat="server" />
```

代码说明：第 1 行使用<asp:ObjectDataSource>作为 GridView 控件的数据源，查询的方法设置为 SearchFile，操作类的名称设置为 FileManager。第 2～5 行在< SelectParameters >子节点中，使用<asp:ControlParameter>标记设定 HiddenField1 隐藏控件的值和文本框内输入的值作为查询的参数。

FileSearch.aspx 设计的界面如图 13-34 所示。

图 13-34　文件搜索设计界面

13.7.2　实现业务逻辑代码

本节对上一节设计完成的上传共享文件、下载共享资源和查询共享资源 3 个界面进行逻辑代码的实现。

1. 实现上传共享文件界面的代码

FileUpload.aspx.cs 文件实现共享文件的上传功能，其主要内容如代码 13-27 所示。

代码 13-27　文件上传的代码

```
1. protected void Button1_Click(object sender, EventArgs e){
2.        String path = Server.MapPath("../FileData/");//获得路径
3.        if (FileUpload1.HasFile){
4.            if (FileUpload1.FileBytes.Length > 1024*1024){
5.                Page.ClientScript.RegisterStartupScript(GetType(), "",
                   "<script>alert('只支持大小 1024K 以内文件')</script>");
6.            }
7.            else{
8.                try{
9.                    FileUpload1.PostedFile.SaveAs(path + FileUpload1.FileName);
10.                   Page.ClientScript.RegisterStartupScript(GetType(),
                      "", "<script>alert('执行成功')</script>");
11.               }
12.               catch (Exception ex){
13.                   Page.ClientScript.RegisterStartupScript(GetType(),
                      "", "<script>alert('执行失败')</script>");
14.               }
15.           }
16.       }
17.       else{
18.           Page.ClientScript.RegisterStartupScript(GetType(), "",
               "<script>alert('请选择文件')</script>");
19.       }
20. }
```

代码说明：第 1 行处理 Button1 按钮的 Click 事件。第 2 行使用 Server.MapPath()方法获得文件夹 FileData 的路径。第 3～19 行先使用 FileUpload1.HasFile()方法判断上传文件控件对象中是否有要上传的文件。如果还没有选择上传的文件，则显示请选择文件的提示信息。否则，从第 4 行开始判断上传文件的长度是否超过了 1M，如果没有超过 1M，就使用 FileUpload1.PostedFile.SaveAs()方法把文件保存到网站根目录下的 FileData 文件夹中，并显示操作成功的提示信息。如果上传文件的长度超过 1M，则显示"只支持大小 1024K 以内文件"的提示信息。

2. 实现下载共享资源界面的代码

实现共享资源下载的文件是 FileList.aspx.cs，该文件的主要内容如代码 13-28 和代码 13-29 所示。

代码 13-28　文件下载的代码

```
1. protected void GridView1_RowCommand(object sender, GridViewCommandEventArgs e){
2.        if (e.CommandName == "download"){
3.            int index = Convert.ToInt32(e.CommandArgument);
```

```
4.          GridViewRow gvr = GridView1.Rows[index];
5.          string SelectName = Server.MapPath("../FileData/") +gvr.Cells[0].Text;
6.          string saveFileName = gvr.Cells[0].Text;//获得下载的文件名
7.          FileInfo fi = new FileInfo(SelectName);//创建文件实体
8.          Response.Clear();
9.          Response.Charset = "utf-8";
10.         Response.Buffer = true;
11.         this.EnableViewState = false;//关闭 ViewState
12.         Response.ContentEncoding = System.Text.Encoding.UTF8;
13.         Response.AppendHeader("Content-Disposition",
               "attachment;filename=" + saveFileName);
14.         Response.ContentType = "application/unknown";
15.         Response.WriteFile(SelectName);
16.         Response.Flush(); //清空关闭输出流
17.         Response.Close();
18.         Response.End();
19.      }
20.  }
```

代码说明: 第 1 行处理 GridView1 控件的 RowCommand 事件。第 2 行判断如果事件源中命令是 download 的话,第 4 行通过选中行的索引得到该行。第 5 行创建选中文件的全名。第 8 行清空输出流。第 12 行定义输出文件的编码和类型以及文件名。第 14 行设定保存文件的类型不限。

代码 13-29   加载页面的代码
```
1. protected void Page_Load(object sender, EventArgs e){
2.      HiddenField1.Value = Server.MapPath("../FileData/");
3. }
4. protected void GridView1_RowCreated(object sender, GridViewRowEventArgs e){
5.      if (e.Row.RowType == DataControlRowType.DataRow){
6.          LinkButton btn = (LinkButton)e.Row.Cells[2].Controls[0];
7.          btn.CommandArgument = e.Row.RowIndex.ToString();
8.      }
9. }
```

代码说明: 第 1 行处理页面加载事件 Page_Load。第 2 行设置隐藏控件的值为 FileData 文件夹的路径。第 4 行处理 GridView1 控件的 RowCreated 事件。第 6 行定义选择的控件。第 7 行为控件添加一个事件参数。

3. 实现查询共享资源界面的代码

FileSearch.aspx.cs 文件实现共享资源文件的查询功能,该文件的主要内容如代码 13-30 所示。

代码 13-30   加载页面的代码
```
1. protectedvoid Page_Load(object sender, EventArgs e){
2.      HiddenField1.Value = Server.MapPath("../FileData/");
3. }
```

代码说明： 第 1 行处理页面加载事件 Page_Load。第 2 行设置隐藏控件的值为 FileData 文件夹的路径。

13.8 人事管理模块

人事管理模块为企业人事部门提供一个对人力资源管理的平台，包括培训管理、考核管理和招聘管理。该模块所有的文件都位于网站根目录下的 Personnel 文件夹中。

13.8.1 界面设计

人事管理模块的页面主要是添加员工培训信息、招聘申请和考核员工这 3 个页面的设计。

1. 添加员工培训信息的界面设计

实现添加员工培训信息的界面设计是 Training.aspx 文件，在此文件中使用的控件及其功能描述如表 13-20 所示。

表 13-20　Training.aspx 中主要控件及其功能描述

控件 ID	控件类型	功能描述
tb_title3	TextBox	输入培训主题的文本框
tb_text4	TextBox	输入培训内容的文本框
tb_personnel5	TextBox	输入参加培训员工的文本框
Calendar1	Calendar	选择培训日期的日历控件
Button1	Button	提交培训信息的按钮

Training.aspx 文件的主要内容如代码 13-31 所示。

```
代码 13-31　Training.aspx 中部分 HTML 代码
1. <asp:Calendar ID="Calendar1" runat="server" BackColor="White"
      BorderColor="#999999" CellPadding="4" DayNameFormat="Shortest"
      Font-Names="Verdana" Font-Size="8pt" ForeColor="Black"
      Height="180px" Width="200px">
2. <SelectedDayStyle BackColor="#666666" Font-Bold="True"ForeColor="White" />
3. <SelectorStyle BackColor="#CCCCCC" />
4. <WeekendDayStyle BackColor="#FFFFCC" />
5. <TodayDayStyle BackColor="#CCCCCC" ForeColor="Black" />
6. <OtherMonthDayStyle ForeColor="#808080" />
7. <NextPrevStyle VerticalAlign="Bottom" />
8. <DayHeaderStyle BackColor="#CCCCCC" Font-Bold="True" Font-Size="7pt" />
9. <TitleStyle BackColor="#999999" BorderColor="Black" Font-Bold="True" />
10. </asp:Calendar>
```

代码说明： 第 1～10 行使用一个 <asp:Calendar> 服务器日历控件供用户选择培训的日期，其中各个属性用于设置日历控件的外观大小和界面颜色。

Training.aspx 设计的界面如图 13-35 所示。

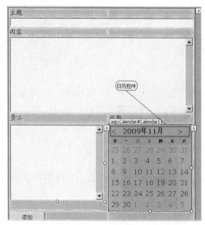

图 13-35　添加培训信息的设计界面

2. 招聘申请界面的设计

StationApply.aspx 文件实现企业各部门向人事部提出招聘申请的界面，在此文件中使用的控件及其功能描述如表 13-21 所示。

表 13-21　StationApply.aspx 中主要控件及其功能描述

控件 ID	控件类型	功能描述
LinqDataSource1	LinqDataSource	下拉列表的数据源控件
DropDownList1	DropDownList	显示部门的下拉列表
tb_station1	TextBox	输入参加招聘职位的文本框
tb_count	TextBox	输入招聘人数的文本框
tb_qualification1	TextBox	输入招聘要求的文本框
tb_note2	TextBox	输入招聘备注的文本框
Button1	Button	提交招聘信息的按钮

StationApply.aspx 文件的主要内容如代码 13-32 所示。

代码 13-32　StationApply.aspx 中部分 HTML 代码

```
1. <asp:LinqDataSource ID="LinqDataSource1" runat="server"
   ContextTypeName="DataBaseDataContext" Select="new (Dpt_ID, Dpt_Name)"
   TableName="T_Department"></asp:LinqDataSource>
2. <td>部门：</td>
3. <td>
4. <asp:DropDownList ID="DropDownList1" runat="server"
        DataSourceID="LinqDataSource1" DataTextField="Dpt_Name"
        DataValueField="Dpt_ID" Width="160px">
5. </asp:DropDownList></td>
```

代码说明： 第 1 行使用<asp:LinqDataSource>作为 DropDownList 控件的数据源，其中 Select 属性设置 T_Department 部门信息表中部门编号和部门的名称。第 4 行使用<asp:DropDownList>服务器下拉列表控件显示查询的结果。

StationApply.aspx 设计的界面如图 13-36 所示。

图 13-36　招聘申请设计界面

3. 考核员工界面的设计

实现考核员工界面的文件是 Assess.aspx，在此文件中使用的控件及其功能描述如表 13-22 所示。

表 13-22　Assess.aspx 中主要控件及其功能描述

控件 ID	控件类型	功能描述
tb_name1	TextBox	输入考核人姓名的文本框
tb_data1	TextBox	输入考核日期的文本框
Calendar1	Calendar	选择考核日期的日历控件
Button1	Button	提交考核信息的按钮

Assess.aspx 文件的主要内容如代码 13-33 所示。

```
代码 13-33　Assess.aspx 中部分 HTML 代码
1. <table style="width:550px">
2.    <tr>
3.        <td style="width: 61px"> 姓名： </td>
4.        <td >
5.            <asp:TextBox ID="tb_name1" runat="server"
6.                Width="200px"></asp:TextBox>
7.        </td>
8.        <td >日期： </td>
9.    </tr>
10.   <tr>
11.       <td style="width: 61px" >内容： </td>
```

```
12.        <td >
13.          <asp:TextBox ID="tb_data1" runat="server" Rows="10"
14.            TextMode="MultiLine" Width="200px"
15.            Height="180px"></asp:TextBox></td>
16.        <td >
17.          <asp:Calendar ID="Calendar1" runat="server"
18.            BackColor="White"> </asp:Calendar>
19.        </td>
20.      </tr>
21.      <tr>
22.        <td style="width: 61px" > </td>
23.        <td >
24.          <asp:Button ID="Button1" runat="server" Text="登记"
25.            OnClick="Button1_Click" Width="74px" />
26.        </td>
27.        <td >
28.        </td>
29.      </tr>
30.  </table>
```

代码说明： 第 1～30 行生成一个 3 行 3 列的表格，其中，第 2～9 行是表格的第 1 行，第 5～6 行添加一个输入用户姓名的文本框控件；第 10～20 行是表格的第 2 行，第 13～15 行添加一个输入内容的文本框控件，第 17 行和第 18 行添加一个日历控件；第 21～29 行是表格的第三行，第 24～25 行添加一个按钮控件，用于提交登记信息。

Assess.aspx 设计的界面如图 13-37 所示。

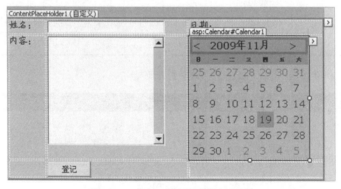

图 13-37　添加考核信息设计界面

13.8.2　实现业务逻辑代码

为了界面能够顺利显示，必须对上节设计完成的界面分别编写逻辑代码进行实现。

1. 实现添加员工培训信息界面的代码

实现添加员工培训信息功能的是 Training.aspx.cs 文件，其主要内容如代码 13-34 所示。

代码 13-34　添加员工培训信息代码

```
1. protected void Button1_Click(object sender, EventArgs e){
2.        try{
3.            TrainingManager tm = new TrainingManager();//创建操作类
4.            tm.AddTraining(tb_title3.Text, tb_text4.Text,
                Calendar1.SelectedDate, tb_personnel5.Text);
5.            Page.ClientScript.RegisterStartupScript(GetType(), "",
                "<script>alert('添加成功')</script>");
6.        }
7.        catch (Exception ex) {
8.            Page.ClientScript.RegisterStartupScript(GetType(), "",
                "<script>alert('执行失败')</script>");
9.        }
10.    }
```

代码说明：第 1 行处理 Button1 按钮的 Click 事件。第 4 行使用 tm.AddTraining()方法添加培训的信息。添加成功后，显示添加成功的信息。如果添加出错，则显示操作失败的提示信息。

2. 实现招聘申请界面的代码

StationApply.aspx 文件实现企业各部门向人事部提出招聘申请的功能，其主要内容如代码 13-35 所示。

代码 13-35　招聘申请代码

```
1. protected void Button1_Click(object sender, EventArgs e){
2.        try{
3.            StationManager sm = new StationManager();//创建操作类对象
4.            sm.AddApply(int.Parse(DropDownList1.SelectedValue),
                tb_station1.Text, int.Parse(tb_count.Text),
                tb_qualification1.Text, tb_note2.Text);
5.            Page.ClientScript.RegisterStartupScript(GetType(), "",
                "<script>alert('执行成功')</script>");
6.        }
7.        catch (Exception ex){
8.            Page.ClientScript.RegisterStartupScript(GetType(), "",
                "<script>alert('执行失败')</script>");
9.        }
10. }
```

代码说明：第 1 行处理 Button1 按钮的 Click 事件。第 4 行通过使用 sm.AddApply()方法提交招聘申请。提交成功后，显示提交成功的信息。如果提交出错，则显示操作失败的提示信息。

3. 实现添加员工考核信息界面的代码

Assess.aspx.cs 文件实现了添加员工考核信息的功能，其主要内容如代码 13-36 所示。

代码 13-36　添加员工考核信息代码

```
1. protected void Button1_Click(object sender, EventArgs e){
2.          try{
3.                  AssessManager am = new AssessManager();//创建操作类对象
4.                  am.AddAssess(tb_name1.Text, tb_data1.Text, Calendar1.SelectedDate);
5.                  Page.ClientScript.RegisterStartupScript(GetType(), "",
                      "<script>alert('执行成功')</script>");
6.          }
7.          catch (Exception ex){
8.                  Page.ClientScript.RegisterStartupScript(GetType(), "",
                      "<script>alert('执行失败')</script>");
9.          }
10. }
```

代码说明：第 1 行处理 Button1 按钮的 Click 事件。第 4 行通过使用 am.AddAssess()的方法提交员工考核信息。提交成功后，显示提交成功信息。如果提交出错，则显示操作失败提示信息。

参 考 文 献

[1] 谢菲尔德. ASP.NET 4 从入门到精通[M]. 北京：清华大学出版社，2011.

[2] 赵晓东. ASP.NET 3.5 从入门到精通[M]. 北京：清华大学出版社，2009.

[3] 王改性，魏长宝，郭斌. ASP.NET 3.5 动态网站开发案例指导[M]. 北京：电子工业出版社，2009.

[4] 唐植华、陈建伟、高洁. ASP.NET 4.5 动态网站开发基础教程(C# 2012 篇)[M]. 北京：清华大学出版社，2017.

[5] 张跃廷，苏宇，贯伟红. ASP.NET 程序开发范例宝典(C#)[M]. 北京：人民邮电出版社，2009.

[6] 李彦，等. ASP.NET 4.0 MVC 敏捷开发给力起飞[M]. 北京：电子工业出版社，2011.

[7] 巴勒莫. ASP.NET MVC 实战[M]. 北京：人民邮电出版社，2010.